DIGITAL SERIES

未来へつなぐ
デジタルシリーズ

分散システム

水野忠則　監修

石田賢治　南角茂樹
小林真也　宮内直人
佐藤文明　山口弘純
中條直也　山下昭裕
寺島美昭　水野忠則　著

31
第2版

共立出版

Connection to the Future with Digital Series
未来へつなぐ デジタルシリーズ

編集委員長： 白鳥則郎（東北大学）

編集委員： 水野忠則（愛知工業大学）
高橋　修（公立はこだて未来大学）
岡田謙一（慶應義塾大学）

編集協力委員：片岡信弘（東海大学）
松平和也（株式会社 システムフロンティア）
宗森　純（和歌山大学）
村山優子（岩手県立大学）
山田曠裕（東海大学）
吉田幸二（湘南工科大学）
（50音順，所属はシリーズ刊行開始時）

未来へつなぐ デジタルシリーズ　刊行にあたって

　デジタルという響きも，皆さんの生活の中で当たり前のように使われる世の中となりました．20世紀後半からの科学・技術の進歩は，急速に進んでおりまだまだ収束を迎えることなく，日々加速しています．そのようなこれからの21世紀の科学・技術は，ますます少子高齢化へ向かう社会の変化と地球環境の変化にどう向き合うかが問われています．このような新世紀をより良く生きるためには，20世紀までの読み書き（国語），そろばん（算数）に加えて「デジタル」（情報）に関する基礎と教養が本質的に大切となります．さらには，いかにして人と自然が「共生」するかにむけた，新しい科学・技術のパラダイムを創生することも重要な鍵の1つとなることでしょう．そのために，これからますますデジタル化していく社会を支える未来の人材である若い読者に向けて，その基本となるデジタル社会に関連する新たな教科書の創設を目指して本シリーズを企画しました．

　本シリーズでは，デジタル社会において必要となるテーマが幅広く用意されています．読者はこのシリーズを通して，現代における科学・技術・社会の構造が見えてくるでしょう．また，実際に講義を担当している複数の大学教員による豊富な経験と深い討論に基づいた，いわば"みんなの知恵"を随所に散りばめた「日本一の教科書」の創生を目指しています．読者はそうした深い洞察と経験が盛り込まれたこの「新しい教科書」を読み進めるうちに，自然とこれから社会で自分が何をすればよいのかが身に付くことでしょう．さらに，そういった現場を熟知している複数の大学教員の知識と経験に触れることで，読者の皆さんの視野が広がり，応用への高い展開力もきっと身に付くことでしょう．

　本シリーズを教員の皆さまが，高専，学部や大学院の講義を行う際に活用して頂くことを期待し，祈念しております．また読者諸賢が，本シリーズの想いや得られた知識を後輩へとつなぎ，元気な日本へ向けそれを自らの課題に活かして頂ければ，関係者一同にとって望外の喜びです．最後に，本シリーズ刊行にあたっては，編集委員・編集協力委員，監修者の想いや様々な注文に応えてくださり，素晴らしい原稿を短期間にまとめていただいた執筆者の皆さま方に，この場をお借りし篤くお礼を申し上げます．また，本シリーズの出版に際しては，遅筆な著者を励まし辛抱強く支援していただいた共立出版のご協力に深く感謝いたします．

　　　「未来を共に創っていきましょう．」

編集委員会
白鳥則郎
水野忠則
高橋　修
岡田謙一

第 2 版　はじめに

　マイクロエレクトロニクスの発展によって，コンピュータがますます高性能，低価格，小型化し，世の中至る所にコンピュータが存在する「ユビキタスコンピューティング」，また，地球上どこにでも浸透して存在を気にする必要がない「パーベイシブコンピューティング」の時代が到来した．現在のコンピュータの代表であるパソコン，タブレットコンピュータ，そして，ほとんどの人が利用しているスマホ，それらが，ネットワークを介して，Webサーバなどと，それぞれが有機的に関係しつつ，統合的にシステムを形作っている．

　このように，コンピュータが単につながっているだけでなく，生活にかかわるいろいろなことがすべて何らかの形で，ネットワークを介して，コンピュータを利用するようになっており，これらの基本となるのが，本書で述べる分散システムである．この分散システムは，日進月歩の形で進歩しており，ソサエティ 5.0 も始まるファクトリーオートメーション，自動運転に代表される車載電子システムが現実のものとなってきた．それとともにビックデータ，AI，5Gといった新技術が日々開発されてきており，それに対応できるように，今回第 2 版を刊行することとした．

　分散システムは，コンピュータとネットワークの両者を統合化するための技術であり，本来 1 台単独で動いていたコンピュータをネットワークで結び付けようとするものである．それも単に回線で結び付けるものでなく，複数のコンピュータを相互に有機的に結び付け，全体が巨大な情報システムとして動作させるものである．このような分散システムを実現するためには，各種の新しい技術が必要となってくる．これら技術を本書ではわかりやすく，かつ親切に説明している．

　本書は，次の構成となっており，15 週講義用の教科書として使用することを想定している．また，各章の終わりには演習問題を付け，読者の理解度を確認できるようにしている．

　第 1 章では，分散システムについて，その役割，目的についてまず説明し，その後，分散透過性，開放性，そして，分散システムの制約について述べる．

　第 2 章では，分散システムの種類として，分散コンピューティングシステム，分散情報システム，そしてパーベイシブシステムの 3 つをあげ，その観点から説明する．

　第 3 章では，分散システムにおける基本となるネットワークについて，コンピュータネットワークの発展形態を紹介した後，コンピュータネットワークの基本概念となるネットワークアーキテクチャについて，ARPANET において実現されたネットワークアーキテクチャの基本概

念である階層化，サービス，プロトコルについて紹介し，その後，OSI 基本参照モデルとその機能，TCP/IP 参照モデルとその機能を紹介し，最後にネットワークを介して，送信側と受信側でデータのやりとりをするために基本となるソケット通信におけるデータ送受方法について述べる．

第 4 章では，まず分散システムにおける名前付けに関する一般的な課題について述べる．次に，構造化されないフラットな名前付け，および，構造化された名前付けに関する主要技術について説明する．最後に，エンティティがもつ属性に基づく，属性ベースの名前付けについて述べる．

第 5 章では，分散システムを実現するアーキテクチャについて，アーキテクチャの型として，階層型，オブジェクトベース，データ中心型，イベントベースの 4 つのアーキテクチャを紹介した後，システムアーキテクチャとして，集中型アーキテクチャと分散型アーキテクチャ（垂直・水平）について述べる．

第 6 章では，プロセスとスレッドが分散システム上でどのように実現されているかを述べ，続いて，仮想化技術に関して，ハードウェア，OS，そして，ミドルウェアの 3 つのレベルから述べる．また，コードを他のマシン上で動作させるコードマイグレーション技術を紹介する．

第 7 章では，分散システム構築において最も基本となるクライアントサーバモデル述べる．クライアントサーバモデルは，クライアント側とサーバ側からその実現技術を述べている．また，クライアントサーバモデルを実現するための基本方式であるリモート手続き呼び出しについて述べる．リモート手続き呼び出しは，ネットワークを介して，プロセスを実行させるものであり，クライアントとサーバ間でパラメータの受け渡し方法などを述べる．

第 8 章では，ネットワークを介してプロセスの同期方法について，まず時計の概念を紹介後，時計に求められる要件と，時計合わせをするためのプロトコル NTP について述べる．続いて，同期の必要性を述べた後，セマフォによる同期，デッドロックなどについて述べる．

第 9 章では，信頼性をあげるために必要なフォールトトレラント性について，プロセスの回復力，高信頼クライアントサーバ間通信，高信頼グループ間通信，分散コミットおよび回復について述べる．

第 10 章では，セキュリティに関して，まず情報セキュリティの特性を紹介後，暗号，セキュアな通信路，アクセス制御およびセキュリティ管理について述べる．

第 11 章では，分散ファイルシステムのアーキテクチャについて述べた後，その事例としては，NFS, Google File System, Hadoop, Chord, Gluster FS, および Open Stack Swift を紹介する．また，分散オブジェクトの概念とその技術を紹介する．

第 12 章では，分散 Web システムについて，歴史，基本構成，形態について説明し，次に分散 Web システムで用いられているプロトコルである HTTP について述べる．続いて，実用的な分散 Web システムを実現する工夫と分散 Web システムの新たな展開を紹介する．

第 13 章と第 14 章では，分散システムが実際にどのように構築展開されているかを述べる．まず，第 13 章では，パーベイシブシステムと分散組み込みシステムを概括後，組み込みシステムにおける分散処理，OS と割り込みの関係を述べた後，密結合型マルチプロセッサでの排他

制御を中心とする実現方式を紹介する．次に，第 14 章では，共有メモリ型密結合型マルチプロセッサ構成のシステムにおける排他制御の具体的な実現方法を紹介する．

第 15 章では，分散システムの構築事例を紹介する．最初に，工場の生産・製造システムに有効なファクトリーオートメーション (FA：Factory Automation) について，続いて，自動車の車載電子システムについて述べる．車載電子システムは多くのコンピュータを利用した高度の分散システムとなっている．最後に，従来はコンピュータシステム，分散システムとはあまり関係がなかった電力システムについて，スマートメーターを中心に述べる．

なお，第 2 版の主な改訂点は以下となっている．
(1) 「通信」と「名前付け」に関する技術が，分散システムを理解するうえで基盤的な技術であるにもかかわらず，第 6 章，第 7 章に置かれていたが，第 2 版では，第 3 章と第 4 章に前倒している．
(2) 「同期」および「複製と一貫性」に関する章が，第 1 版では，第 8 章と第 9 章に分かれていたが，第 2 版では時間に焦点を合わせて一体化し，新たに第 8 章としている．
(3) 新たに分散システムの事例を紹介する新たな章として，第 15 章を新規追加している．

分散システムに関しては，そのベースとなるものがコンピュータネットワークであり，本書学習にあたっては事前学習した方がよい．コンピュータネットワークに関しては，本書の"未来へつなぐデジタルシリーズ 17 巻"『コンピュータネットワーク概論』などを参考にされたい．また，分散システムに関しては，"Andrew S. Tanenbaum and Maartem Van Steen：DISTRIBUTED SYSTEMS—Principles and Paradigms Second Edition, Pearson Prentice Hall (2007)" に技術的な詳細が記載され，その訳書として，『分散システム—原理とパラダイム 第 2 版』（水野ほか訳，ピアソン・エデュケーション (2009)）があったが，現在廃版となっており，本書はその導入・紹介書も兼ねている．

本書をまとめるにあたって大変なご協力をいただきました，"未来へつなぐデジタルシリーズ"の編集委員長の白鳥則郎先生，編集委員の高橋修先生，岡田謙一先生，および編集協力委員の片岡信弘先生，松平和也先生，宗森純先生，村山優子先生，山田曵裕先生，吉田幸二先生，ならびに共立出版編集制作部の方々に深くお礼を申し上げます．

2019 年 5 月

著者代表　水野忠則

目 次

第2版　はじめに　v

第1章 分散システムの概要　1

1.1 分散システムの定義　2

1.2 分散処理と並列処理　4

1.3 分散システムの目的　10

1.4 分散透過性　12

1.5 開放性　14

1.6 分散システムの制約　15

第2章 分散システムの種類　19

2.1 分散コンピューティングシステム　19

2.2 分散情報システム　23

2.3 パーベイシブシステム　28

第3章 通信　32

3.1 ネットワークアーキテクチャ基本技術　32

3.2 OSI参照モデルと基本機能　38

3.3 TCP/IP参照モデルと基本機能　41

| | 3.4 ソケット通信 | 44 |

第4章 名前付け 52

	4.1 名前・アドレス・識別子	52
	4.2 フラットな名前付け	53
	4.3 構造化された名前付け	56
	4.4 属性ベース名前付け	62
	4.5 名前付けに関する最近の事例	63

第5章 アーキテクチャ 65

| | 5.1 アーキテクチャ型 | 65 |
| | 5.2 システムアーキテクチャ | 68 |

第6章 プロセス 76

	6.1 プロセスとスレッド	76
	6.2 仮想化	84
	6.3 コードマイグレーション	88

第7章 クライアントサーバ 91

| | 7.1 クライアント | 91 |
| | 7.2 サーバ | 95 |

| 7.3 遠隔手続き呼び出し | 98 |

第8章 時計と同期　105

8.1 時計の必要性	105
8.2 時計に求められる要件	107
8.3 時刻合わせ	110
8.4 同期	113
8.5 セマフォと同期	115

第9章 フォールトトレラント性　123

9.1 フォールトトレラント性の導入	124
9.2 プロセスの回復力	125
9.3 高信頼クライアントサーバ間通信	130
9.4 高信頼グループ間通信	131
9.5 分散コミット	134
9.6 回復	136

第10章 セキュリティ　140

| 10.1 情報セキュリティの特性 | 140 |

	10.2 暗号	142
	10.3 セキュアな通信路	149
	10.4 アクセス制御	153
	10.5 セキュリティ管理	156

第11章 分散ファイルとオブジェクト 160

	11.1 分散ファイルシステムアーキテクチャ	161
	11.2 分散ファイルシステム	163
	11.3 分散オブジェクト技術	172

第12章 分散Webシステム 177

	12.1 歴史	177
	12.2 システム形態	179
	12.3 動作の仕組み	181
	12.4 HTTP	184
	12.5 実用化のための工夫	188
	12.6 コラボレーションへの発展	189

第13章
パーベイシブシステムと分散組み込みシステム　192

- 13.1 組み込みシステム（パーベイシブシステム）とは　193
- 13.2 組み込みシステムにおける分散処理　195
- 13.3 OSと割り込みの関係　198
- 13.4 ASMP型の組み込みシステム　198
- 13.5 密結合組み込みシステムにおける細粒度排他制御　200
- 13.6 ASMP型分散組み込みシステムにおける排他制御の課題　201

第14章
密結合型分散システムにおける排他制御　204

- 14.1 ソフトウェアによる排他制御　205
- 14.2 ソフトウェアによる不正な排他制御　205
- 14.3 ソフトウェアによる正しい排他制御　208
- 14.4 マルチCPU対応命令を利用した排他制御　211
- 14.5 RMWサイクル命令の利用　211
- 14.6 LL, SC系の命令の利用　214
- 14.7 スピンロックの課題　216

| | 14.8 おわりに | 219 |

第15章 分散システムアプリケーション事例　222

	15.1 FAシステム	222
	15.2 車載電子システム	229
	15.3 電力通信システム	235

索　引　245

第1章
分散システムの概要

☐ 学習のポイント

　ネットワークとコンピュータが普及した今日，分散システムとして構築されているシステムが様々なサービスを提供している．その一方，利用者は提供されているサービスが分散システムによって提供されていることを意識することは少ない．この章では，分散システムがどのようなものであり，集中システムに比べ優れている点はどこかを取り上げる．また，分散システムに求められる特性，その構築における制約について解説する．

- 分散システムは，その利用者に対して単一で首尾一貫したシステムとして見える独立したコンピュータの集合であることを理解する．
- 分散システムがスケーラビリティや，局所性，可用性を目的とされていることを理解する．
- 分散システムが利用者からは単一の首尾一貫性のあるシステムとして見えることが，透過性によりとらえることができることを理解する．
- 分散システムを構成，構築するにあたり，開かれた規格を用いることの利点を理解する
- 分散システムの設計者が陥りがちな落とし穴が存在することを理解する．

☐ キーワード

　分散処理，分散システム，並列処理，スケーラビリティ，局所性，可用性，分散透過，開放性，プロトコル

　私達は日々，分散システム (distributed system) を利用している．しかし，それが分散システムであることを知らずに使っている人がほとんどである．世間から見るとごく少数である ICT 分野の技術者や研究者のみが，それを分散システムであると理解している．とはいえ，ICT 分野の専門家でさえも，対象となるシステムが分散システムであることを常に意識しているわけではない．彼らも，自らのもつ知識を活かし，それが分散処理であると認知できるが，認知することを求められるわけではない．彼らにしても，多くの場合，分散システムであることを気にすることなく，分散システムが提供する機能や利便性を享受している．分散システムは，それがより高度に実現されるほど，分散システムであることが知覚されることなく，日々，そして，いろいろな場所や場面で，利用されている．本章では，分散システムとはどのようなものであり，どのような特徴をもっているのか．分散システムであることを知覚されないとはどう

いうことであるのかを概観する．

1.1 分散システムの定義

　いまや，生活や業務など，日々の活動において，コンピュータを利用せずに過ごすことはできない．ラップトップコンピュータやデスクトップコンピュータのように，多くの人々がコンピュータとして意識している機器以外にも，実際にはコンピュータである機器が数多く存在している．銀行の ATM，スマートフォン，ビデオレコーダーや TV なども，CPU やメモリといったハードウェアの部品が搭載され，さらに，それらのリソースを管理し，利用者に使いやすさを提供するソフトウェアである OS が実装されており，これらの実態がコンピュータであることは言うまでもない．

　そして，今日の人々の活動を支えるものとして，もう 1 つ忘れてはいけないのは，ネットワークである．1990 年代に家庭のコンピュータがインターネットに接続されて以降，家の中では，今や TV やビデオレコーダー，さらには，冷蔵庫やエアコンまでもがネットワークにつながれている．このコンピュータとネットワークの出現と利用の広がりがもたらしたものが，分散処理であり，分散システムである．言うまでもないことだが，分散システムとは，分散処理を行うシステムであり，分散処理システムとも呼ばれる．

　分散システムに対しては，様々な見地，視座から，これまでにも多くの定義や解説がなされている．その中でも，参考文献 [1] の中でタネンバウムが定義した「分散システムは，その利用者に対して単一で首尾一貫したシステムとして見える独立したコンピュータの集合である」という短い端的な表現は，その本質をよく表している．この定義が意味するところを見ることで，分散システムについて，その概観を理解することにしよう．

　タネンバウムの定義では「独立したコンピュータの集合である」と示されている．これは，どういうことを意味しているのであろうか．これを理解するには「独立していない部品の集合」と対比すればよい．図 1.1 に示すように，機械式の時計をばらばらに分解すると，歯車やゼンマイなどの部品に分解される．これらの部品はそれぞれの役割を担っていることは確かである．しかし，機械工学の技術者は別として，時計の利用者から見ると，部品だけを以て，その人にとって役に立つ何かをもたらしてくれるかというと，何ももたらしてくれない．歯車やねじは，組み立てられ，それぞれの部品間で相互に関係（力や動きを伝えるなどの関係）することで，初めて役に立つ．つまり，部品は単独では役に立たず，連携しないと何の役にも立てない．

　一方，分散システムを構成するコンピュータは，独立した単体で存在しても，プログラムを実行することができ，人にとって役に立つことができる．言い換えると，単独でも役に立つ存在，使い道のある存在である．そして「集合」という言葉があるように，単体でも人の役に立つことができる能力をもったコンピュータが，複数集まって分散システムが構成されている．

　次に，「その利用者に対して単一で首尾一貫したシステム」がもつ意味を考えることにしよう．先ほど例に出した機械式の時計は，部品の集まりであるが，その利用者に，個々の部品の存在を感じさせることはない．時計が様々な部品の集まりであるという知識をもたない者にとって

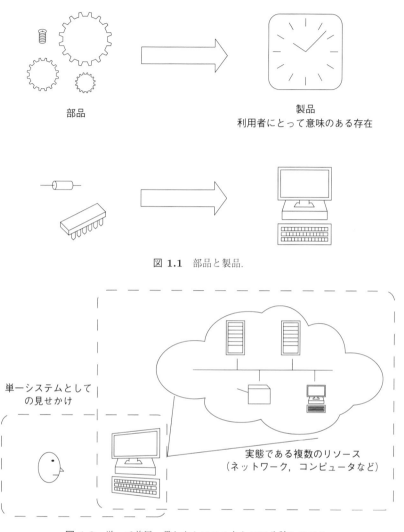

図 1.1 部品と製品.

図 1.2 単一で首尾一貫したシステムとしての分散システム.

は常に，そして，知識をもつ人にとっても多くの場合は，時計という1つの存在である．これと同様に，分散システムは，複数のコンピュータの集合体として構成されているが，利用者には，その構成の詳細を知覚されることなく，求めている機能を果たしてくれる1つの存在として認知される．そして，その機能の提供に際しては，処理結果や状態などに，何の矛盾も含まれていないということを意味している．つまり，図1.2に示すように，実は独立した複数のコンピュータの集合体であるにもかかわらず，利用者から見ると，問題なく動作している1つのコンピュータのように見えるシステムであることを意味している．

ここで，分散システムの対となる概念である集中システムについてふれておく．分散システムが分散処理システム (distributed processing system) とも呼ばれるように，集中システム (centralized system) は集中処理システム (centralized processing system) とも呼ばれる．集

表 1.1 集中システムと分散システム.

集中システム	分散システム
中心で処理をするコンピュータがシステム全体の状況を把握.	システム全体の状況を把握する存在（コンピュータ）はない.
システム全体での最適化できる可能性がある.	局所最適の積み重ねしか行えず，システム全体を最適化できない.
規模の変化に対する柔軟性が低い.	規模の変化に対する柔軟性が高い.

中システムは，物理的には，単一のコンピュータを中心とし，その周辺機器，場合によっては，中心となるコンピュータを利用するための遠隔端末から構成される．また，処理実行の点からは，そのシステムに求められる役割・機能を実現するための処理は，中心となる単一のコンピュータでのみ実行される．

集中システムと分散システムを比較することで，分散システムがもつ可能性とその可能性を活かす際に生じる障壁が見えてくる．

表 1.1 に，両者の主な特徴を示す．以下に，これらの特徴を解説する．

集中システムでは，システムの中で，その中心で処理を遂行するコンピュータが，システム全体の状況を把握することができる．その一方で，分散システムでは，処理を遂行するコンピュータが複数存在し，いまこの瞬間に，他のコンピュータがどのような状態で，どのような処理をしているのかのすべてを，特定のコンピュータが把握することは不可能である．たとえ，特定の1台のコンピュータを除いてすべてのコンピュータがその1台のコンピュータに，現在の状態を伝えたとしても，その情報が伝送される間に，情報を通知するコンピュータの状態は変化しうる．したがって，過去の状態を把握することはできても，正しくいまの情報を収集することはできない．また，分散システムの規模が大きくなれば，その情報量は莫大となり，特定のコンピュータで処理しきれなくなってしまう．このことは，分散システムの設計，構築を，集中システムのそれに比べ困難とする．その一方で，システム全体の情報を1か所に集めることを諦めれば，システムの規模が大きくなっても，それに応じた情報収集の処理の増加を必要としないことから，規模の拡大に対しての自由度を高めることになる．

分散システムが，システム全体の情報を1か所に集めることを目指さないことは，規模の拡大に対して望ましい方向である一方で，全体最適を行えないことにつながる．システム内のどのコンピュータも，システム全体の情報をもつことができないので，システム全体の最適化を行えるもの（コンピュータ）は存在し得ない．各コンピュータは，それぞれが用いる情報にのみ基づいて，その振る舞いを決定しなければならない．各コンピュータは，局所的な情報に基づいて，局所最適な判断をくだす．しかしながら，局所最適の積み重ねは，必ずしも全体最適とはならない．

1.2 分散処理と並列処理

分散処理 (distributed processing) と関係が深い概念に並列処理 (parallel processing) があ

る．時として，分散処理と並列処理を混同する人がいるが，それぞれが指す概念は同じではない．

分散処理と並列処理の違いは，一言でいうと，注目している点の違いといえる．つまり，そもそもの観点が違う．

1.1 節で，分散システムと対となる概念として集中システムを示し，解説したように，集中処理と分散処理は，処理が空間的に集中しているのか分散しているのかという観点に基づく概念である．そして，集中処理は，その処理を行うのに必要なリソースの管理や，状況の把握が一元的に行われているのに対して，分散処理では，リソースの管理や，状況の把握を独立して行うことができる主体が複数集まり，同じ目的の実現のために，主体のそれぞれが相互に関係しながら処理を行うという処理の形態である．分散処理は，処理を行う主体であるコンピュータなどが，ネットワークを介して相互に通信しながらも，互いに独立して処理を行う様子が，空間的に分散して処理を行っているとみなすことができることから，付けられた名称である．

分散システムを，集中システムと対比して，理解を進めたように，並列処理の理解も，同様の方法で理解を深めることにしよう．並列処理と対となるのは逐次処理 (serial processing, sequential processing) である．コンピュータの歴史を振り返ると，逐次処理が最初に現れた処理のあり方で，プロセッサが，命令 (instruction) を 1 つ実行し，実行が終わると，次の命令を実行するという，処理を 1 つずつを順次実行している様子が，まさしく逐次処理である．

一方，並列処理は，同時に処理が行われている様子を表す言葉である．例えば，複数のプロセッサを搭載したマルチプロセッサのコンピュータでは，ある瞬間において，それぞれのプロセッサが，個別に命令の実行を行っている．このように，ある瞬間において，複数の処理装置が，同時に処理を行っている状況を表す言葉として，並列処理という言葉が使われている．並列処理のことを，同時実行処理と呼ぶこともあるが，その理由は，改めてふれる必要はないであろう．また，同時に複数の処理が行われている，言い換えると，ある瞬間に複数の処理装置のそれぞれが個別に処理を行っている状況や特徴を，並列性 (parallelism) と呼ぶ．

並列処理と逐次処理の違いは，ある瞬間に行われている処理の数の違いであり，同時に 1 つの処理しか行っていなければ，それは逐次処理，同時に 2 つ以上の処理を行っているなら並列処理といえる．つまり，並列処理と逐次処理を分ける観点は，同時実行される処理の数という点である．

分散処理と並列処理の違いは，その観点の違いがもたらすものであるため，それらは同一のものでもないし，排他的なものでもない．しかし，この両者を同じものであると混同する人も少なからずいる．それは，分散システムが，それぞれが独立して処理を進めることができる主体（コンピュータなど）で構成されることから，それらの主体は，必然的に，同時に処理を進める潜在的能力を備えている．実際に，その構成要素である複数のコンピュータのそれぞれが，同時に処理を行っている分散システムは，珍しくない．むしろ，一般的であるといえる．つまり，多くの分散システムでは，並列処理を行っていることから，分散処理と並列処理が同じであるとの誤解をもたらしている．

コンピュータの歴史の中で，並列処理の歴史は長い．一人で仕事をするよりも，複数の人が協力することで，同じ仕事に対しては，より短い時間での完了が，また，同じ時間をかけるな

ら，より大きな，より多くの仕事をこなすことができるのと同じことを，コンピュータに持ち込もうという発想に至ることは自然なことであろう．

コンピュータの内部で，命令（インストラクション）を処理するCPUを複数搭載することで，同時に命令の処理を行うマルチプロセッサは，並列処理システムとして，広く知られているものの1つである．

処理性の向上以外にも，並列処理を行う目的がある．それは，信頼性の向上である．人々は計算を間違いなく行うために，検算を行う．一人の人間が複数回検算を行ってもよいが，検算を行った回数だけ，時間が必要となる．ましてや，もし仮に，その人が九九（かけ算）を間違って記憶していたとすると，何度検算を行っても，間違いを正すことはできない．では，どうすればよいであろう．複数の人間で同じ計算を同時に行い，それぞれの結果を持ち寄って，つきあわせてみればよい．同時に計算を行うので，計算に必要な時間が延びることはない．

コンピュータで処理を行う場合にも，同様のアイデアを取り入れることで，システムの一部に故障が発生しても，正しい処理結果を得ることが可能となる．例えば，3台のCPUで同じプログラムを実行し，その結果をつきあわせて，多数決を行う．もし仮に，1台のCPUが故障のために誤った結果を出力しても，多数決の結果を以て，正しい結果を得ることができる．このように，故障が発生しても，所望される機能を持続することができる特性をフォールトトレランス (fault tolerance) という．また，フォールトトレランスであるシステムをフォールトトレラントシステム (fault tolerant system) という．並列処理は，フォールトトレランスを実現する方法の1つである．

マルチプロセッサが，独立したCPUを複数用意することで，並列処理を実現していたのに対して，複数のプロセッサを搭載したチップが，2000年頃から出現した．このようなチップは，マルチコアプロセッサと呼ばれている．

かつてはプロセッサとチップは同じものであり，"プロセッサ＝チップ"であった．マルチコアプロセッサの出現は，この概念を覆した．主記憶へとつながるデータバス信号線を持ち，アドレッシングのためのアドレス信号線を持つICチップの中に，プロセッサが複数搭載されるようになった．プロセッサの中に，複数のプロセッサが存在するという，真に以て，ややこしいことになってしまった．そこで，ICチップの中にあるプロセッサをコアと呼び，コアが複数搭載しているチップを，引き続きプロセッサと呼ぶことになった．

マルチコアプロセッサは，プロセッサ内部で複数のコアが同時に処理を行える．すなわち，並列処理を行うことができる．古典的なマルチプロセッサに比べ，マルチコアプロセッサには利点がある．その1つは，マルチプロセッサにおけるプロセッサ間の通信に比べ，コア間の通信が高速であるという点があげられる．また，マルチコアプロセッサのコアは，比較的回路規模が小さく，消費電力が抑えられるというメリットもある．消費電力が少ないことは，冷却を行いやすいというメリットをもたらす．また，同じ消費電力であるなら，より高次の並列処理や，クロック周波数を高めることも可能となる．バッテリー駆動のコンピュータ機器においても，消費電力が少ないことは有利である．

ここで，コンピュータアーキテクチャの分類法として，1966年にマイケル・J・フリン (Michael

J. Flynn) が提唱した，フリンの分類を紹介する．フリンは，コンピュータを，あたかも流れてくるかのように次から次へと送られてくる命令があり，その命令によって示された処理の対象となるデータを，これまた次から次へと受け取っては処理を施していく装置だと捉えた．この捉え方において，インストラクションの流れが1つであるか，複数であるのか，また，データの流れが1つであるのか，複数であるのかの2つの観点から分類し，それぞれの観点が2通りずつであることから，コンピュータを表 1.2 に示す計4つに分類した．

それぞれについて，以下で説明する．

SISD - Single Instruction stream, Single Data stream

ある瞬間を捉えたときに，処理されている命令も，処理の対象も1つであるコンピュータである．言い換えると，命令も，データも，ともに並列性のない，逐次処理を行っているコンピュータである．

コンピュータの歴史で見ると，最初に出現したアーキテクチャである．

SIMD - Single Instruction stream, Multiple Data streams

同一の処理や演算を，異なるデータに対して同時に行うコンピュータである．

例えば，行列の加算では，2つの行列の同じ行と列の要素同士が加算される．このように加算という同一の演算が，異なる対象に対して行う場合には，それぞれの要素に対して加算を行う必要があるが，これらの演算は互いに独立して行うことができるので，同時に実行することで，処理時間を短くできる．

このように，同一の処理を，異なるデータに対して，同時に行うことができるコンピュータを，SIMD と分類する．

ベクトル計算機や GPU などが，SIMD に分類される．

MISD - Multiple Instruction streams, Single Data stream

同一のデータに，複数の命令を処理する形態である．かつては，MISD は，インストラクションストリームとデータストリームの数から行うフリンの分類の中で，理論的には存在するが，実用的なシステムは見当たらないとされていた．せいぜい，信頼性の向上を目的として，同一のデータに，同一の演算を複数の CPU で行うフォールトトレラントが，MISD に相当するという見解がある程度であった．

しかし，今日では，例えば，撮影した映像に対して，モノクロ化やコントラスト強調などの異なる画像処理加工を行った映像を同時に表示する機能や，自動車に積載されたカメラから得られる動画像に対して，歩行者の検出，道路標識の検出，先行車両の検出などの処理を，異なる CPU で行う場合などは，実用的な MISD であるとみなすことができる．

MIMD - Multiple Instruction streams, Multiple Data streams

複数のプロセッサを搭載したマルチプロセッサと呼ばれるコンピュータがこれにあたる．コアを複数積んだプロセッサも MIMD と分類することが多い．分散システムも，構成する複数の処理装置（コンピュータなど）が，同時にそれぞれの処理を行っていることから，MIMD の形態の1つとして，広く認識されている．

表 1.2 フリンの分類.

		Data Stream(s)	
		Single	Multiple
Instruction	Single	SISD	SIMD
Stream(s)	Multiple	MISD	MIMD

並列処理にまつわる話題を，いま少し進めることにしよう．疑似並列 (pseudo parallel) という概念がある．これは，実際には並列処理を行っていないが，あたかも並列処理を行っているかのように見える，いわば見せかけの並列処理である．正真正銘の並列処理ではないことから，疑似並列と呼ばれている．

疑似並列はコンピュータの歴史では，第3世代（1960年代半ば以降）に出現した技術である．第3世代に入り，メインフレームと呼ばれる大型のコンピュータに，キーボードとディスプレイを備えた端末が複数台接続され，同時に複数の利用者がコンピュータを利用できる TSS (Time Shareing System) が出現した．TSS は，同時に複数の利用者がコンピュータを利用できることからマルチユーザとも呼ばれる．また，第3世代には，第2世代（1955年頃から1965年頃）のプログラムを1つずつ順に処理を行うバッチシステムから，利用者は，いつでもプログラムを投入でき，そのプログラムの実行を開始できるマルチプログラミング，もしくはマルチタスクと呼ばれるプログラム実行の方式が出現した．この当時の多くのコンピュータは，内部にもっている CPU は1つだけである，いわゆるシングルプロセッサであった．当然のことであるが，シングルプロセッサであれば，同時に実行できる処理は1つである．同時に実行できる処理が1つだけであることと，同時に複数の利用者の要望に応えなければならないマルチユーザや，同時に複数のプログラムを実行するマルチタスクは，矛盾しているはずである．では，どのようにしてそのような要求に応えたかというと，非常に短い時間間隔で，CPU の行う処理を切り替え，ある瞬間には，1つの処理しかしていないが，人間には感じることができないほどの短い時間で，CPU が次から次へと処理を切り替えていくので，利用者からは，あたかも，その処理に専念しているように見せかけている．

この状況は，将棋や囲碁で「多面指し」や「多面打ち」と呼ばれる，プロの棋士が一人で，何人ものアマチュア愛好家を相手に，同時に将棋や囲碁をしている様子に例えることができる．プロの棋士は任意の瞬間には，一人のアマチュアとの対局をし，アマチュア愛好家が次の手を考えている間に，別のアマチュア愛好家と対局をする．プロ棋士は，このようなある瞬間には，1つの行為しかしない逐次的ではあるが周回的な振る舞いを繰り返している．一方で，アマチュア愛好家の側から見ると，プロの棋士が次から次へと手を打ってくるので，アマチュア愛好家のそれぞれは，プロ棋士が自分相手に対局してくれていると感じることができる．多面指しでは，アマチュア愛好家から見ると，プロ棋士が同時に複数の対局をこなしていると見えるが，実際には，プロ棋士は，逐次的に対局をこなしている．

疑似並列とは，このように，処理装置は同時には1つの処理しか行っていないが，その切り替えの間隔や切り替えのための処理が人間が気づかないほど速く行われ，また，その処理能力の

高さから，切り替えながら処理をすることに伴う処理時間の増加が気にならないことから，あたかも同時に処理が行われているかのように，利用者に思わせる処理方式のことである．

最後に，「並列 (parallelism)」と「並行 (concurrency)」についてふれることにする．

「並行」という言葉は，「並行プログラミング」や「並行プログラム」という使われ方をしている．一方，「並列」は，すでに見てきたように「並列処理」といった使われ方をしている．

日本語では，「並列」と「並行」は，ともに「並」という文字を使っているが，英語では，"parallelism" と "concurrency" という，まったく異なる単語であるように，両者は異なる概念である．

この違いを，プログラムとは何かということからみることで，理解することにしよう．論理型言語 Prolog のようなものを除き，手続き型といわれるプログラムは，実行すべき処理・手続きを，処理すべき順に逐次的に記述したものである．コンピュータは，プログラムで書かれている順に，処理を行うことが求められており，書かれている順序とは異なる順に処理することは許されない．つまり，プログラムは，処理や演算の行うべき順序を規定するものであり，コンピュータは，その順序に必ず従わなければならない．

一方で，プログラムによって記述された処理や演算を改めて眺めてみると，実は，記述された通りの順番で実行しなくてもよい部分がある．プログラムを料理のレシピに例えて説明しよう．

カレーライスのレシピで，ニンジンを切るという手順説明の後に，ジャガイモを切るという手順説明が記述されている．このとき，料理の初心者は，その通りに調理を行うであろうが，必ずしもニンジンをジャガイモよりも先に処理をする必要はなく，ジャガイモを先に調理してもよい．それどころか，もし二人で共同してカレーライスを作るのであれば，時を同じくして，一人がニンジンを，もう一人がジャガイモを調理していてもよい．

レシピと同じく，手順を逐次的に記述したプログラムでも，そこに書かれた処理の順序を入れ替えても，プログラムの実行結果に違いが生じない部分があり，そのような部分は，同時実行を行うことが可能な部分である．

古典的なプログラミング言語では，処理手順は逐次的に書くことしかできなかった．これは，ある意味当然である．なぜなら，昔のコンピュータは SISD であり，また，疑似並列も行っていなかった時代には，同時に実行できる部分など気にする必要がなかったのである．

一方，MIMD のコンピュータや SIMD のコンピュータが出現すると，同時に処理を行うことで，プログラムの実行時間を短くすることが可能となった．そうなると，プログラムで書かれた仕事（ジョブ）の中から，同時に実行できる部分を得ることが重要となる．

そこで，プログラマ自身が，同時に実行できる部分を明示的に記述できるプログラミング言語が求められることになった．この同時に実行できる部分を明示的に記述することができるプログラミン言語を「並行プログラミング言語 (concurerent programming language)」という．同時に実行できるところを記述するプログラミングが並行プログラミングであり，同時に実行できるところが記述されたプログラムが並行プログラムである．

ここで，注意すべきは，並行プログラムは，同時に実行することを強制しているわけではないという点である．つまり，たとえ並行プログラムであっても，絶対的な要求として同時実行，

つまり並列処理を求めているわけではない．処理系が SISD であるならば，いくら同時に実行できることが示されても，選択の余地なく逐次処理を行うしかない．また，たとえ MIMD であっても，選択肢の1つとして，逐次処理を行ってもよい．

並行プログラムは，あくまで，「同時実行可能である」ことが記述されているのであって，「同時実行しなければならない」ことを命令するわけではない．

つまり，並列性は，同時に処理を行っているという処理系としてのシステムやコンピュータのもつ能力や特徴を表しているのに対して，並行性は，同時に行ってもよい部分が存在するというジョブや処理間の関係を表している．

1.3 分散システムの目的

集中システムに対して，分散システムを構築し，利用する目的は複数存在する．特に，スケーラビリティ，局所性，可用性は，集中処理から分散処理を志向する理由としてしばしば取り上げられる．

すでにふれたように，集中処理は，規模の拡大に対する問題を抱えている．例えば，オンラインショッピングを扱うサイトにおいて，単位時間あたり 1,000 人であった状況が，10,000 人となれば，求められる処理量は 10 倍となる．したがって，その処理を行うコンピュータに対しては，10 倍の処理性能が求められることになる．しかしながら，図 1.3 に示すように，コンピュータを含め，一般的に，単体で 10 倍の性能を有する機器を得るためのコストは 10 倍ではすまない．多くの利用者，消費が見込まれる製品は，開発，設計コストや製造施設のコストを数多くの製品に分配することができるため，少量生産の製品に比べ，コストパフォーマンスが優れている．いわゆる，大量生産の効果である．さらには，要求される処理の規模が，単体のコンピュータで処理するには現在の技術では実現不可能なほどの大きさとなっては，集中処理では実現できない．

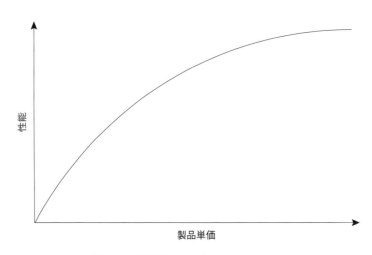

図 1.3 工業製品のコストパフォーマンス．

それに対して，処理や処理対象となるデータを分けることができるならば，それらを分散させ，異なるコンピュータに処理させることで，個々のコンピュータの処理量を小さくしながら，全体として大規模な処理を実行することができる．

さらには，システムが稼働してからの規模の拡大に対しても，集中システムでは，設計段階において規模拡大を想定した厳しい事前の考慮，設計が必要となるが，分散システムは，処理をするコンピュータの数を増やすことで，その変化に対応できるポテンシャルを備えている．このように，分散処理は，スケールの拡大に対して柔軟に対応する能力をもっている．このことは，必ずしも規模の拡大に対して有効なだけではなく，規模の縮小に対しても有効であり，対象となる規模の変化に対する柔軟性が高い．この規模の変化に対応できる特性をスケーラビリティ (scalability) と呼ぶ．システムのスケーラビリティを高めたいという目的，目標に対して，集中システムに比べて，分散システムは優位である．

分散システムが望まれる2つめの理由は，局所性である．国内においても，数多くの銀行が，それぞれの店舗やそれ以外の場所に ATM を設置している．我々は，いずれかの銀行に口座をもち，その口座のキャッシュカードを持っていれば，他の銀行が管理する ATM で，現金を引き出すことができる．では，我々の口座の情報は一元的に管理されているのであろうか．言うまでもなく，答えは否である．各銀行は，自らの顧客の情報を他行と共有することはない．それぞれが，独自に管理している．それにもかかわらず，我々は，他行のカードで現金を引き出すことができる．これを実現しているのが，分散処理である．銀行間のオンラインシステムのような分散システムでは，データや処理が，それぞれの銀行のコンピュータの中に留まっている．この処理やデータの局所性が確保されているので，各銀行は，銀行間オンラインシステムという分散システムに参加できる．集中システムにおける，システム内のデータや処理を一元的に管理し，全体が見えるという特徴は，システム全体の効率最適化には有効であるが，セキュリティや情報保護を行いたいという目的，目標に対しては，分散システムのもつ局所性が有効である．

分散システムのもつ3つめのポテンシャルは，可用性である．分散システムの定義で述べたように，分散システムは「独立したコンピュータの集合」である．中心となる1台のコンピュータにより構成される集中システムでは，そのコンピュータの故障は，そのシステム全体の障害をもたらしてしまう．一方，分散システムでは，複数のコンピュータが内在するため，そのうちの1台が故障しても，他のコンピュータが，故障したコンピュータの処理を代替できれば，全体としての処理性能の縮退をもたらすものの，システムとしてのサービスの継続が可能である．

表1.3にまとめるように，これら3つの観点であるスケーラビリティ，局所性，可用性の点で，分散システムは集中システムに対して優位性をもっていることが，分散システムを選択する理由となっている．しかし，それぞれの達成レベルについては，分散システムにさせたい処理の内容や要求によって決定される．必要以上のレベルを求めることは，コストの上昇をもたらすことになる．分散システムの設計，導入にあたっては，集中システムに対する優勢性のポテンシャルを活かし，求められる要求を満たすレベルとすることが重要となる．

表 1.3 集中システムと分散システムの特徴.

	集中システム	分散システム
スケーラビリティ	性能の向上に対するコストの増加は，線形以上の増加となる．稼働後の規模の拡大に対しては，設計段階からの考慮，設計が必要．	対象となる処理の規模の違いに対して，コンピュータなどのリソースの増減で対応できるポテンシャルを備えている．また，稼働後においても，リソースの増減が可能であり，規模の拡大や縮小に対する柔軟性が高い．
局所性	一元的に管理するので，システム全体の効率化には有利．	データの保管や処理の行われる場所を，データへのアクセス権限が認められた位置（サイト）に限定でき，セキュリティや情報保護の点で優位．
可用性	中心となるコンピュータの故障が，システム全体に障害をもたらす．	複数のコンピュータが内在するため，1台が故障しても，他のコンピュータが，処理を代替できれば，処理性能の縮退をもたらすものの，サービスの継続が可能．

1.4 分散透過性

　分散システムの定義で述べたように，分散システムは，利用者からは単一の首尾一貫性のあるシステムとして見えている．つまり，複数のコンピュータや機器などで構成されている点や，分散システムで行われている処理が，複数のコンピュータや機器が相互に通信をしながら行われていることなどを利用者に気づかれないようにしている．このように分散システムが分散システムであることを利用者に知覚されないという特徴を透過性 (transparency) という．透過性は，透明性と呼ばれることもある．

　分散システムの透過性は，どのような点で透過であるかにより，いくつかの概念に分類される．

1. アクセス透過性 (access transparency)

    データの表現規則の違いや，リソースへのアクセス方法に違いがあっても，利用者にその違いを意識させることがないときに，アクセス透過性を備えているという．例えば，多バイトのデータをメモリに格納する際に，桁の上位バイトから格納するビッグエンディアンを採用するコンピュータと，下位バイトから格納するリトルエンディアンを採用するコンピュータが，分散システムの中で混在していても，利用者が，それらが混在していることはおろか，そういった格納方法の違いが存在することさえも知ることなく，分散システムを利用できるといったことも，アクセス透過性にかかわる特徴である．

2. 位置透過性 (location transparency)

    位置透過性とは，利用者がリソースの存在位置を知ることなくリソースを利用できる性質を意味する．例えば，Web サービスにおいて，利用者は URL によって目的とするリソースを指定することができるが，その URL で指定されるリソースがどこに存在しているのかを知る必要はないし，知ることもできない．

3. 移動透過性 (migration transparency)

リソースやプロセスが，アクセスや処理の進行に影響を与えることなく，位置を変えることができる場合に，移動透過性があるという．

4. 再配置透過性 (relocation transparency)

リソースやプロセスが，アクセス中や処理の実行中に，利用者に感づかれることなく位置を変えることができる性質を指す．再配置透過性は，移動透過性に比べ，位置の移動という点で，より高いレベルでの透過性であるとみなされている．

5. 複製透過性 (replication transparency)

分散システム内にリソースの複製（レプリカ）が存在する場合において，利用者に複製の存在を知覚されないことを意味する．データの複製の分散配置は，ネットワークを介したアクセスであるが故のアクセス時間の違いを軽減することが期待できるが，データへの書き込みが行われた場合には，書き込み以降に行われるどのレプリカに対する参照も，その書き込みの結果を反映したものでなければ，利用者は複製の存在を感じ取ってしまう．

6. 並行透過性 (concurrency transparency)

分散システムでは，1つのリソースに対して，複数の利用者やプロセスが同時にその利用を要求することがある．このような状態をリソースに対する競合という．同時にリソースの利用ができる利用者やプロセスの数に制限がある場合には，相互排除を行わなければならない．また，相互排除を行う方法の1つであるロック，アンロックは，デッドロックを引き起こす危険性をはらんでいる．デッドロックによるシステム障害を避け，適切に相互排除を行い，利用者に対しては，自分だけがリソースを利用しているかのように思わせることが，並行透過性の問題である．

7. 障害透過性 (failure transparency)

分散システムの目的と目標でふれたように，分散システムは，障害に対する耐性をもちうる潜在的な能力を備えている．分散システムが，障害に対する耐性をもっているときに，その分散システムは障害透過性を具備していると呼ばれる．障害透過性を備えている分散システムでは，システム内の一部に障害が発生しても，その障害の発生を利用者に感づかれることなく，また，その障害からの復旧回復も気づかれずにすむ．

利用者が，分散システムに対して，いずれの透過性の点でも，高いレベルを達成してくれることを望むのは，合理的な要求である．利用者は，システムの実装や設定の詳細に精通することなく，そのシステムが提供するサービスを受けたがるものである．しかしながら，現実の分散システムでは，システムごとに，透過性の達成レベルは異なる．これは，コストからくる制約や，今日の技術水準からくる制約によるものである．分散システムの設計者は，どの透過性をどのレベルで達成するのが望ましいかを，かけることができるコストや，利用者，利用状況などを基に判断しなければならない．

1.5 開放性

開放性 (openness) は，分散システムにとって重要な概念である．開放性を理解するために，まず，プロトコル (protocol) の概念からみていくことにする．

コンピュータなどの機器間で通信を行う際には，利用する文字コード体系はどれを使うのか，どちらが最初に通信を開始するのかなどの規則や手順などの取り決めを明確に定めておかなければならない．この通信を行う際の規則や手順などの取り決めがプロトコルである．ここでの通信とは，物理的に独立した装置間で行われる通信だけを意味するものではなく，同一のコンピュータに存在するプロセス間での通信なども含まれる．

プロトコルで規定される内容は，シンタックスとセマンティクスである．シンタックスとセマンティクスの概念を，例を用いて解説する．

ここで，誰かに計算を依頼したいと仮定する．例えば "9 − 4（きゅう ひく よん）" と伝えれば，相手は "5" と返事をしてくれる．また，"3 + 7（さん たす なな）" であれば，"10" が返ってくる．この両者の間での会話が成立しているのは，2つの数の加減乗除を行う場合には，最初の被演算子を初めに伝え，次に，演算の種類を表す演算子を伝え，最後に2番目の被演算子を伝えるという表現の規則に従っているからである．もし，"− 9 4（ひく きゅう よん）" などと，この規則に従わない発言をしても，相手はその指示を解釈できない．この表現の仕方に関する取り決め（規則）がシンタックスである．

さらに，表現の規則に従う指示を受けたときに，"＋（たす）" は加算を，"−（ひく）" は減算を意味していることを理解していなければ，正しく計算を行い "5" や "10" といった結果を導き出すことができない．"＋（たす）" が加算を意味し，"−（ひく）" が減算を意味するといったことを，互いが共通して理解しているからこそ，この例のように両者の間で，計算の依頼とその結果の返答ができるのである．通信で使われる記号の意味や，それらの記号を使いシンタックスに従った表現が伝える意味がセマンティクスである．正しく意図が伝わる通信を行うためには，情報の送り手と受け手の双方でシンタックスとセマンティクスが共通していなければならない．プロトコルは，このシンタックスとセマンティクスの規程の総称として与えられた用語である．

プロトコルに従う機器やソフトウェアを開発すれば，開発者が異なっても，同じプロトコルに従う機器やソフトウェア間で通信ができる．しかし，プロトコルが公開されていなければ，そのプロトコルを知っている者のみが，正しく通信ができる機器やソフトウェアの開発，製造を行うことができ，プロトコルの詳細を知ることができない他者は，開発，製造することはできない．ここで，開放性の概念が出てくる．開放性とは，そのプロトコルが，誰かによって隠ぺいされておらず，誰でもその内容を見ることができる，つまり，開かれていること (openness) を意味している．広く開かれているプロトコルのことをオープンプロトコルと呼ぶ．一方，特定の企業や団体以外に，その詳細が公開されていないプロトコルのことをクローズドプロトコルという．表1.4にオープンプロトコルとクローズドプロトコルの特徴を示す．プロトコルがオープンで

表 1.4　オープンプロトコルとクローズドプロトコル.

オープンプロトコル	クローズドプロトコル
プロトコルの詳細が公開されており, 誰でも知ることができる.	プロトコルの詳細が公開されておらず, 特定の企業や団体に閉じている.
誰でも, 開発, 製造が行える.	プロトコルを知るものしか, 開発, 製造が行えない.
プロトコルに従う機器であれば, メーカが異なっていても相互運用可能.	サードパーティの機器でも相互運用の可能性があるが, 動作が保証されない.
プロトコルに従うアプリケーションが別のシステム上でも動作できる (可搬性).	アプリケーションが, システム専用となる.
特定の企業や製品に制約されることなく, 機器の置き換えや拡張が行える.	機器の置き換えや拡張が, 製造企業の製品や仕様に限定される.
新規事業者の参入が容易.	企業にとって, 独占的な市場の構築が可能.
製造企業間の競争が, 性能向上, 低価格をもたらす.	

あれば, そのプロトコルに従った振る舞いをする機器を誰でも開発, 製造することができる. そして, プロトコルに従う機器は, その製造者が誰であるかにかかわらず, また, 実装の方法, 手段がどうであれ, 相互に接続し, 運用が可能である. この性質を相互運用性 (interoperability) という. また, 分散システムとアプリケーションがオープンプロトコルに従うなら, ある分散システムのために開発されたアプリケーションも, 同じプロトコルに従う別の分散システムで実行することができる. この性質を可搬性 (portability) という.

オープンプロトコルは, 製造企業にとっては, 独占的な市場の構築を困難とする半面, 新規事業者の参入を容易とするという利点がある. また, 利用者にとっては, 製造企業間の競争が促進され, より高性能なものを安価に入手できる可能性をもたらす.

分散システムは, 様々な機器の集合体として構成されている. そのため, 分散システムを構成する機器はオープンプロトコルに従うことが望まれる. 分散システムが, オープンプロトコルに従うコンピュータやソフトウェアで構成されるならば, 特定の企業や製品に制約されることなく, 機器の置き換えや拡張が容易に行える. 開放性は, 分散システムにおいて, 強制されるものではないが, 分散システムの特徴を活かすという点において, 重要な特性であるといえる.

1.6　分散システムの制約

分散システムは, 集中システムに対して, 優位性をもっているが, その一方で, 設計者は, 集中システムでは遭遇しなかった制約に直面しなければならない. この制約で有名なものは, Peter Deutsch が 1994 年に, 分散システムにかかわりだした技術者が陥りやすい 7 つの誤解 (fallacy) として示したものがある. その後, 1997 年には, James Gosling が 8 つめを追加している. これら 8 つの陥りやすい誤解を以下に示す [3].

1. ネットワークは信頼性がある

　　ネットワークを介した通信は常に成功するとは限らない. 例えば, パケットロスの発生が起こるかもしれない. また, なにがしかの障害で, 通信が途絶するかもしれない. 分散

システムにかかわる技術者は，ネットワークは常に信頼できるわけではないことを前提としなければならない．

2. 遅延は存在しない

送信されたメッセージは，瞬時に，送信宛先に届くわけではない．通信路における遅延が必ず発生する．このことは，分散システムで完全な時刻の同期が不可能であることの理由にもなっている．

3. 帯域幅は無限である

通信路には単位時間あたりに伝送できる情報量の上限としての通信路容量があり，大量のデータの送受信には，通信路容量と送信されるデータ量に応じた時間が必要となる．言うまでもなく，システム内で行われる通信要求の総量は，システム内の通信ネットワークが処理しきれる通信量を超えることはできない．

4. ネットワークはセキュアである

通信路における盗聴，情報の搾取の危険性がある．他者に知られては困る情報の送受信を平文で行うことは，現金を駅のベンチに放置するようなものである．暗号技術を用いるなどの対策を講ずる必要がある．

5. トポロジーは変化しない

ネットワークにおけるノード間の接続形態は変化しうる．このことは，携帯電話を考えれば明らかであろう．携帯電話の端末機は，最寄りの基地局と交信をする．携帯電話を持つ人の移動に伴い，接続する基地局を瞬時に切り替えている．また，ノートPCを持ち歩き，移動先でWi-Fi接続を利用する人も多いであろう．このような例からも，ネットワークの接続形態は常に一定ではないことは理解できる．

6. 存在する管理者は唯一である

分散システムでは，システムの全体を管理する管理者は存在しない．また，そのような管理者を設けることは不可能である．システムの隅々の最新の情報を1か所で集めようとしても，通信に遅延が存在することから，情報が届けられたときにはすでに過去の情報となっている．また，分散システムの利点である，規模の拡大が行われると，集める情報も増えることになり，それらの情報を取り扱う処理が，コンピュータの処理能力を超える可能性もある．

7. 転送コストはゼロである

ネットワーク上で，情報を伝送するためには，送信したいデータに加え，通信宛先や通信源のアドレス，誤り訂正のためのビット列などを付加しなければならない．伝送したい情報に加え，オーバヘッドが発生する．また，ネットワーク機器の設置や維持のための金銭的なコストも発生する．分散システム内の機器間の通信をコスト無しで，実現することはできない．

8. ネットワークは均一である

今日，企業のオフィスや大学，研究機関の研究室に設置されているコンピュータは有線のイーサネットなどで接続されている．それに対して，可搬型のノートPCでは，Wi-Fi

やLTEなどの無線通信技術を利用してネットワークに接続されている．このことから明らかなように，これらの情報機器につながれているネットワークの遅延や帯域幅は同一ではない．また，同じ技術を使っていても，物理的な距離の違いや，2点間に存在する通信機器の台数や性能などによっても，遅延は異なる．このように，通信を行う機器のペアによって，その間の通信経路の特性は異なる．

これら，技術者が陥りやすいと言われているポイントと1.4節で述べた透過性について理解すれば，集中型のアルゴリズムとの対比で，しばしば述べられる，分散型アルゴリズムの以下の特徴については，容易に理解することができるであろう．

- システム全体にわたる情報をもつマシンは存在しない．
- 各マシンは，そのマシンにある局所的な情報に基づいてのみ判断する．
- 1台のマシンの障害が，アルゴリズムに破綻をもたらすことはない．
- グローバルクロックが存在するという暗黙の了解を設けることはできない．

演習問題

設問1 分散システムとして構成されているシステムやサービスの実例を示し，その分散システムがどのような要素によって構成されているかを述べよ．

設問2 分散システムとして構成されている実システムが，集中システムで構成されることなく，分散システムとして構成されている理由を，スケーラビリティ，局所性，可用性から考察せよ．

設問3 自らの身近にあるコンピュータやシステムが，集中システムなのか分散システムなのか，また，逐次処理なのか並列処理なのかを確かめよ．

設問4 複数のCPUによる並列処理を利用したフォールトトレラントシステムで，単一CPUで実行する場合に比べ，信頼性を高めるためには，CPUが正しい結果を出力とする確率に条件がつく．CPUが正しい結果を出す確率pが同じである場合に，並列実行が信頼性を高めるために，pが満たすべき条件を示せ．

設問5 透過性が満たされていなければ，どのような不都合があるかを述べよ．

設問6 実システムを取り上げ，それに対して，透過性がどの程度満たされているかを考察せよ．

設問7 開放性をもつシステムやそのプロトコルにどのようなものがあるかを述べよ．

設問8 分散システムの開発者が陥りやすいとして挙げられている8つの落とし穴にはまると，どのような障害が発生するか述べよ．

参考文献

[1] Andrew S. Tanenbaum and Maartem Van Steen : DISTRIBUTED SYSTEMS - Principles and Paradigms Second Edition, Pearson Prentice Hall (2007).
(水野他訳：分散システム―原理とパラダイム 第2版, ピアソン・エデュケーション (2009)).

[2] 水野忠則監修：コンピュータネットワーク概論（未来へつなぐデジタルシリーズ 27 巻），共立出版（2014）.

[3] Arnon Rotem-Gal-Oz : Fallacies of Distributed Computing Explained, http://www.rgoarchitectsp.com/Files/fallacies.pdf.

第2章
分散システムの種類

―― □ 学習のポイント ――

　分散システムは，期待される機能や役割に応じて，いくつかの種類に分類される．主な分類として，分散コンピューティングシステム，分散情報システム，分散パーベイシブシステムがある．本章では，それらが，どのような目的をもつものであるのか，また，その構成，構築のされ方にどのような違いがあるのかをみる．

- 分散システムの主なカテゴリに，分散コンピューティングシステム，分散情報システム，分散パーベイシブシステムがあることを理解する．
- 分散コンピューティングシステムの目的，またどのような種類があるのかを理解する．
- 分散情報システムが，独立した情報システムを統合しながら，一貫性を備えていることを理解する．
- 至る所に情報機器が行き渡り，それらによって構成される分散システムであるパーベイシブシステムについて理解する．

―― □ キーワード ――

　分散コンピューティングシステム，クラスタコンピューティング，クラウドコンピューティング，分散情報システム，分散トランザクション処理，ACID特性，エンタプライズアプリケーション統合，パーベイシブシステム

2.1　分散コンピューティングシステム

　分散コンピューティングシステムは，"コンピューティング" という言葉から想像できるように，計算処理を目的とする分散システムであり，高性能な計算処理を行うシステムの実現の方法として分散処理を取り入れたシステムであるといえる．

　分散コンピューティングシステムの基本となる考えは並列処理である．並列処理は，処理の対象となる仕事（ジョブ）を，同時に実行可能な複数の部分に分割し，それらを複数の処理装置（コンピュータ）で同時に処理することで，対象となるジョブの処理時間を短くしようとする処理方式である．処理の対象となる仕事や，それを分割して得られる複数のパーツに対して，明

確に定義された用語があるわけではないが，ここでは，分割前の仕事をジョブ，ジョブを分割して得られる複数のパーツの個々をタスクと呼ぶことにする．

並列処理を実現する方法として，コンピュータの内部に複数のプロセッサを用意し，それらのプロセッサが同時に処理を行う方法がある．このようなアーキテクチャのコンピュータをマルチプロセッサと呼ぶ．マルチプロセッサのコンピュータは，システムとしては単体のコンピュータとしてとらえられており，分散コンピューティングとして分類されることはない．なぜなら，マルチプロセッサを構成するプロセッサは，それだけでは独立したコンピュータとして機能することができず，分散システムの要件を満たさないためである．

並列処理を実現する別の方法に，クラスタコンピューティングシステムと呼ばれるものがある．クラスタコンピューティングシステムは，クラスタコンピュータと呼ばれることもある．クラスタコンピューティングシステムは，実用に供することができる並列処理として注目され，1980年代から1990年代にかけて普及した．クラスタコンピューティングシステムは，複数のPCやワークステーションをネットワークで接続し，それらを管理する1台のマスターノードから，それらのコンピュータにタスクを割り当て，並列処理をさせようというシステムである．クラスタコンピューティングシステムおいて，マスターノードによってタスクを割り当てられて，割り当てられたタスクの処理を行うコンピュータを計算ノードと呼ぶ．クラスタコンピューティングは，構成する計算ノードの種類により，PCクラスタやワークステーションクラスタと呼び分けることもある．

また，クラスタコンピューティングの多くでは，図2.1に示すように，ノード間の接続ネットワークに，マスターノードと計算ノード間でタスクや実行結果の受け渡しなどを行うための管理用ネットワークと，ジョブ実行の際に，計算ノード間で，データの送受信を行うためのデータ交換用の高速なクラスタ用ネットワークが用意されている．

すべての計算ノードのCPUの性能やメモリの容量，アクセス時間などの性能が同一であるホモジーニアスクラスタコンピューティングと，性能の異なる計算ノードで構成されるヘテロジーニアスクラスタコンピューティングがある．クラスタコンピュータがホモジーニアスであるか，ヘテロジーニアスであるかの議論においては，計算ノードの性能の違いに加えて，計算ノード間を結ぶ相互結合網のノード対間ごとの通信性能も対象とすることがある．つまり，ホモジーニアスであるためには，どのノード対間の通信性能も同一であることを求め，ノード対の組み合わせによって通信性能が異なる場合には，ヘテロジーニアスに分類される．

計算ノードの計算性能やノード対間ごとの通信性能が均一ではないヘテロジーニアスの場合には，どのタスクをどの計算ノードで処理するかによって，処理時間など，クラスタコンピューティングシステムとして発揮される性能に差が生じてしまうが，ホモジーニアスの場合には，どの計算ノードも同一の性能であり，また，ノード対間での通信に差が出ることがないことから，どの計算ノードで処理をしても差が生じず，タスクの計算ノードへの割り当てが容易となる．一方で，ホモジーニアスクラスタコンピューティングでは，機能向上を目的とした計算ノードの増設に際しては，すでに組み込まれている計算ノードと同一性能のものを用意しなければならず，異なる性能の計算ノードの存在を許すヘテロジーニアスクラスタコンピューティングに

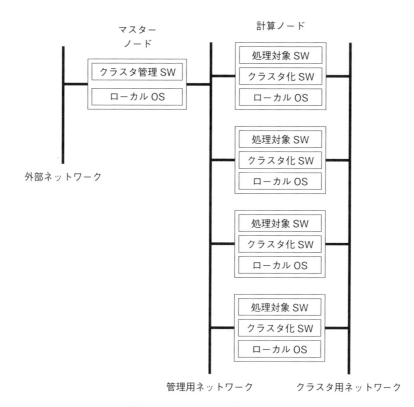

図 2.1　クラスタコンピューティング．

比べ，自由度は低い．

　1980年代から1990年代に，クラスタコンピューティングが，注目，普及した理由は，ちょうどこの頃に，ネットワークの接続機能を標準機能として備えたPCやワークステーションが，量産効果により低廉な価格で普及したことや，ネットワークの普及により，クラスタコンピューティングにおける相互結合網として機能できる性能をもったネットワーク機器の入手が容易になったことなどが挙げられる．

　クラスタコンピューティングは，タスクの各計算ノードへの割り当てや，実行管理がマスターノードで行われ，各計算ノードのタスク実行がマスターノードの指示に従うという点から，分散システムに分類せずに，並列処理を取り入れた集中処理の一類型と分類する立場もある．一方で，クラスタコンピュータを構成する計算ノードやマスターノードが，クラスタコンピューティング実現のためのソフトウェアが実装されるものの，単独で動作できるコンピュータとOSを利用して構成されることから，分散処理に分類する立場をとる研究者，技術者も多い．

　クラスタコンピューティングと異なる，計算性能の向上を目的とした分散処理のアプローチにグリッドコンピューティング，あるいは単にグリッドと呼ばれるシステムがある．グリッドコンピューティングは，インターネットやイントラネットに接続されたコンピュータを利用して並列処理することで，高い性能を得ようとする方法，システムである．グリッドコンピュー

ティングの基本アイデアは，使用されていないリソースを集めて有効に使いたいという考えである．ネットワークに接続された計算機の処理能力が常に最大限使われているわけではなく，余力を残している計算機が数多く存在している．それらを集め，束ねることができれば，莫大な計算能力を得ることができるであろうというものが，発想の根源である．

グリッドコンピューティングでは，ネットワークに接続されたコンピュータの所有者が，その計算能力という資源の提供を行う．一方，グリッドコンピューティングの利用者は，提供され，集積された資源を利用することで，プログラムの実行をさせる．リソースを提供する所有者は一人あるいは一組織とは限らず，また，所有者が特定の組織の構成員である必要もない．もちろん，そういったことが禁止されているわけではなく，技術的な点から強制されるものではない．したがって，グリッドコンピュータは，提供され，集積された資源，また，提供者と利用者の集まりといった，バーチャルな組織といえる．

グリッドコンピューティングの規模としては，企業などの単一の組織内のコンピュータと組織内ネットワークで構成される比較的小規模なものから，インターネットに接続された，数多くの提供者から供出されるコンピュータ（計算資源）で構成される大規模なものまである．前者のように，単一の組織内に閉じているグリッドコンピュータをインターナルグリッド，後者のように，構成するコンピュータの所有者が様々であるものを，エクスターナルグリッドと呼び，区別することがある．

エクスターナルグリッドは，実質的に，無限といってもよいほどの計算資源確保の可能性があり，組織内に所有する資源の総量に制約されるインターナルグリッドよりも，高い性能を得られるポテンシャルが高い．一方で，エクスターナルグリッドには，計算機の所有者を信頼してもよいのかどうかというセキュリティ上の危険性がある．

グリッドコンピューティングは，ネットワークに接続されているものの，単独で動作しているコンピュータの計算能力というリソースの提供を受けて処理を行うことから，構成要素が均一であるホモジーニアスなシステムとすることは現実的に不可能であり，ヘテロジーニアスなシステムとなる．また，マルチプロセッサやクラスタコンピューティングに比べるとノード間の通信路の性能が低いことからも，実行対象となる処理の粒度は大きくなる．多くの場合，プログラム単位，あるいは，プログラムを分割して得られるブロック単位程度での大きさとなり，その目標は単位時間あたりの処理量の向上を目指したものとなっている．

グリッドコンピュータの実装では，ツールキットと呼ばれるミドルウェアとして実現されるGlobusツールキットや，Xgridなどがある．グリッドの利用者は，ツールキットで定められ，提供されているプロトコルに従ってプログラムを行うことで，グリッドシステム上でプログラムを実行することができる．一方，グリッドに自らの計算資源を提供する側は，自らのもつ計算機にツールキットをインストールすることで，グリッドコンピューティングに参加することができる．

2.2 分散情報システム

　分散情報システムとは，独立した情報システムを統合し，利用者に対して一貫性のあるシステムとして振る舞う分散システムである．代表的な分散情報システムには，トランザクション処理システムとエンタプライズアプリケーション統合がある．

トランザクション処理システム

　トランザクション処理システムとは，トランザクションと呼ばれる不可分な処理を，次々と処理していくシステムである．例えば，銀行のオンラインシステムや，図書検索システム，航空機や鉄道の座席予約システムなどの，いわゆるデータベースのシステムがトランザクション処理システムに分類される．他にも，イベントドリブンシミュレータもトランザクション処理システムの1つである．

　トランザクション処理ではないプログラム，例えば構造計算などの科学技術計算では，作成されたプログラムを実行し，プログラムのプロセスが正常に終了することで，その目的が達成される．それに対して，図書の検索システムなど，いわゆるデータベースと呼ばれるシステムにおいては，データベースのプログラムは，継続的に動作し続けることが求められる．データベースにおいて処理されるものは，データへの参照 (read) や書き込み (write)，さらに，なにがしかの処理で構成される処理単位である．この処理単位のことをトランザクションと呼ぶ．データベースにおいては，トランザクションごとに，正常に処理完了することが求められ，また，システムとして，次から次へと投入されるトランザクションを，正常に終了させることを継続的に達成することが求められる．データベースにおいては，データベースのプログラムが終了することは求められていない．求められているのは，トランザクションの正常な処理完了である．

　トランザクション処理では，ACID 特性，あるいは，ACID と呼ばれる特性を満たしていることが求められる．ACID 特性は，以下の4つの特性の頭文字をつなげた呼称である．

1. 原子性 (Atomic)
   トランザクションは，トランザクションの外からは分割不可能な1つの存在であり，トランザクションを構成するすべての処理が実行されるか，すべての処理が実行されないかのどちらかしか起こりえないことを保証する性質である．
2. 一貫性 (Consistent)
   トランザクションの実行の以前と以後で，システムに対して求められ，そして成立している普遍性に変化がないことを保証する性質である．
3. 独立性 (Isolated)
   複数のトランザクションが同時に実行されていても，互いに影響を及ぼすことはなく，最終的な結果は，同時に実行される複数のトランザクションを逐次的に並べた複数の順列の1つに従って処理を行ったときの結果と一致しなければならないという性質である．

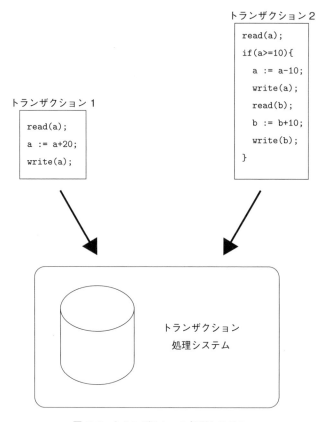

図 2.2 トランザクション処理システム.

4. 耐久性 (Durable)

トランザクションが処理され，その処理の影響が，一貫性や独立性などの問題を引き起こさないものとして確定された後には，二度と取り消されることがないという性質である．トランザクションの処理完了を確定することをコミットという．

銀行口座を例に，ACID 特性をみることにする．ここで，図 2.2 に示すように，以下のような状況を想定する．

- A 氏の口座残高は 5 万円，B 氏の口座残高は 10 万円であった．
- 2 つのトランザクションが投入された．

  ・トランザクション 1 – A 氏の口座への給料 20 万円の振り込み．
  A 氏の口座残高を読み出す．その値に 20 万を加え，A 氏の口座残高を書き換える．

  ・トランザクション 2 – A 氏の口座から 10 万円を B 氏の口座に移す．
  A 氏の口座残高を読み出す．口座残高が 10 万円未満であれば，何もせずに終了．
  口座残高が 10 万円以上であった場合には，口座残高の値から 10 万を引き，その値を A 氏の口座残高として書き換えるとともに，B 氏の口座残高を読み出し，その値に 10

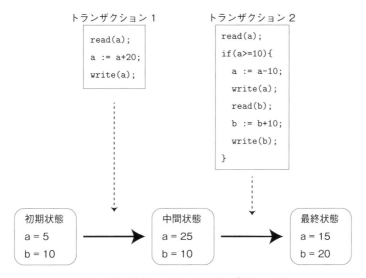

(a) トランザクション1 ⇒ トランザクション2

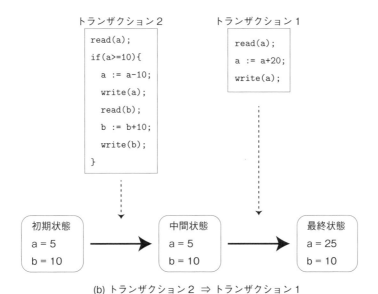

(b) トランザクション2 ⇒ トランザクション1

図 2.3 2つのトランザクションの処理例.

万を加え，B氏の口座残高として書き換える．

この想定の下で，考えられる正当な状況は2つある．1つは，図2.3(a)に示すように，トランザクション1によって，A氏の口座残高がいったん25万円となった後に，トランザクション2によって，A氏の口座から10万円がB氏の口座に移動し，結果としてA氏の口座残高が15万円，B氏の口座残高が20万円となるという状況．そして，もう1つの可能性は，図2.3(b)

に示すように，トランザクション2が先に実行されようとするが，A氏の口座残高の不足から，両氏の間でのお金の移動はなく，その後，トランザクション1によってA氏の口座に20万円が振り込まれ，結果としてA氏の口座残高が25万円，B氏の口座が10万円となるという状況である．

銀行口座を管理するデータベースが独立性を満たしていれば，この2つの状況のいずれかしか起こらない．また，いずれの状況においても，預金残高が負の値にならないという制約，金額の増減に矛盾がないという制約を満たしており，一貫性が保たれている．さらに，2つのトランザクションは，その内部としては，複数のステップから構成されているが，いずれの状況においても，それぞれのトランザクションは，完全な形で処理が行われており，原子性も満たされている．最後に，2つのトランザクションがコミットされたときに，両氏の口座の最新の残高は確定されることになる．これにより，耐久性も達成される．

さて，ここで，分散処理とトランザクション処理との関係に入っていくことにする．これまでの説明や例は，明示的ではないが，単独の独立したコンピュータで管理されるデータベースを想定していた．しかしながら，今日の社会活動においては，複数のトランザクション処理システムが管理するデータに対するアクセスが求められている．例えば，給与振り込みや光熱費の料金引き落としも，1つの銀行内で閉じることなく，異なる銀行が管理する口座管理システム

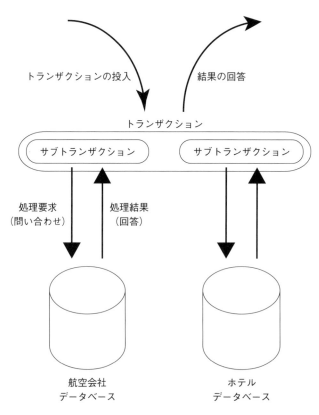

図 2.4 分散トランザクション処理．

のデータへのアクセスが必要なトランザクションである．また，旅行計画時のホテルや飛行機の予約要求も，図 2.4 に示すように，各社が管理するデータベースへのアクセスが必要となる．このように，今日では，複数のデータベースがネットワークでつながれ，それらのデータベースの集合体が，あたかも 1 つのデータベースのように振る舞うことが求められている．このようなシステム構成の下では，ユーザから投入されるトランザクションは，アクセスの対象となるデータが存在するデータベースへのトランザクションに分解され，各データベースに送られることになる．もちろん，ユーザに対しては，ユーザが投入したトランザクションの原子性は満たされており，その一部だけが実行されるということはない．複数のデータベースを統合する分散情報システムでは，ユーザから投入されたトランザクションが，複数ある実際のデータベースに対する個別で複数のトランザクションによって構成されるといった入れ子構造となっており，入れ子構造のトランザクション処理においても ACID 特性を満たす制御技術が必要となる．

　集中型のトランザクションシステムでは，システム内で処理されるトランザクションは，当然のこととして，単一のコンピュータの中で処理される．一方，分散型のトランザクションシステムでは，システム内のどこでどのようなトランザクションが処理されているかということを把握できない．たとえて言うならば，すべてを知っている全能者を想定することができない．このことは，分散型のトランザクションシステムにおける，ACID 特性の実現を困難としている．

エンタプライズアプリケーション統合

　複数のデータベース（トランザクション処理システム）の統合に留まらず，より高いレイヤでの統合を行うのが，エンタプライズアプリケーション統合 (Enterprise Application Integration : EAI) である．

　エンタプライズアプリケーション統合の名前の由来は，企業（エンタプライズ）の中で業務推進のために使われている勘定系や販売系などの個別のシステムを統合し，経営効率の改善や，経営判断の迅速化などを目的とした分散システムの構築であることに由来している．

　エンタプライズアプリケーション統合では，分散システムを構成する勘定系や販売系などのように○○系と呼ばれるシステム上のアプリケーションコンポーネントが，直接，情報の交換を行う必要がある．統合される個別のシステム間で行われる通信機能の実現など，図 2.5 に示すように，統合化はミドルウェアとして実現されている．

　ミドルウェアに求められる機能は，

1. 各システムに対して，他のシステムによって提供されるサービスのインタフェースの提供
2. システムごとに異なるデータ形式やプロトコルの違いの吸収
3. システム間で交換されるデータを適切に振り分けるルーティング機能
4. 実際の業務に応じたビジネスプロセスのワークフローの構築

である．

　アプリケーションコンポーネント間での通信を可能とするミドルウェアには，手続き呼び出し

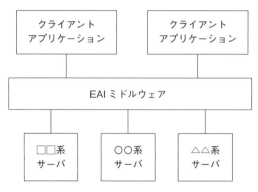

図 2.5 エンタプライズアプリケーション統合.

(procedure call) と同様のプロトコル形式を用いた遠隔手続き呼び出し (Remote Procedure Call : RPC), メソッド呼び出し (method invocation) と同様のプロトコル形式としている遠隔メソッド呼び出し (Remote Method Invocation : RMI) がある.

2.3 パーベイシブシステム

　パーベイシブ (pervasive) とは, 「行き渡っている, 蔓延している, 至る所に広がっている」といった意味をもつ言葉であり, パーベイシブシステムとは, スマートフォンやタブレット型コンピュータなど, コンピュータが内蔵され, ワイヤレス通信機能をもった機器が, 至る所に存在し, それらが互いに通信をしながら, 人々の活動や生活を支援するといった概念である. ユビキタスコンピューティングという言葉があり, 両者を使い分ける立場をとる人達もいるが, パーベイシブシステムとユビキタスコンピューティングは, いまや同一の概念であり, その違いを議論しても, 本質的に意味のある議論とならないとの主張も多い. また, 単に解釈の些細な違いの議論を呼び名の違いに持ち込んでいるだけとの意見もある. ここでは, 両者の違いの議論に深入りせずに, パーベイシブシステム, ユビキタスコンピューティングのどちらの言葉で呼ばれたとしても, 多くの人々に共通する概念の範囲で解説することにする.

　前述のように, パーベイシブシステムは, 至る所に広がったコンピュータを内蔵する機器が, 互いに通信をしながら, 何らかの役に立つ振る舞いをしてくれるシステムである.

　例えば, 体脂肪も計測できる体重計, リストバンド型などの小型活動量計, 睡眠状況を観察する睡眠計などに通信機能をもたせ, それらのセンサが集める情報を日々集積することで, 人の健康状態を記録し, 健康管理に役立てるシステムが出現している.

　また, 電力計に通信機能が組み込まれたスマートメーターや, 温度計, 照度計, また, 燃料発電機や蓄電器などを組み合わせ, エネルギーの管理を行う EMS (Energy Management System) なども, 地理的に分散した機器にコンピュータが組み込まれており, パーベイシブシステムの一例といえる.

　日々の生活環境において, この数年, パーベイシブシステムは, 急速に普及しつつある.

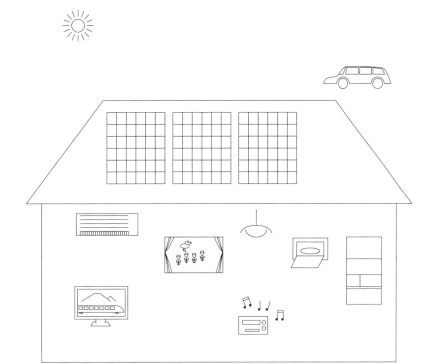

図 2.6 家庭の中のパーベイシブシステム．

　図 2.6 は，本書の初版出版時に，近未来の様子として，パーベイシブシステムが，日常生活の快適さの向上を目的として普及したときの生活のイメージを示したものである．例えば，在室時には，日射量の変化や気温の変化に応じて，また，帰宅時には自宅に近づくとエアコンの ON/OFF や動作モードの切り替えといったことを自動で行ってくれる．電話がかかってくると，テレビやオーディオ機器の音量が自動的に小さくなる．季節や室内外の温度，時間によってカーテンの開閉が行われる．外出先から，冷蔵庫に保管されている食料品がわかり，メニューの提案や不足する食材の通知をしてくれる，などなど，様々なセンサや機器がネットワークを介して連携することで，便利で快適な生活をもたらしてくれるものとして紹介した．

　これらの中で，いくつかは現実のものとなっているし，またなりつつある．連携機能をもった家電機器と互いに通信し制御できるスマートスピーカーやホームサーバが実用化され，アーリーアダプタと呼ばれる，新しい技術や製品を積極的に取り入れ，利用する人々の間で，すでに受け入れられている．これらの機器を利用すると，自宅に近づくと自動でヒータを動かしたり，また，家を離れると電源を切ることができ．また，掃除ロボットの清掃状況を自宅外で確認したり，また，掃除の開始や中止を指示することも可能となっている．

　これらのサービスは，ここ数年のうちに，定着するものと，消え去るものに分かれるであろうし，また，新たなアイデア，サービスの出現が数多く見られるであろう．いままさに，家庭におけるパーベイシブシステムの普及の初期段階のまっただ中といえよう．

一方で，分散システムの研究者，技術者にとっては残念なことかもしれないが，パーベイシブシステムが普及すればするほど，一般市民からは，パーベイシブシステムが忘れ去られることになるであろう．なぜなら，パーベイシブシステムは，1.4節で述べた分散透過性が高いレベルで実現されることが求められており，透過性が高まるほど，利用者の前からその存在を隠すことになるからである．

　機器間の通信に注目したM2M (Machine to Machine) や，テレビやビデオレコーダーなどの様々な家電機器などがネットワークにつながれ，"モノ"同士のデータ交換に注目したIoT (Internet of Things) は，パーベイシブシステムに関係するキーワードでもある．これらはいずれも，パーベイシブシステムが我々の社会の中に実態として広がりつつあり，その広がりつつある現状に対して，ある切り口をもってとらえた際に付けられた名前であるといえよう．

　これら具体例からわかるように，パーベイシブシステムは，多種の情報，多数の情報の収集や，収集した情報に基づき，有益な情報を得ることを目的の1つとすることが多い．パーベイシブシステムでは，複数の機器から情報を集め，情報処理することで，個々の機器が単独で存在しているだけでは得ることができなかった知識や情報を得ることが可能となる．また，個々の機器の動作や振る舞いを統合的に制御することも可能となる．

　ただし，パーベイシブシステムは，1台のコンピュータにすべての機器を制御する役割を固定的に割り当てるような集中制御をとらないという点には，注意すべきである．

　ホームサーバやスマートスピーカーは，確かに家庭におけるパーベイシブシステムの中核ではあるが，ヒータやTV，掃除機は，それぞれにCPUが搭載され，それぞれが独立して動作可能でもある．ホームサーバやスマートスピーカーは，それらの機器に対して要求を出すクライアントであり，各機器は，その機能を発揮するサーバであるとみなすこともできる．

　いずれにしても，パーベイシブシステムは，空間的に広く散在するコンピュータ機器が自律的に機能しながら，相互連携することから，分散システムの1つの形態であることは確かである．

演習問題

設問1 ヘテロジーニアスである分散コンピューティングシステムと，ホモジーニアスである分散コンピューティングシステム，それぞれの長所短所を述べよ．

設問2 分散トランザクション処理におけるACID特性を満たすためのアルゴリズムにどのようなものがあるか説明せよ．

設問3 エンタプライズアプリケーション統合の事例を調べ，どのようなコンポーネントによって構成されているか述べよ．

設問4 パーベイシブシステムがもたらした，あるいは今後起こりうるであろう社会の変化について述べよ．

設問5 分散コンピューティングにおいて，ノード間を接続する種々のネットワークについて，そのトポロジーやアクセス制御の点から比較せよ．

参考文献

[1] Andrew S. Tanenbaum and Maartem Van Steen : DISTRIBUTED SYSTEMS - Principles and Paradigms Second Edition, Pearson Prentice Hall (2007).
(水野他訳：分散システム—原理とパラダイム 第2版, ピアソン・エデュケーション (2009)).

第3章

通 信

□ 学習のポイント

分散システムにおいては，分散システムの構成要素間でデータをやりとりする基本が通信となる．データ通信においては，**OSI** 参照モデルが基本的な概念となっており，**7** 階層モデルが使用されている．また，**TCP/IP** 参照モデルも広く利用されている．

単一のコンピュータであれば，コンピューティングは同じコンピュータ内で行われるが，分散システムでは，コンピューティングを他のコンピュータに処理を依頼する遠隔手続き呼び出しが用いられている．

- ネットワークアーキテクチャの基本を学ぶ．
- **OSI** 参照モデルにおける階層化と各階層の役割を学ぶ．
- **TCP/IP** の階層化と各階層の役割を学ぶ．
- ソケット通信の手順を学ぶ．

□ キーワード

ネットワークアーキテクチャ，**OSI** 参照モデル，プロトコル，サービス，ソケット通信

3.1 ネットワークアーキテクチャ基本技術

3.1.1 コンピュータネットワークの発展

コンピュータは，図 3.1(a) に示すように，まず本体に加え，テレタイプライタなどの簡単な入出力機器の構成から始まった．次に，図 3.1(b) に示すように，通信路を介して，遠隔からもデータのやりとりをする必要が出てきた．また，データの入出力として，カードリーダおよびラインプリンタが利用され，単一のホストコンピュータを複数の端末から利用するホスト集中システムが開発された．また，このようなコンピュータシステムには，図 3.1(c) に示すように，TSS（タイムシェアリングシステム）用の会話型の端末や，バッチジョブを依頼するためのカードリーダ (CR) やラインプリンタ (LP) をもつ遠隔バッチ (remote batch)（遠隔ジョブ入力：RJE (Remote Job Entry)）端末が接続されている．また，会話型の端末には，簡単なテレタイプライタやある程度のコンパイル，ファイル処理，文書編集が可能なインテリジェ

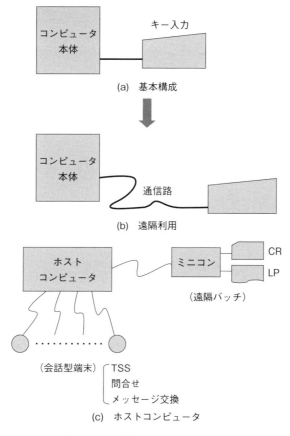

図 3.1 コンピュータシステムの進展.

ント端末がある．この形態は，ホストコンピュータが集中的に処理を行うホスト中心のシステム構成である．

コンピュータシステムをより発展させ，それらを相互に接続したものがコンピュータネットワークである．コンピュータネットワークは，通信回線を介して，広く地理的に離れたコンピュータを相互につなげ，端末から複数のコンピュータにアクセスでき，異なるコンピュータ間でもアプリケーションプログラムのやりとりを可能にしたものである．

図 3.2 は，コンピュータネットワークの発展の流れを示している．まず，第 2 次世界大戦時に開発された軍事用オンラインシステムが開発され，続いて，単体のコンピュータから，ホスト型のコンピュータシステムへ発展した．

1969 年に最初のコンピュータネットワークである ARPAnet の実験をきっかけに，各国でコンピュータネットワークの研究が始まった．まさに，1970 年代はコンピュータネットワーク研究の黎明期である．

1980 年代は，ネットワークが大学や大規模なビジネス分野において使用されるとともに，OSI（Open Systems Interconnection：開放型システム間相互接続，3.2 節参照）の研究開発に数

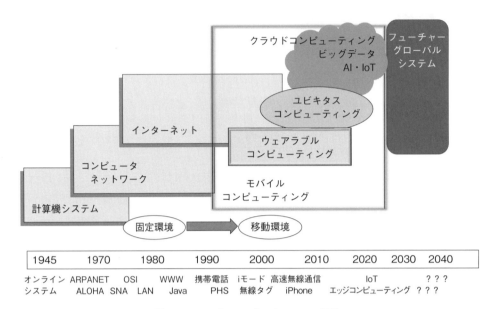

図 3.2 コンピュータネットワークの発展．

多くの人々が係わることにより，インターネットの基盤が構築された．

1990 年代は，コンピュータネットワークを取り囲む世の中に変化が生じた．コンピュータネットワークは広く一般に浸透し，特にめずらしいものというのでなく，生活の基盤技術となってきた．言い換えると，コンピュータネットワークも，電気，ガス，水道，道路，橋といった従来からの社会基盤に劣らない重要な社会システムになった．例えば，少し前までであれば電子メールも，便利なものという程度であり，電子メールが不通になっても仕方がないと諦めていたが，いまや人と人がコミュニケートする上でなくてはならないものとなった．

2000 年代になると，コンピュータネットワークの技術はさらに進化した．1990 年代の半ばまでは，各種プロトコルスタックを有した LAN や WAN が存在したが，有線の LAN はイーサネットとほぼ同義語となり，WAN も，インターネットとほぼ同義語となった．

この時代の大きな特徴は，ワイヤレスネットワークの急速な発展である．携帯電話，無線 LAN が出回り始め，どこでもネットワークにつながる時代となった．有線から無線への変革期であり，電話は固定電話から，携帯電話へと完全に移り変わってきた．

2010 年代においては，コンピュータネットワークの技術は半導体技術と通信技術の驚異的な技術進展によっていっそう発展してきた．コンピュータはより小さく，より高性能になり，回線速度も上がってきた．そこで重要な役割を示すのは，IC タグに代表される通信機能を有した極小チップの進展である．

極小チップに通信機能が搭載されるということは，極小チップまでがコンピュータネットワークの対象になるということを意味する．極小チップはもはや誰もコンピュータネットワークという意識をもつことなく，利用されていくであろう．CPU 機能と通信機能を有した驚くほどの数のインテリジェントなチップが巷にあふれ，それらがネットワークにつながりつつあり，ユ

ビキタス・IoT (Internet of Things) の時代が到達してきた．

言い換えると，小型化技術や無線通信技術の進歩によって，日常生活の様々な場所，例えば家庭，学校，職場，交通機関や公共施設などに大量の情報機器が配置され，室内や屋外にも様々な環境センサが備え付けられ，家電や車両設備においては部品レベルでの通信が行われる．各個人が常に数百から数千個の情報機器に囲まれる情報化社会となってきている．

また，GAFA に代表される巨大 IT 企業によるグローバルなクラウドコンピューティングの発展も特筆すべきものである．しかしながら，グローバルなクラウドコンピューティングだけでは，性能，セキュリティの観点からみると問題があり，新たにエッジコンピューティングの技術が発展してきた．エッジコンピューティングは，直接グローバルなクラウドコンピューティングに任せずに，コンピュータネットワーク上で，利用者に近い場所に多数のサーバ（エッジコンピュータ）を配置し，負荷の分散と通信の低遅延化を図るものである．

今後ますます発展する高度情報化社会では，家や車，自然などの環境に埋め込まれた情報機器や，人や荷物，車両とともに移動する多数の端末間の大規模な通信を支える技術が必要となり，現在では想像できないようなフューチャーグローバルシステムの時代が期待される．

3.1.2　ARPANET とネットワークアーキテクチャ

コンピュータネットワーク ARPANET においては，下記のようないくつかの革新的な技術が開発された．

- 異機種間相互接続
- 資源共有
- パケット交換
- 階層化

異機種間相互接続は，ネットワークを構築するコンピュータが単一の機種でなく，異機種コンピュータを相互に接続可能とするものである．資源共有は，遠隔に存在する各種の資源をネットワーク利用者が共有を可能とするものである．パケットは，蓄積交換方式として，ネットワーク上でデータを送る単位をパケットとし，いまでは，携帯電話でパケットが広く利用されてきている．

階層化は，図 3.3 に示すように，データ通信をやりとりする機能を，モノシリック（一枚岩）の形で実現するのではなく，応用処理，転送機能，中継機能，伝送制御というように論理的な役割に基づいて構築される．

また，ARPANET の通信機能構造，いわゆるネットワークアーキテクチャの考え方に基づいて，次のような新しい通信手順（プロトコル）が開発された．

- パケット通信
- プロセス間通信
- 各種の応用サービスと応用プロトコル（ファイル転送，電子メール，端末間通信など）

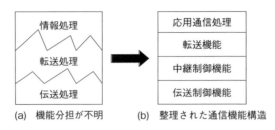

図 3.3　ネットワークアーキテクチャの基本コンセプト.

3.1.3　オープンネットワークアーキテクチャと標準化

　1970 年代になると，コンピュータを中心としたネットワークシステムへの展開がコンピュータメーカによって進められた．この先頭を切ったのが，1974 年に発表された IBM 社の SNA (Systems Network Architecture：システムネットワーク体系) である．このときに初めてネットワークアーキテクチャという言葉が生まれた．

　1970 年後半の注目すべきもう 1 つの通信ネットワークのイベントがある．これは，SNA といった各社固有のコンピュータのネットワークアーキテクチャでなく，異機種コンピュータネットワークを構築可能とするオープンネットワークアーキテクチャである．この目的に向かって 1978 年 2 月に国際標準化機構 (ISO) でネットワークアーキテクチャの国際標準化の検討が開始された．この標準化には，アメリカ，ヨーロッパ，日本などが中心メンバとして参加し，1983 年 3 月に開放型システム間相互接続 (Open Systems Interconnection：OSI) のための基本参照モデルとして規格が作成された．

　一方，ARPANET はその後開発された NSFNET (the U. S. National Science Foundation Network) と統合され，また 1983 年に TCP/IP (Transmission Control Protocol/Internet Protocol) の導入を行い，今日のオープンネットワークとしてのインターネットに発展してきた．さらに 1990 年代になると，WWW (World Wide Web) の利用によって情報の発信と検索がインターネットによって可能になり，学術関係者のネットワークから産業界を含めたオープンネットワークとして利用者が急増している．

3.1.4　通信機能の階層化

　ネットワークアーキテクチャの大きな特徴の 1 つである通信機能の階層化（レイヤードアーキテクチャ）の考え方について述べる．

　コンピュータネットワークの通信機能は，多くの機能を含んでいる．例えば，通信回線上でのデータの送受信方法，ネットワーク上での中継方法，プロセス間通信での確認応答方法，情報の表現方法，個別業務に応じた通信方法など幅広い．このような通信機能を一体として扱うと，技術の進歩や新たな通信方式への対応が困難となる．このようなことから次に示す方針に基づいた通信機能の階層化が重要になる．

- できる限り少ない数の階層に分割する

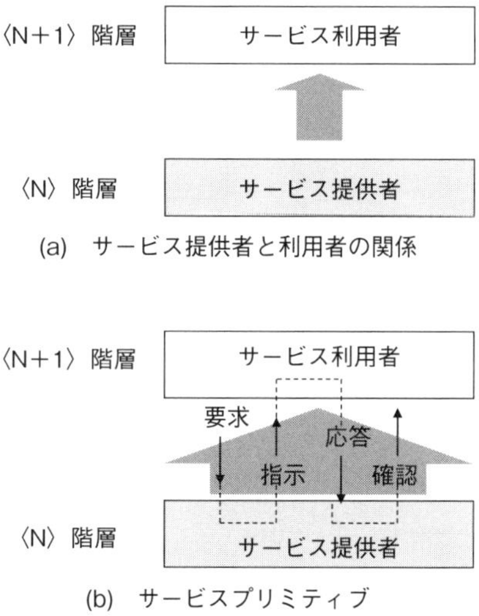

図 3.4 サービスの基本概念.

- 階層間のやりとりを単純にできるように分割する
- 技術革新に対応可能な独立性の高い機能として分割する

3.1.5 サービスとプロトコル

通信機能の階層化の考え方を基にして，サービスとプロトコルの関係が次のように規定される．

(1) サービス

サービスは，ある階層が1つ上位の階層に対して提供するものであり，一般的な表現方法として，〈N〉サービスは，〈N〉階層の機能によって〈N+1〉階層に提供される．すなわち，〈N+1〉階層は，直下の〈N〉サービスを利用して〈N+1〉機能を実現するものである．したがって，〈N〉サービスに注目すると，〈N〉階層はサービス提供者であり，〈N+1〉階層はサービス利用者の関係となる（図 3.4(a)）．

また，あるサービスを利用する場合のサービス提供者とサービス利用者間の相互関係を明示するためのサービスプリミティブとして，要求，指示，応答，確認の4種類がある．サービス提供者とサービス利用者の関係で説明すると，要求はサービス利用者からサービス提供者に，指示はサービス提供者からサービス利用者に，応答はサービス利用者からサービス提供者に，確認はサービス提供者からサービス利用者への相互作用である（図 3.4(b)）．

(2) プロトコル

プロトコルは，通信規約と呼ばれ，階層の目的とする機能を実現するための各種通信規則の集合である．この規則には，階層内で交信される情報の形式，情報の各種手順（データの送信方法，応答の仕方，誤りの訂正方法など）を含む．プロトコルについてもサービスと同様に，〈N〉階層のプロトコルを〈N〉プロトコルと呼ぶ．この〈N〉プロトコルの処理を行う主体を〈N〉

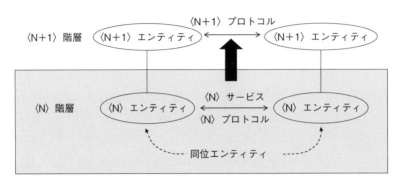

図 3.5 〈N〉エンティティと〈N+1〉エンティティの関係.

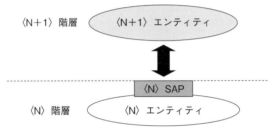

図 3.6 〈N〉サービスアクセス点.

エンティティと呼ぶ．ここで，〈N〉プロトコルの実行にかかわる複数の〈N〉エンティティの関係を同位エンティティと呼ぶ．サービスとの関係を述べると，〈N〉サービスのサービス利用者の実体は〈N+1〉エンティティとなる（図 3.5）.

このように，〈N〉エンティティと〈N+1〉エンティティは〈N〉サービスの提供者と利用者の関係にあり，この接点が〈N〉サービスアクセス点（〈N〉SAP）と呼ばれる（図 3.6）．階層化プロトコルに基づく特定のコンピュータネットワークシステムにおける複数階層のプロトコルの集合を，プロトコルスウィート，プロトコルファミリ，あるいはプロトコルスタックと呼ぶ．

3.2 OSI 参照モデルと基本機能

3.2.1 OSI 参照モデル

オープンなネットワークアーキテクチャの確立を目的に国際標準化機構（ISO）で開発されたものが開放型システム間相互接続基本参照モデル（Open Systems Interconnection Basic Reference Model：OSI 参照モデル）である．この OSI 参照モデルは，1983 年 3 月に国際標準として，7 階層の通信機能モデルを定めている．特に，この規格はあくまでも通信機能のモデルを定義するものであり，各階層のサービスとプロトコルの標準を作成するための骨組みを提供している．階層化ネットワークプロトコルの構造やネットワークアーキテクチャの基本的な考え方につてはすでに述べたが，ここでは 7 階層からなる OSI 参照モデルの基本について述

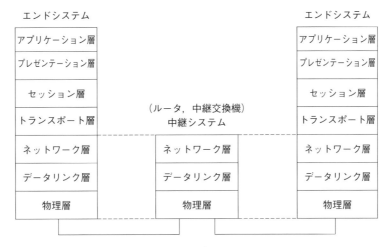

図 3.7 OSI 参照モデル.

べる.

OSI 参照モデルのアーキテクチャは，大きく2つのタイプのシステムとして定義している（図3.7）．1つがエンドシステム（end system：終端システム）であり，7階層すべての機能をもつオープンシステムとしてコンピュータや端末装置に対応付けられる．もう1つのタイプとして中継システムがあり，下位3階層からなるオープンシステムである．このオープンシステムは広域ネットワークの中継交換装置や LAN におけるルータなどに対応付けられる．各階層に対してサービスとプロトコルが1980年代から1990年代の初めにかけて開発された．

3.2.2 基本機能

OSI 参照モデルの7階層の役割についてその概要を以下に述べる．

(1) 物理層

物理層（physical layer）は，2つのオープンシステム（またはノード）間においてビット列の伝送を行うための機械的規格，電気的規格，手順および機能特性について定める．この場合に，伝送したい情報を物理的に送出する方法として時系列にとらえると，通信媒体に1ビットのビット列として伝送するシリアル伝送と，複数ビットを同時に伝送するパラレル伝送がある．

実際にビット列を伝送する場合，使用する通信媒体である通信ケーブル，光ファイバ，通信回線またはマイクロ波／無線回線に応じて電気信号，光信号または電磁信号などに変換する必要がある．

物理層のプロトコルは，伝送速度に応じたビットの送受信タイミング，片方向伝送／半二重伝送／全二重伝送などに関しても取り決めている．また，物理層プロトコルは機械的な仕様である接続コネクタの大きさや形状，ピン数，各ピン動作機能に関しても規定する．

(2) データリンク層

データリンク層 (data link layer) は，伝送されるビット列をフレームと呼ばれる単位として扱い，そのフレームの順序制御，誤り制御などを行う．また，データリンク層のプロトコルは，受信側の受信処理能力に合った速度で送信側がフレームを送信するため，フレームに関するフロー制御を行う．データリンク層と物理層のプロトコルによって，2つのオープンシステム間のビット伝送に関して誤りのない伝送を可能とする．

(3) ネットワーク層

ネットワーク層 (network layer) は，2つのエンドシステム間の論理的な通信路を管理制御するための規格を定める．特に，ネットワーク層は使用する実際のネットワークに対応したネットワークアドレス処理や中継制御を行う．

(4) トランスポート層

トランスポート層 (transport layer) は，エンドシステム間の転送機能を提供し，実際に使用するネットワークの通信品質を含む特性を上位のセッション層に隠蔽し，ネットワークに依存しないトランスポートサービスを提供する．

トランスポート層のプロトコルは，ネットワーク層でのパケットの紛失や順序誤りのために順序制御や誤り制御機構をもつ．

(5) セッション層

セッション層 (session layer) は，アプリケーション層の処理プロセス間（モデル上はプレゼンテーション層を経由）で交信される情報の流れを会話とみなし，会話にかかわる各種機能を提供する．セッション層のセッション制御として，片方向，半二重，全二重の3種類のモードがある．また，ドキュメント制御には，ドキュメントの開始と終了の確認を行う同期機能，ページ単位の確認を行うための同期機能および再送機能がある．

(6) プレゼンテーション層

プレゼンテーション層 (presentation layer) は，アプリケーション層の処理プロセス間で交信する情報の意味を変えることなく，相互に理解できる形式に変換する機能を提供する．アプリケーション層が理解することができる情報形式を抽象構文と呼び，またプレゼンテーション層が転送する情報形式を転送構文と呼ぶ．このような2つの抽象構文と転送構文の相互変換を行うことが，この層の主要な機能である．具体的な情報形式の変換例を下記に示す．

- メッセージに含まれる各種のデータ型（例えば，整数，文字，配列，ビット列，論理値など）が送信側と受信側で異なる場合，変換を行う．
- 安全性を確保することが必要なメッセージ（機密文書，会計情報など）については，セッション層にメッセージを渡す前に暗号化し，受信側でアプリケーション層に渡す前に平文に復号する．
- メッセージの情報量が大きい場合（動画情報など）には，必要に応じてメッセージの圧縮

/伸長を行う．

(7) アプリケーション層

アプリケーション層 (application layer) は，ネットワークのエンドユーザ（アプリケーションプロセス）に特定アプリケーションサービスと共通アプリケーションサービスを提供する．

特定アプリケーションサービスには，電子メール，ファイル転送，ディレクトリなどのサービスがあり，それぞれに対応したアプリケーションプロトコルがある．また，エンドユーザはそれぞれ異なる通信要求をもつため，すべての要求を満たす標準アプリケーションプロトコルをあらかじめ用意することは困難である．したがって，自由に組み合わせができる共通応用サービスとして，アソシエーション制御サービス，遠隔操作サービス，高信頼性転送サービス，コミットメント制御サービスがある．

3.3 TCP/IP 参照モデルと基本機能

3.3.1 TCP/IP 参照モデル

OSI の参照モデルが国際標準機関である ISO の場で開発されたのに対して，TCP/IP 参照モデルは，ARPANET から発展してきた標準である．特に，1983 年に TCP/IP (Transmission Control Protocol / Internet Protocol) が導入されて以降，今日のオープンネットワークであるインターネットのプロトコルスウィートとしての位置を揺るぎないものとしている．

この TCP/IP 参照モデルの特徴の 1 つは，広域ネットワークに加えて各種の LAN においても適用でき，あらゆる機種のコンピュータに実装できるため，ベンダの特定な仕様を含んでいない点にある．これは，ベンダとは独立にインターネットエンジニアリングタスクフォース (Internet Engineering Task Force：IETF) によって開発されたオープンなプロトコル仕様の集合である．特に，ネットワークについてはあらゆるものに対応することが基本であり，そのために各種のネットワークを相互接続すること（インターネットワーキング）が重要なコンセプトとして IP プロトコルが開発されている．

図 3.8 に 4 階層からなる TCP/IP 参照モデルを示す．特に，最下位の層はホストとネットワークの関係を表現しており，層と呼ぶよりもホストとネットワーク間のインタフェースといった方が適切とも考えられる．また，この層の名称にもその特徴が表されているように，コ

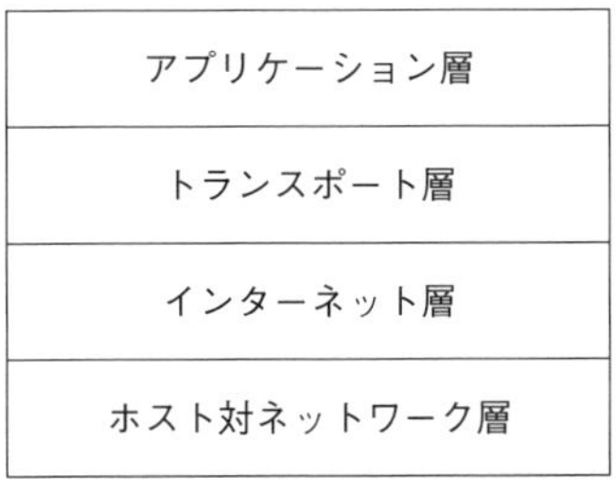

アプリケーション層
トランスポート層
インターネット層
ホスト対ネットワーク層

図 **3.8** TCP/IP 参照モデル．

ンピュータ（ホスト）の視点からネットワークをとらえている．

3.3.2 各層の役割

TCP/IP 参照モデルの各層の役割とその概要を下記に示す．

(1) ホスト対ネットワーク層

ホスト対ネットワーク層 (host-to-network layer) は，コンピュータ（ホスト）と，コンピュータが利用するネットワークとのインタフェースを表現しており，イーサネットや各種広域ネットワークが利用できる．例えば，RS-232 シリアル回線プロトコル（1200 bps〜19.2 Kbps の速度）を使用する SLIP (Serial Line Internet Protocol)，衛星通信やマイクロウェーブの物理層プロトコル，高速イーサネットなどへの対応も可能である．特にこの層については，実装に基づいて適応できるプロトコルの種類が今後も増えていく．

(2) インターネット層

インターネット層 (internet layer) は，各種のネットワーク間を相互に接続することを目的にしており，IP (Internet Protocol) と ICMP (Internet Control Message Protocol) の 2 つがある．IP は，コネクションレス型プロトコルであり，コンピュータ（ホスト）間にコネクションを確立しないで，データグラムと呼ばれる情報の単位によって転送を行う．このデータグラムは，送信元と着信先のコンピュータのアドレスを示す IP アドレスを含む．本層では，データグラムのフラグメントへの分割と組み立て，およびフラグメントの中継処理である．このフラグメント中継処理では，最少パス選択のための動的中継アルゴリズムを使用する．

IP のパケット転送サービスは，ベストエフォート（最善努力）転送方式と呼ばれ，パケットの転送はできる限り努力して送られるが，必ずしも正しく転送される保証はない．ICMP は，フラグメントがコンピュータ（ホスト）またはパケット中継を行うルータに速く到着して廃棄された場合，データが速く到着したことを送信元に通知するための制御パケットを送り，送信データの量を抑制するフロー制御機構を提供する．

この層の主要なプロトコルとして，IP アドレスと，利用するネットワークのアドレス体系との変換処理を行う ARP（Address Resolution Protocol：アドレスリゾルーションプロトコルまたはアドレス解決プロトコル）および RARP（Reverse Address Resolution Protocol：逆アドレスリゾルーションプロトコルまたは逆アドレス解決プロトコル）がある．ARP は，IP アドレス（32 ビット長）からイーサネットアドレス（48 ビット長）に対応付けるものである．一方，RARP は逆にイーサネットアドレス（48 ビット長）から IP アドレス（32 ビット長）に対応させるものである．

(3) トランスポート層

トランスポート層 (transport layer) は，ネットワークによって接続されたコンピュータのプロセス間の通信に必要な機能を提供する．このトランスポート層の主要なプロトコルとして転送制御プロトコル (Transmission Control Protocol : TCP) とユーザデータグラムプロトコル

(User Datagram Protocol：UDP) がある．これらのプロトコルでは，プロセスのアドレス付けのために 16 ビットの整数のポート番号 (port number) を使用する．

TCP は，コネクション型トランスポートプロトコルであり，ISO 参照モデルのトランスポートプロトコルの 1 つである TP4 と同等のサービスを提供する．この TCP は，コネクション上での信頼性のあるデータ転送を実現するために，パケットの順序制御，タイマ監視および再送を含む応答制御を行う．

UDP は，コネクションレス型トランスポートプロトコルであるため，パケットの紛失，パケットの重複や順序誤りに対して回復機能をもたない．したがって，ライブ配信など高信頼度通信が必ずしも必要がない場合に UDP が使用されることが多い．これらの 2 つのプロトコルは，ネットワーク層に IP を使用することを示すためにそれぞれ TCP/IP (Transmission Control Protocol / Internet Protocol)，UDP/IP (User Datagram Protocol / Internet Protocol) と呼ばれている．

(4) アプリケーション層

アプリケーション層 (application layer) は，下記に示すような各種のプロトコルがあり，広く利用される．

(a) ファイル転送プロトコル

ファイル転送プロトコル (File Transfer Protocol：FTP) は，遠隔ホストとのファイル転送を行うためのプロトコルであり，次のように行われる．

- ユーザはローカルホスト上で ftp コマンドを実行し，遠隔ホストを指定する．
- ユーザ側の FTP クライアントプロセスは，TCP によって遠隔ホストの FTP サーバプロセスとコネクション設定する．
- ユーザは遠隔ホストをアクセスするためにログイン（名前とパスワード）を入力する．.get（遠隔からローカルへのファイル転送）または put（ローカルから遠隔へのファイル転送）コマンドによってファイル（バイナリまたはテキスト）の転送を行う．

(b) DNS プロトコル

ドメイン名前システム (Domain Name System：DNS) プロトコルは，ホスト名と IP アドレスとの対応付けを行うための仕組みを提供するものである．DNS はドメインの階層ごとのデータを管理する名前サーバと，アプリケーションに代わって DNS への問い合わせを行うリゾルバ間のプロトコルである．通常，アプリケーションがあるホストと通信を行う場合，宛先のホスト名から DNS プロトコルによりそのホストの IP アドレスを得ることで通信が可能となる．DNS については，4.3 節で詳述する．

(c) TELNET

TELNET プロトコルは，下位プロトコルとして TCP を使用し，端末または端末のプロセスが遠隔のホストにリモートログインし，会話型の通信を行うために次のような方法で使用される．

- ユーザは遠隔のホストに通信を開始するために，ローカルホストに telnet コマンドを入力する．
- セッションが確立すると，ユーザがキーボードから入力した情報はすべて遠隔ホストに送られる．入力モードとして，遠隔ホストによって文字モードとラインモードがある．

(d) 簡易メール転送プロトコル

簡易メール転送プロトコル (Simple Mail Transfer Protocol: SMTP) は，ネットワーク上の 2 つのユーザプロセスが TCP コネクションを使用して電子メールの交換を行う．

(e) ハイパーテキスト転送プロトコル

ハイパーテキスト転送プロトコル (HyperText Transfer Protocol: HTTP) は，WWW (World Wide Web) ブラウザを搭載したクライアントと WWW サーバ間で HTML (HyperText Markup Language) によって記載された情報を転送するためのプロトコルであり，HTML は情報の発信として広くインターネット上で普及しているホームページ作成のための記述言語である．

(f) その他

その他に代表的なプロトコルとして，ネットワーク管理のためのマネージャとエージェント間の簡易ネットワーク管理プロトコル (Simple Network Management Protocol: SNMP)，コンピュータがネットワークに加わったときに IP アドレスを取得するための動的ホスト構成プロトコル (Dynamic Host Configuration Protocol: DHCP) などがある．

3.4 ソケット通信

クライアントサーバモデルは，すでに述べたように，クライアントとなるコンピュータ上のプロセスとサーバとなるコンピュータ上のプロセス間で通信を行うことなる．今日，異なるコンピュータ上のプロセス間で通信を行うための方法としては，1970 年代に Berkeley UNIX で導入されたソケットインタフェース (socket interface) が広く使われている．ソケットは，ファイルへの書き込みと読み出しが，'write' や 'read' といったオペレーションで行えるのと同じように，プロセス間での通信においても 'write' や 'read' といったオペレーションでデータの送受信を行えるように，プロセス間通信を抽象化したものである．つまり，ソケットは，プロセス間通信のために，プロセスに示される通信のエンドポイントであるといえる．ソケットによって，プロセス間通信を，他のデバイスと同様に取り扱うことが可能になる．ファイルへの保存という記憶が，時間軸上での 2 点である過去から未来への情報の伝送であることに対して，通信が空間上の 2 点間での情報の伝送であることからも，この抽象化は理にかなっていると言えるだろう．

UNIX では，ソケットを利用するためにいくつかのシステムコールが用意されている．その主なものを，表 3.1 に示す．

ソケットを用いた，通信の手順は，送信側と受信側のそれぞれにおけるシステムコールの呼

表 3.1 ソケットに関係する主なシステムコール．

int socket(int *domain*, int *type*, int *protocol*)	新しい通信のためのソケットを生成する．
int bind(int *sockfd*, const struct sockaddr **addr*, socklen_t *addrlen*)	ソケットにローカルアドレスを与える．
int listen(int *sockfd*, int *backlog*)	ソケットへの接続を受け付ける用意ができたことを表明する．
int accept(int *sockfd*, struct sockaddr **addr*, socklen_t **addrlen*)	コネクションへの接続を待つ．呼び出したプロセスはブロックされる．
int connect(int *sockfd*, const struct sockaddr **addr*, socklen_t *addrlen*)	送信側からソケットの接続を要求する．
int close(int *fd*)	ソケットを閉じる．
ssize_t write(int *fd*, const void **buf*, size_t *count*)	バッファからソケットへデータを書き込む．
ssize_t send(int *sockfd*, const void **buf*, size_t *len*, int *flags*)	バッファからソケットへデータを書き込む．*flags* が 0 の場合，write と同じ．
ssize_t sendto(int *sockfd*, const void **buf*, size_t *len*, int *flags*, const struct sockaddr **dest_addr*, socklen_t *addrlen*)	バッファからソケットへデータを書き込む．接続型ソケットが使用された場合には，*dest_addr* と *addrlen* は無視される．
ssize_t read(int *fd*, void **buf*, size_t *count*)	ソケットからデータを読み，バッファに書き込む．
ssize_t recv(int *sockfd*, void **buf*, size_t *len*, int *flags*)	ソケットからデータを読み，バッファに書き込む．*flags* が 0 の場合，read と同じ．
ssize_t recvfrom(int *sockfd*, void **buf*, size_t *len*, int *flags*, struct sockaddr **src_addr*, socklen_t **addrlen*)	ソケットからデータを読み，バッファに書き込む．呼び出し元が送信元アドレスを必要としない場合には，*src_addr* と *addrlen* には NULL を指定する．

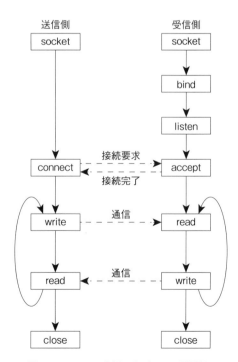

図 3.9 Socket を用いたプロセス間通信．

び出しのシーケンスによって行われる．図 3.9 は，'SOCK_STREAM' と呼ばれる順序性と信頼性のあるバイトストリーム型（コネクション型）の通信方式を選んだ場合のソケット通信の例である．

以下に，図 3.9 における，それぞれの側で行われる手順を見ていくことにする．

受信側

1. socket

    socket システムコールにより，通信のためのエンドポイントが生成される．

    システムコールの呼び出し時には，同一マシン内のプロセス間の通信であるのか，あるいは他のマシン上のプロセスとの IPv4 や IPv6 での通信であるかなどの使用するプロトコルファミリの指定，コネクション型やコネクションレス型といった通信方式の違いの指定を行うことができる．

2. bind

    sockfd で参照されるソケットにアドレスを割り当てる．

    アドレスの指定方法は，使用されるプロトコルファミリによって異なる．

3. listen

    sockfd で参照されるソケットを接続待ちモード (passive mode) として，コネクションを受け付ける準備をさせる．

4. accept

    接続要求が来るまで待つ．要求が到着するまで，呼び出したプロセスはブロックされる．接続要求が到着すると，呼び出し側（送信側）と接続されたエンドポイントをもつ新たなソケットを生成し，そのソケットの識別子を戻り値として返す．

    受信側のプロセスが反復サーバの場合には，受信側プロセス自身が要求された処理を行い，処理の終了後に，接続されているエンドポイントをもつソケットを閉じ，その後，次の要求を受け付けるための accept を呼び出す．

    並行サーバの場合には，fork システムコールで子プロセスの生成をする．子プロセスは，呼び出し側（送信側）と接続されたエンドポイントをもつ新たなソケットを使い，呼び出し側（送信側）との通信，ならびに要求された処理を行い，処理の終了後，そのソケットを閉じて，終了する．一方，fork を呼び出した親プロセスは，呼び出し側（送信側）と接続されたエンドポイントをもつソケットを閉じて，次の接続要求を受け付けるための accept を呼び出す．

5. read

    ソケットからデータを読み込む．

6. write

    ソケットにデータを書き込む．

7. close

    ソケットを閉じる．

送信側

1. socket

    受信側における socket 呼び出しと同じく，通信のためのエンドポイントが生成される．
    システムコールの呼び出し時には，同一マシン内のプロセス間の通信であるのか，あるいは他のマシン上のプロセスとの IPv4 や IPv6 での通信であるかなどの使用するプロトコルファミリの指定，コネクション型やコネクションレス型といった通信方式の違いの指定を行うことができる．

2. connect

    ソケットを，指定されたアドレスに接続し，'非接続状態' から '接続状態' にする．
    ソケットは，生成された時点では，'非接続状態' であり，connect の呼び出しによって，送信元のエンドポイントとして，送信先のエンドポイントと結び付けられる．

3. read

    ソケットからデータを読み込む．

4. write

    ソケットにデータを書き込む．

5. close

    ソケットを閉じる．

　異なるコンピュータのプロセス間でソケット通信を行うプログラム例を示す．このプログラムでは，クライアントで入力された文字列が，サーバに送られる．サーバでは，その文字列をサーバのコンソールに表示するとともに，文字列の小文字を大文字に変換後，クライアントに返し，終了する．クライアントは，サーバからの返信が届くと，それをコンソールに表示し，終了する．

　なお，このプログラムは，MacOS10.10.3 上で動作を確認済みであるが，他の UNIX 系 OS でも動作するであろう．また，利用にあたっては，クライアントのプログラム中のコメントにも示されているように，サーバのアドレスを，自らの環境にあわせて，変更されたい．

```c
/* server.c (サーバ) */

#define BUFSIZE 1000

#include     <sys/fcntl.h>
#include     <sys/types.h>
#include     <sys/socket.h>
#include     <netinet/in.h>
#include     <netdb.h>
#include     <stdio.h>
#include     <stdlib.h>
#include     <ctype.h>
#include     <strings.h>

char *StrToUpper(char *);

int main()
{
    int sockfd;
    int new_sockfd;
    int writer_len;
    struct sockaddr_in reader_addr;
    struct sockaddr_in writer_addr;
    char buf[BUFSIZE];

    int buf_len;

 /* ソケットの生成 */
    if((sockfd = socket(PF_INET, SOCK_STREAM, 0)) < 0){
        perror("ERR: socket");
        exit(1);
    }

/* 通信ポート・アドレスの設定 */
    bzero(&reader_addr, sizeof(reader_addr));
    reader_addr.sin_family = PF_INET;
    reader_addr.sin_addr.s_addr = htonl(INADDR_ANY);
    reader_addr.sin_port = htons(8000);

/* ソケットにアドレスを割り当てる */
    if(bind(sockfd, (struct sockaddr *)&reader_addr,
            sizeof(reader_addr)) < 0){
      perror("ERR: bind");
      exit(1);
    }
```

```c
/* server.c の続き */
/* ソケットを接続待ちモードとする */
    if(listen(sockfd, 3) < 0){
      close(sockfd);
      perror("ERR: listen");
      exit(1);
     }

/* 接続要求を待つ */
    if((new_sockfd = accept(sockfd, (struct sockaddr *)&writer_addr,
            &writer_len)) < 0){
      perror("ERR: accept");
      exit(1);
     }

/* メッセージの受信と送信 */
    buf_len = read(new_sockfd, buf, BUFSIZE);
    write(1, buf, buf_len);
    write(new_sockfd, StrToUpper(buf), buf_len);

/* ソケットを閉じる */
    close(new_sockfd);
    close(sockfd);
}

/* 文字列中の小文字を大文字に変換する関数 */
char *StrToUpper(char *s)
{
    char *t;

    for(t = s; *t; t++){
        *t = toupper(*t);
    }
    return(s);
}
```

```c
/* client.c (クライアント) */

#define BUFSIZE 1000

#include <sys/fcntl.h>
#include <sys/types.h>
#include <sys/socket.h>
#include <netinet/in.h>
#include <netdb.h>
#include <stdio.h>

int main(int argc, char **argv){
    int sockfd;
    struct sockaddr_in server_addr;

    char buf[BUFSIZE];

    int buf_len;

/* ソケットの生成 */
    if((sockfd = socket(PF_INET, SOCK_STREAM, 0)) < 0){
        perror("ERR: socket");
        exit(1);
    }

/* サーバのアドレス・ポート番号を設定 */
    bzero((char *)&server_addr, sizeof(server_addr));
    server_addr.sin_family = PF_INET;
    server_addr.sin_addr.s_addr = inet_addr("10.1.1.102");
    /* 上の行のアドレスを各自の実行環境におけるサーバのアドレスに変更. */
    server_addr.sin_port = htons(8000);

/* ソケットをサーバに接続 */
    if(connect(sockfd, (struct sockaddr *)&server_addr,
           sizeof(server_addr)) > 0){
        perror("ERR: connect");
        close(sockfd);
        exit(1);
    }

/* ユーザからの文字列の読取り */
    buf_len = read(0, buf, BUFSIZE);

/* メッセージの送信と受信 */
    write(sockfd, buf, buf_len);
    read(sockfd, buf, BUFSIZE);
    write(1, buf, buf_len);

/* ソケットを閉じる */
    close(sockfd);
}
```

演習問題

設問1 ネットワーク層エンティティとトランスポートエンティティの関係を図示せよ．

設問2 OSI 参照モデルと TCP/IP 参照モデルとの違いを述べよ．

設問3 データグラム型（コネクションレス型）のソケット通信の手順を，図 3.9 と同様の図を示して，解説せよ．

設問4 UNIX における inetd の役割，機能を述べよ．

参考文献

[1] JISX5003　開放型システム間相互接続の基本参照モデル，日本工業標準調査会 OSI 参照モデル（1985）．

[2] A. S. タネンバウム・D. J. ウェザロール著，水野忠則他訳：コンピュータネットワーク第 5 版，日経 BP（2013）．

[3] 水野忠則監修：コンピュータネットワーク概論（未来へつなぐ デジタルシリーズ 27 巻），共立出版（2014）．

第4章
名前付け

□ 学習のポイント

　端末や人に加えて，世の中の膨大なモノが情報ネットワークにつながりつつある．それらのモノを識別するためには名前が不可欠である．名前はリソースの共有やエンティティ（実体）の同定や場所の参照などで使われる．名前付けにより，名前によって参照されているエンティティを指定することが可能となる．そのため，情報ネットワークと関係の深い分散システムにおいても名前付けは重要である．集中システムと異なり分散システムにおいては，名前付けシステムが分散配置されることがある．名前付けシステムの性能やスケーラビリティは，この分散配置の方針に大きく影響を受けるため，名前付けシステムの分散配置方法に注意する必要がある．本章では，まず分散システムにおける名前付けに関する一般的な課題について述べる．次に，構造化されないフラットな名前付け，および，構造化された名前付けに関する主要技術について説明する．最後に，エンティティがもつ属性に基づく，属性ベースの名前付けについて述べる．

- 分散システムにおける名前付けの基礎となる，名前，アドレス，識別子の用語について理解する．
- 構造化されないフラットな名前付けにおける名前解決方法について理解する．フラットな名前付けは，名前付けの基礎をなすものである．
- 構造化された名前付けにおける名前解決方法について理解する．構造化された名前付けでは，人間が理解しやすい構造化された名前を扱うことができる．
- エンティティがもつ属性に基づく，属性ベースの名前付けについて理解する．特定の属性を指定することで，その属性をもつ複数のエンティティが容易に指定可能となる．

□ キーワード

　名前，アドレス，識別子，アクセスポイント，位置独立，名前・アドレスバインディング，ホームベースアプローチ，分散ハッシュテーブル，名前空間，絶対パス名，相対パス名，グローバル名，ローカル名，名前解決，**DNS (Domain Name System)**，ディレクトリサービス

4.1 名前・アドレス・識別子

　分散システムにおける名前付けの基礎となる，名前，アドレス，識別子の用語について説明する．

(1) 名前

分散システムにおける名前は，エンティティ（実体）を参照するための文字列あるいはビット列と定義できる．分散システムにおけるエンティティの例として，ユーザ，端末，Web サーバ，メッセージ，プロセスなどがある．

(2) アドレス

エンティティに対して何らかの作用を施すためにはアクセスポイント (access point) が必要である．このアクセスポイントの名前がアドレスである．つまり，アドレスとはエンティティのアクセスポイントの名前である．

アドレス自体を対応するエンティティの名前として利用可能であるが，副作用が大きいため注意が必要である．例えば，電話番号や IP アドレスなどが，時間を経て再利用されることがあることを考えると，アドレスをエンティティの名前として利用することが望ましくないことが容易に想像できる．アドレスとは独立した名前は，位置独立 (location independent) であるといわれる．

(3) 識別子

エンティティを一意に識別可能な名前を識別子 (identifier) という．識別子は以下の性質をもつ．時間の経過とともに使い回される可能性のある電話番号や IP アドレスは識別子としては不十分である．

1. 1 つの識別子は複数のエンティティを参照することはない．
2. 各エンティティは少なくとも 1 つの識別子により参照される．
3. ある識別子は常に同じエンティティを参照し，再利用されない．

分散システムにおいて，送信元から送信先にメッセージを送る場合には送信先の名前に対応する送信先のアドレスを得る必要がある．このような場合に利用される，名前と対応アドレスとの関連付けを名前・アドレスバインディング (name-to-address binding) という．

また，人間にとって理解しやすい名前は，ヒューマンフレンドリーな名前 (human-friendly name) と呼ばれる．

4.2 フラットな名前付け

構造化されていないフラットな名前付けにおいて，エンティティを一意に識別するためには識別子の利用が有効である．通常，識別子はビット列で表される．

4.2.1 LAN を前提とした簡単な名前解決の例

LAN (Local Area Network) 内のあるエンティティを特定する方法として，ブロードキャストあるいはマルチキャストを利用する方法がある．このような環境におけるあるエンティティを示す名前（識別子）からアドレスを解決する名前解決の手続きは，以下の通りである．

(1) あるエンティティを特定したいノードは，そのエンティティの識別子を含んだメッセージを LAN 内の他ノードへブロードキャストして，各ノードにそのエンティティを保持しているか否かの確認を要求する．

(2) この要求に対し，そのエンティティへのアクセスポイントを提供可能なノードが，該当するアクセスポイントであるアドレスを含んだ応答メッセージを，要求メッセージを送信したノードに返す．

ネットワークの大規模化やノード数の増加により，単にブロードキャストを用いる方法は非効率になる場合がある．そこで，ブロードキャストに比較して，マルチキャストグループとして受信ノード数を限定したマルチキャストの利用も考えられる．ブロードキャストにおいては"1 対多"の通信が行われるが，マルチキャストにおいては"1 対特定の多"の通信が行われるためである．

この原理は，インターネットにおけるアドレス解決プロトコルである ARP (Address Resolution Protocol) で利用されている．イーサネットを利用して，送信先の IP アドレスをもつパケットを最終的に送信先ノードへ届けるためには，イーサネット上の送信先ノードのアドレスである MAC アドレスが必要となる．ARP を利用することにより，ある IP アドレスをもつノードの MAC アドレスが得られる．具体的には，ARP は次のように動作する．

(1) 問い合わせ元のノードは，自身の IP アドレスと MAC アドレス，および，MAC アドレスを入手したい問い合わせ先ノードの IP アドレスを含む ARP リクエストを，同じセグメントの全ノードにブロードキャストする．

(2) 問い合わせ先ノードでないノードは，ARP リクエストを無視する．

(3) 問い合わせ先の IP アドレスをもつノードは，応答メッセージである ARP リプライに問い合わせ元の IP アドレスと MAC アドレス，および，自分の IP アドレスと MAC アドレスを含めて，問い合わせ元のノードに返す．

4.2.2 転送ポインタ

移動するエンティティ（モバイルエンティティ）の位置解決を行う方法として転送ポインタ (forwarding pointers) がある．エンティティが，アドレス空間 A からアドレス空間 B に移動する際には常に，アドレス空間 A にアドレス空間 B へのポインタを残すものである．

この方式自体は単純で，かつ，あるエンティティが移動した場合でもクライアントはポインタの連鎖をたどって容易に移動先のエンティティを発見可能である．これらは長所である．しかしながら，以下の短所もある．ポインタの連鎖が長くなると効率が悪くなる．必要な限りポインタの連鎖を管理し続ける必要がある．連鎖のうち 1 つでも失われると移動先エンティティにたどり着けない．

4.2.3 ホームベースアプローチ

大規模なネットワーク内のモバイルエンティティを扱う代表的な方式としてホーム位置 (home

location) を利用する方式がある．モバイルエンティティの位置解決において，転送ポインタの短所の克服を目指した方式である．

この方式では，あるモバイルエンティティに対しそのホーム位置を登録し，登録したホーム位置にモバイルエンティティの最新位置を常に保持する．ホーム位置としてはモバイルエンティティが最初に生成された場所が通常指定される．この方式は，モバイル IP (mobile IP) で利用されている．

モバイル IP

モバイル IP では，まずモバイル端末のホーム位置として固定の IP アドレスを割り当てる．これをモバイル端末のホームエージェント (home agent) という．クライアントからモバイル端末に対する最初のメッセージは，対応するホームエージェントに対して送られる．ホームエージェントには，モバイル端末が自身の現在のアドレスを登録する．この登録するアドレスを気付アドレス (care-of address) という．クライアントは，ホームエージェントからモバイル端末の最新の気付アドレスを得ることができる．その後，クライアントはホームエージェントを経由することなくモバイル端末と直接通信することが可能となる．

長期間にわたってモバイル端末が移動して特定のネットワーク内に滞在する場合には，ホームエージェントもそのネットワーク内に移動させた方が効率的である．

4.2.4 分散ハッシュテーブル

識別子を用いて，各エンティティのアドレスを効率的に解決する方式として分散ハッシュテーブル (Distributed Hash Table：DHT) がある．その代表的なものに Chord がある．Chord に参加する各ノードには，ハッシュ関数により m ビットの識別子が与えられる．そして，2^m を法とするリング上の識別子空間に配置される．このリング上の識別子空間は Chord リングと呼ばれることがある．

各エンティティには，ノードの識別子を生成したハッシュ関数などを用いて識別子が割り当てられる．Chord において，各エンティティは，その識別子に相当するノードに割り当てられることにより管理される．Chord 内の検索は，$O(\log N)$ ステップで高速に実現される．ここで，N は Chord リングを構成するノード数である．

分散ハッシュテーブルの詳しい説明は，第 11 章にて行う．

4.2.5 階層的アプローチ

フラットな名前を階層的に扱う階層的アプローチについて述べる．名前をもつ多くのエンティティが存在する場合，階層的にエンティティを管理することは自然であり，人間にとってわかりやすい．

階層的な位置決定サービスを例に用いて説明する．このサービスにおいて，全体のネットワークは複数のドメイン (domain) に分割される．さらに，各ドメインは複数のサブドメインに分割される．このような分割の結果，最下位のドメインとして，リーフドメイン (leaf domain)

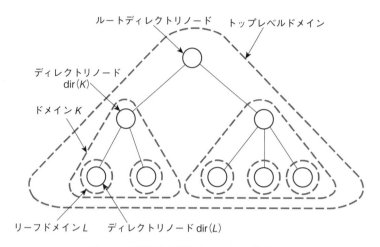

図 4.1　階層的な位置決定サービスの構成例.

が定義される．このリーフドメインは，1 つの LAN や携帯電話網の 1 セルに対応する．

各ドメイン D は，そのドメイン内のエンティティを記録するディレクトリノード dir(D) をもつ．最上位のドメインに対応するディレクトリノードは，ルートディレクトリノード (root directory node) と呼ばれる．エンティティの位置（アドレス）はディレクトリノードにより階層的に管理される．図 4.1 に示すように，リーフドメイン L 内の各エンティティの位置は，L のディレクトリノード dir(L) 内の位置レコード (location record) に格納される．例えば，リーフドメイン L 内に存在するエンティティ A の現在の位置は，ディレクトリノード dir(L) の A に対応する位置レコードに格納される．エンティティ A に関して，L を含むすぐ上位のドメイン K のディレクトリノード dir(K) は，エンティティ A の位置ではなくディレクトリノード dir(L) へのポインタを格納する．

あるエンティティのレプリカが作成される場合には，そのエンティティは複数の位置（アドレス）をもつことがある．いま，あるエンティティがレプリカをもち，それらの位置は LO_1 と LO_2 であるとする．また，LO_1 はリーフドメイン L_1 に位置し，LO_2 はリーフドメイン L_2 に位置する場合を考える．この場合，リーフドメイン L_1 と L_2 を含む最も小さいドメインのディレクトリノードが，それぞれの位置を含む各サブドメインへの 2 つのポインタをもつことにより対応する．

4.3　構造化された名前付け

住所や氏名のように，構造をもつ名前付けは，人間にとってわかりやすい．そのため，多くの名前付けシステムは，構造化された名前付けを提供している．OS 内のファイルやネットワーク内のホストや端末も構造化された名前をもつことが多い．

4.3.1 名前空間

構造化された名前は，名前空間 (name space) で管理される．この名前空間は，ラベル付き有向グラフで表される．この有向グラフは名前グラフと呼ばれ，以下の2種類のノードをもつ．

(1) リーフノード (leaf node)
(2) ディレクトリノード (directory node)

リーフノードは，名前付けされたエンティティを示すノードであり，出力枝をもたない．リーフノードは，名前付けされたエンティティの情報であるアドレスやファイルの内容に相当するエンティティの状態を保持する．

ディレクトリノードは，ラベル付きの出力枝を一般的に複数もつノードである．ディレクトリノードは，そのノードからの出力枝のラベルと行き先のノードの識別子を（ラベル，識別子）の組で保持する．ディレクトリノードがもつディレクトリテーブル (directory table) は，この組からなる表である．名前グラフのルートノード (root node) は，入力枝がなく出力枝だけをもつディレクトリノードである．通常，ルートノードは1つの名前グラフに1つだけ存在する．また，多くの場合，名前空間は厳密な階層構造をもつ木構造をとる．

まず，パス名 (path name)，絶対パス名 (absolute path name)，相対パス名 (relative path name) について説明する．名前グラフにおけるパスは，$N: \langle \text{ラベル}1, \text{ラベル}2, \cdots, \text{ラベル}n \rangle$ で表現される．N はパスの開始ノードを表し，ラベル i は i 番目の枝のラベルを表す．この開始ノードとラベルからなる列をパス名と呼ぶ．N がルートノードであるとき，このパス名を絶対パス名と呼ぶ．それ以外のとき，このパス名は相対パス名と呼ばれる．

次に，グローバル名 (global name)，ローカル名 (local name) について説明する．グローバル名とは，システムのどこで使われたとしても常に同じエンティティを指す名前である．分散システムは，通常複数の計算機から構成されるので，1つの計算機だけを前提とした絶対パス名は，グローバル名ではない場合がある．一方，ローカル名は，使われる場所によって異なるエンティティに対応する名前である．ローカル名の例として，UNIX におけるカレントディレクトリに対する相対パス名がある．

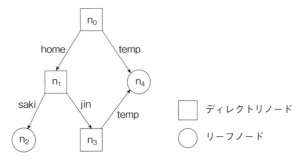

図 **4.2** ルートノードをもつ名前グラフの構成例．

UNIXなどで利用されるファイルシステムに対応する名前グラフを考えたとき，ディレクトリノードはファイルのディレクトリを表し，リーフノードはファイルを表す．ルートノードにはルートディレクトリがある．UNIXを含む多くのファイルシステムでは，パス名内のラベル間の分離記号として，"/"が利用される．ルートディレクトリは，単に / の一文字で表される．図4.2において，ノードn_2は$N_0 : \langle home, saki \rangle$ではなく /home/saki と表記される．また，n_4は，/temp あるいは /home/jin/temp と表記できる．1ノードに対して複数のパスが存在する場合，異なる複数のパス名が存在する．

4.3.2 名前解決

名前からエンティティを参照する処理を名前解決 (name resolution) という．名前解決の手続きは，以下のように行われる．名前解決の入力をパス$N : \langle$ラベル1, ラベル2, $\cdots$, ラベル$n \rangle$とする．名前解決では，まずノードNのディレクトリテーブルからラベル1を探し，ラベル1に対応するノードN_1を得る．次に，ノードN_1のディレクトリテーブルからラベル2を探し，ラベル2に対応するノードN_2を得る．これを繰り返し，ラベルnに対応する最後のノードであるN_nの中身の情報を出力する．

名前解決は，異なる名前空間を統合して行うこともできる．ファイルシステムのマウントの概念は，その一例である．名前グラフのディレクトリノードに，異なる名前空間のディレクトリノードの識別子を保持することにより，ある名前空間と異なる名前空間の橋渡しが可能となる．ファイルシステムのマウントにおいて，参照側のディレクトリノードをマウントポイント (mount point)，被参照側である遠隔の名前空間内のディレクトリノードをマウンティングポイント (mounting point) と呼ぶ．名前解決の手続きの中で，パスの途中でマウンティングポイントに至った場合，以降の手続きは別の名前空間で行われる．このマウンティングポイントは，ある名前空間のルートノードであることが多い．このマウントの原理は有用であり，NFS (Network File System) などの多くの分散ファイルシステムで利用されている．

4.3.3 名前空間の実装

プロセスなどの名前の追加，削除，検索のサービスは，名前付けサービスという．このサービスは名前サーバによって提供される．ここでは，名前空間を実装して名前付けサービスを提供する名前サーバについて説明する．LANなどの小規模なシステムでは，1台の名前サーバで対応可能である．一方，大規模，かつ，広域に位置する分散システムでは，複数の名前サーバによって名前空間を分散管理する必要がある．

名前管理の分散例

世界的に広がるような大規模広域分散システムのための名前管理の分散化の一例について述べる．以下のような論理的な3階層による方式が提案されている．実装を考慮したとき，各層における性能や可用性に関する要求は異なる．

(1) グローバル層 (global layer)

(2) 部門管理層 (administrational layer)

(3) マネージャ層 (managerial layer)

グローバル層は，最も高位のルートノードやそれに近い階層で構成される．高位のノードが保持するディレクトリテーブルの変更頻度は一般に低く安定性がある．組織名やいくつかの組織からなるグループ名を保持する．実装を考えたとき，グローバル層を管理する名前サーバには高い可用性が要求される．万一，障害が発生すると，名前空間の大部分へ到達できなくなるためである．性能に関しては，多くのクライアントからの要求に対応するため，高いスループットが必要とされる．一方，グローバル層の変化率は低いので探索結果は長時間有効で，クライアント側のキャッシュへ探索結果をある期間保存しても問題が起きにくい．そのため，応答時間に関する要求はそれほど高くない．

部門管理層は，1つの組織で一緒に管理されるディレクトリノードにより構成される．同じ組織や組織内のある管理単位に属するエンティティのグループに相当する．部署の名などを保持する．グローバル層に比べて変更の頻度は多いが比較的安定している．実装を考えたとき，管理する組織内では高い可用性が要求されるが，グローバル層ほどではない．性能に関しては，グローバル層と同様である．

マネージャ層は，最下位層であり変更の頻度の多いノードから構成される．この層で管理される対象は，1つのLANに属するホストの名前やバイナリファイル名やユーザファイルなどである．マネージャ層のノードは，システム管理者に加えてエンドユーザによって管理される．実装を考えたとき，あまり高い可用性は要求されない．一方，性能の要求に関しては厳しく，短い応答時間が要求される．ノードが保持する情報の更新頻度が高く，クライアント側のキャッシュが有効に働かないためである．

DNS (Domain Name System)

大規模な分散名前付けサービスの実装例としては，インターネットのDNS (Domain Name System) が有名である．図4.3に，インターネットのDNSの一部名前空間の3階層モデルによる分割例を示す．破線の丸で囲まれた名前空間は，DNSにおいてゾーン (zone) と呼ばれる．1つのゾーンは個別の名前サーバにより管理される．

インターネット上のコンピュータ同士が通信する場合，IPアドレスというアドレスが必要となる．IPv4 (IP version 4) のアドレスは32ビットであり8ビットずつ区切って「12.34.56.78」のように記述される．このような数字は人間にとって直感的には理解しづらい．そのため，人間が理解しやすいように「example.co.jp」のような文字列で表されるドメイン名が一般には使われる．ドメイン名を利用して，例えば「www.example.co.jp」にアクセスするためには，そのドメイン名に対応するIPアドレスが必要となる．ドメイン名を入力として与え，出力として対応するIPアドレスを得たり，その入力・出力が逆の機能を提供する仕組みがDNSである．

ここでは，名前解決の観点からDNSの動作を説明する．説明を簡単にするために，名前サーバにはレプリカが存在せず，クライアントもドメイン名とIPアドレスの組のキャッシュを保

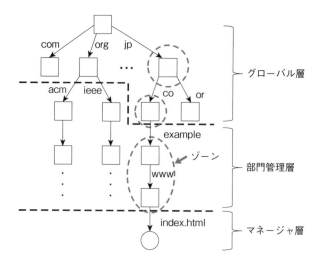

図 4.3　DNS の名前空間の一部の分割例.

持しないと仮定する．図 4.3 におけるパス名 root: 〈jp, co, example, www〉を例として，このパス名の名前解決を解説する．名前解決のための問い合わせを単に名前問い合わせということもある．DNS における名前サーバは DNS サーバ，問い合わせを行う DNS クライアントはリゾルバ (resolver) あるいは名前リゾルバ (name resolver) と呼ばれる．例えば，Web ブラウザなどのアプリケーションがあるドメイン名に対応する IP アドレスを得たい場合，それをリゾルバに依頼する．リゾルバは，問い合わせ結果をアプリケーションに返す．Web ブラウザなどのアプリケーションにリゾルバが組み込まれていることもある．

　2 つの名前解決方法が存在する．反復名前解決 (iterative name resolution) と再帰名前解決 (recursive name resolution) である．反復名前解決は，非再帰名前解決と呼ばれることもある．

　反復名前解決では，リゾルバはルート名前サーバから順番にパス名を問い合わせる．問い合わせた名前サーバが完全な名前解決ができない場合には，次に問い合わせるべき名前サーバのアドレスが返される．パス名がすべて解決されるまでリゾルバは問い合わせを繰り返す．

　反復名前解決の動作は以下のようになる．#〈sample〉は〈sample〉の名前解決を担当するサーバのアドレスを表す．リゾルバは DNS ルートサーバ（ルート名前サーバ）のアドレスを知っているとする．

(1) リゾルバは，パス名 root: 〈jp, co, example, www〉を DNS ルートサーバへ送り，名前解決を依頼する．DNS ルートサーバはラベル jp のみ名前解決ができる．そして，ルートサーバは，#〈jp〉とパス〈co, example, www〉をリゾルバに返す．

(2) リゾルバは，パス名 jp: 〈co, example, www〉を jp を管理する DNS サーバへ送り，名前解決を依頼する．jp を管理する DNS サーバは co のみ名前解決ができる．そして，jp を管理する DNS サーバは，#〈co〉とパス〈example, www〉を返す．

(3) リゾルバは，パス名 co: 〈example, www〉を co を管理する DNS サーバへ送り，名前

解決を依頼する．coを管理するDNSサーバはexampleのみ名前解決ができる．そして，coを管理するDNSサーバは，#⟨example⟩とパス⟨www⟩を返す．

(4) リゾルバは，パス名 example:⟨www⟩をexampleを管理するDNSサーバへ送り，名前解決を依頼する．exampleを管理する名前サーバはwwwの名前解決ができるため，このwww（wwwサーバ）に対応するIPアドレスを返す．その結果，リゾルバは，希望したIPアドレスを得ることができる．

再帰名前解決では，リゾルバから依頼を受けたDNSサーバは，リゾルバに対し，次に問い合わせるべきDNSサーバのアドレスを返すのではなく，次に問い合わせるべきDNSサーバへ中間結果を渡して処理を再帰的に依頼する．そして，処理の依頼を受けたDNSサーバが完全な名前解決ができない場合には，次に問い合わせるべきDNSサーバへ中間結果を渡して処理をさらに再帰的に依頼する．同様な動作を繰り返し，最終的にリゾルバから最初に依頼を受けたDNSサーバがリゾルバに対してIPアドレスなどのドメイン名に関する検索結果を返答する．

図4.4に反復名前解決の原理を，図4.5に再帰名前解決の原理をそれぞれ示す．実際には，ある端末T上で動作するリゾルバが，まずその端末が属するLAN内や所属組織内のDNSサーバ（便宜的にDNSサーバSと呼ぶ）に再帰名前解決の問い合わせを行い，次にそのDNSサーバSが組織外のDNSルートサーバなどのDNSサーバに反復名前解決の問い合わせを行う構成がとられることが多い．このとき，図4.4中のリゾルバの部分に，このDNSサーバSが位置付けられる．このような構成にすることで，この端末T上で動作するリゾルバは完全に解決された結果を最初に問い合わせたDNSサーバSから得ることができる．

所属LAN内や所属組織内のこのようなDNSサーバは，名前解決結果のドメイン名とIPアドレスの組を一時的に保持（キャッシュ）するので，DNSキャッシュサーバとも呼ばれる．DNSキャッシュサーバを用いることにより，通信データ量の削減や応答時間の短縮が実現できる．

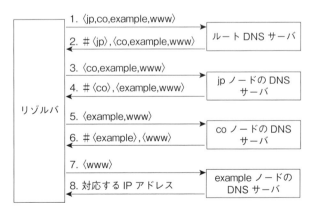

図 4.4 反復名前解決の原理．

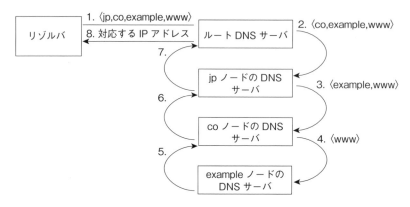

図 4.5 再帰名前解決の原理.

4.4 属性ベース名前付け

分散システムで利用されるエンティティは，関連した属性をもつことが多い．例えば，あるアプリケーションで作成された各データは，属性として特有の拡張子をもつ．ここでは，属性を用いた名前付けについて説明する．属性ベース名前付け (attribute-based naming) は，(属性，値) の組でエンティティを記述する．クライアントは，ある属性を指定することにより，その属性をもつ複数のエンティティを効率的に指定できる．

4.4.1 ディレクトリサービス

属性ベース名前付けシステムは，ディレクトリサービス (directory service) と呼ばれる．一方，前述の構造化された名前付けを扱うシステムは，単に名前付けシステム (naming system) と呼ばれる．ディレクトリサービスでは，各エンティティは検索に利用可能な複数属性を保持する．属性の例として，電子メールの差出人や受信者や添付書類のあり・なしなどがある．これらの属性を利用することにより，多くの電子メールの中から特定の電子メールが検索可能である．また，多くの OS はファイルの効率的な管理や検索のために，ディレクトリサービスを提供している．

分散システムのようにシステムが複数のコンポーネントから構成される場合，属性値の統一的な設定や管理が困難になることがある．そこで，各エンティティの属性値を統一的に管理するための技術が検討されている．リソース記述フレームワーク (Resource Description Framework : RDF) は，その 1 つである．RDF では，エンティティに対応する各リソースを (主語，述語，目的語) の 3 項で記述する．リソースがテキストデータである文献や書籍情報の場合，RDF モデルを利用すると整理が容易となる．

4.4.2 階層化された実装例 (LDAP)

分散システムにおけるディレクトリサービスを高度化するため，属性ベース名前付けと構造

属性	略記	値
Country	C	JAPAN
Locality	L	Tokyo
Organization	O	XXX company
OrganizationalUnit	OU	Accounting division
CommonName	CN	Main server
Mail_server	—	xx.xx.xx.xx
WWW_server	—	yy.xx.xx.xx

図 4.6 LDAP ディレクトリサービスにおけるディレクトリエントリの例.

化した名前付けを組み合わせたシステムがある．それらの多くのシステムは，軽量ディレクトリアクセスプロトコル (Lightweight Directory Access Protocol：LDAP) を利用している．LDAP は，階層化したディレクトリにアクセスするためのプロトコルである．つまり，LDAP は 4.3.3 節「名前空間の実装」で述べたような階層的されたディレクトリを扱える．このプロトコルを用いるディレクトリサービスを LDAP ディレクトリサービスという．

LDAP ディレクトリサービスは，複数のディレクトリエントリから構成される．各ディレクトリエントリは，（属性，値）の組の集合を含む．属性には，単一の値をもつ属性と複数の値をもつ属性がある．図 4.6 にサーバのネットワークアドレスを指定するディレクトリエントリの例を示す．属性の詳細は，RFC2252[1] に記載されている．クライアントは，LDAP サーバに接続することにより，ある属性をもつエントリの検索，追加，削除，変更などが可能となる．LDAP ディレクトリサービスは，サーバ情報，電子メール，住所，電話番号などの組織に関する情報を保持するために利用される．

4.4.3 非集中型の実装

P2P (Peer to Peer) システムの普及とともに，属性ベース名前付けシステムを非集中的に実装する方法が開発されている．主な課題は，属性空間全体を力まかせ的ではなく効率的な検索を可能にするように，（属性，値）の組を保持するシステムを構成することである．

それらの技術の例として，4.2.4 節で言及した分散ハッシュテーブル DHT ベースのシステムに（属性，値）の組を保持するものがある．また，ある属性に対して「類は友を呼ぶ」の性質を利用して属性集合の効率的検索を目指すものもある．一例として，意味的な近さを定義して似たリソースをもつノードを把握するセマンティックオーバレイネットワーク (semantic overlay network) がある．

4.5 名前付けに関する最近の事例

現在のインターネット上の主要サービスである WWW では，クライアントは目的のコンテ

---
[1] http://www.ietf.org/rfc/rfc2252.txt

ンツを得るために Web サーバの IP アドレスを特定し，そのサーバからコンテンツを得ている．Jacobson らは，本当に欲しいのはコンテンツであることから，コンテンツの位置（コンテンツをもつ WWW サーバの IP アドレス）ではなく，コンテンツ自体であるコンテンツ識別子を意識した CCN (Content Centric Networking) を提唱している．CCN は，コンテンツ指向ネットワークとも呼ばれる．CCN が実現されると，ネットワーク自体（ネットワーク内のノードなど）が，キャッシュしても問題とならない人気コンテンツをキャッシュ可能となる．そして，クライアントは希望するコンテンツをサーバからではなくネットワークから，より効率的に取得可能となる．しかしながら，膨大なコンテンツ 1 つ 1 つを効率的に扱う技術開発は進行中である．そのため，CCN 実現のための，分散システム上の莫大な数のエンティティに対する名前付けやその効率的検索や管理は関心を集めている．

演習問題

設問 1　名前，アドレス，識別子の違いを説明せよ．

設問 2　絶対パス名と相対パス名の違いについて説明せよ．また，各々の例をあげよ．

設問 3　グローバル名とローカル名の違いについて説明せよ．また，各々の例をあげよ．

設問 4　DNS (Domain Name System) における，端末からの名前解決の問い合わせにおいては，「再帰名前解決」と「反復名前解決」の 2 つが組み合わされて利用されることが多い．その理由を説明せよ．

設問 5　代表的な OS が提供しているディレクトリサービスの例を 1 つ示せ．

参考文献

[1] Andrew S. Tanenbaum and Maartem Van Steen : DISTRIBUTED SYSTEMS — Principles and Paradigms Second Edition, Pearson Prentice Hall (2007).
（水野他訳：『分散システム—原理とパラダイム 第 2 版』，ピアソン・エデュケーション (2009)）．

[2] Van Jacobson, D. K. Smetters, James D. Thornton, Michael Plass, Nick Briggs, and Rebecca L. Braynard: "Networking named content", Proc. CoNEXT'09, pp. 1–12 (2009).

第5章 アーキテクチャ

□ 学習のポイント

アーキテクチャとは，設計思想や基本設計などの基本設計概念のことである．もともとは，建築学における設計術や建築様式を意味する言葉として使われていたが，情報工学分野において，ハードウェア，ソフトウェア，システムなどの設計思想や基本設計を表す言葉として使われだした．アーキテクチャの違いを理解することは，設計思想の違いを理解することであり，それが，ハードウェアであろうが，ソフトウェアであろうが，はたまたシステムであろうが，外から見ると同一の機能，振る舞いが求められるものであっても，その中身や実装，実現の方法は異なることがある．これこそが，アーキテクチャの違いである．

- 階層型アーキテクチャ，オブジェクトベースアーキテクチャ，データ中心型アーキテクチャ，イベントベースアーキテクチャが，それぞれどのような点に注目した設計思想であるかを理解する．
- クライアントサーバモデルについて理解する．
- 水平分散と垂直分散それぞれの目的を理解する．

□ キーワード

階層型アーキテクチャ，オブジェクトベースアーキテクチャ，データ中心型アーキテクチャ，イベントベースアーキテクチャ，クライアントサーバモデル，垂直分散，水平分散，ピアツーピアシステム

5.1 アーキテクチャ型

ここでは，まず分散システムにおけるアーキテクチャ型を紹介する．アーキテクチャ型とは，分散システムを構成するソフトウェアコンポーネント間を接続する方法やコンポーネント間でのデータ交換，また，各コンポーネントがどのように共同して単一のシステムとして振る舞える分散システムを構成するのかを定式化したものである．コンポーネントは，明確な定義，要求，そして実装が行われるインタフェースを伴った，モジュラーユニットであり，その環境において置き換えが可能である．分散システムにおけるコンポーネントが，置き換え可能となるためには，そのインタフェースの規定を遵守しなければならない．

分散システムのアーキテクチャとして，これまでにも様々な提案がなされている．ここでは，

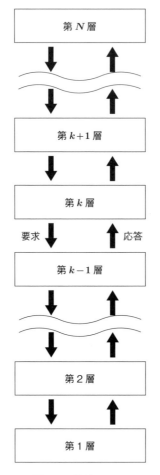

図 5.1　階層モデル.

1. 階層型アーキテクチャ
2. オブジェクトベースアーキテクチャ
3. データ中心型アーキテクチャ
4. イベントベースアーキテクチャ

の4つを取り上げる．

階層型アーキテクチャ

　階層型アーキテクチャにおいては，コンポーネントは，階層的な関係となっている．図 5.1（階層モデル）のように，上位階層のコンポーネントは，直下の層にあるコンポーネントに対して，処理の実行などのサービス要求を行う．下位に位置するコンポーネントは，直上の層からの要求に応えて，サービスの提供を行う．層間関係であるサービス要求とサービス提供は，プロトコルにより規定されている．

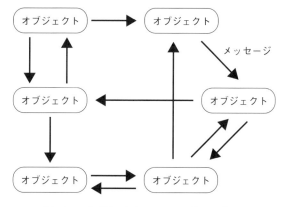

図 5.2 オブジェクトベースアーキテクチャ.

通信の知識をもっている読者であれば，OSI などの通信の階層モデルに，階層型アーキテクチャの例を見ることができるであろう．

階層型アーキテクチャにおける，隣接層間の関係は，クライアントサーバモデルとしてとらえることもできる．

オブジェクトベースアーキテクチャ

オブジェクトベースアーキテクチャは，図 5.2 に示すように，オブジェクト指向を分散システムの設計に取り入れたものであり，オブジェクトをコンポーネントとして分散システムを構成するアーキテクチャである．階層型アーキテクチャとは異なり，コンポーネント間に上位下位の関係はない．コンポーネントであるオブジェクトは，他のオブジェクトからのメッセージを受け取り，そのメッセージに対応するメソッドを実行する．

オブジェクトベースアーキテクチャのオブジェクト間の関係も，サービス要求とサービスの提供ととらえると，クライアントサーバモデルとしてとらえることが可能である．

データ中心型アーキテクチャ

階層型アーキテクチャとオブジェクトベースアーキテクチャが，どのような処理を誰（どのコンポーネント）が行うのかという，処理を起点とする設計思想をとるアプローチであるのに対して，データ中心型アーキテクチャは，データの存在を起点とし，そのデータに対する処理，要求を定式化していく設計であるといえる．

データ中心型アーキテクチャは，分散システムの中でも，データの存在，そしてその参照や更新が重要な役割であるシステムにおいて，しばしば採用される設計思想である．データ中心型アーキテクチャでは，分散システムの中に存在するプロセスは，共有リポジトリの中に格納されているデータへの書き込み，参照によって通信を行う．実際，分散共有ファイルシステムにおけるファイルを介して実質的に通信を行うネットワークアプリケーションが，これまでに数多く開発されている．

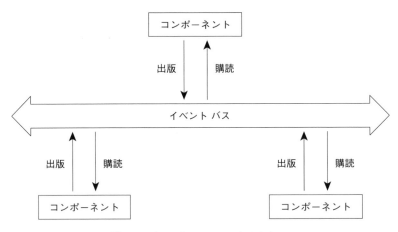

図 5.3　イベントベースアーキテクチャ.

　交通機関の予約管理システムや銀行の口座管理システムなどは，一貫性をもってデータを管理しなければならない．このようなシステムの設計においては，業務の中心であるデータを核として，そのデータに対する処理をとらえていくデータ中心型アーキテクチャはうまく適合する．

イベントベースアーキテクチャ

　イベントベースアーキテクチャにおいては，コンポーネントであるプロセスは，イベントの伝搬により通信を行う．伝搬されるイベントには，データを付加することもできる．分散システム向けのイベントの伝搬は，図 5.3 に示す出版・購読システム (publish/subscribe system) で行われる．出版・購読システムでは，イベントの購読を行うプロセスのみが，そのイベントを受け取ることをミドルウェアが保証する．その保証の下で，イベントは出版される．イベントベースアーキテクチャの長所は，プロセス間が疎結合であり，プロセス間で，明示的に互いを参照することがない点である．この特徴は，空間における分離，あるいは，参照分離と呼ばれている．

5.2　システムアーキテクチャ

　ここでは，広く知られているアーキテクチャ型についてふれることにする．ソフトウェアコンポーネントや，そのインタフェース，その位置を決めることは，システムアーキテクチャと呼ばれるソフトウェアアーキテクチャのインスタンスへとつながっていく．

5.2.1　集中型アーキテクチャ

　クライアントがサーバに対してサービスを要求するという，単純な原理原則は，複雑な分散システムを理解し，そして，その管理を容易にする．

　基本的なクライアントサーバモデルでは，コンポーネントであるプロセスは 2 つのタイプに分けられる．1 つはサーバであり，もう 1 つはクライアントである．サーバは，そのサーバに

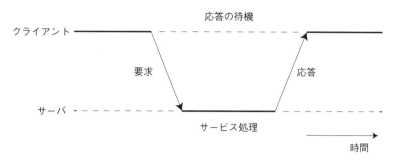

図 5.4　クライアントサーバモデル．

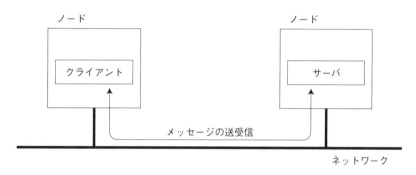

図 5.5　分散環境でのクライアントサーバモデル．

固有のサービスの提供を行うプロセスである．ファイルサービス，印刷サービス，URL の名前解決サービスなどは，身近な例であろう．一方，クライアントは，サーバにサービスを要求する側のプロセスである．図 5.4 に示すように，クライアントは，サーバに対して，サービス要求を送信し，その後，その要求に応えるサーバからの返信を待つ．サーバは，クライアントからの要求を受け取ると，その要求に応じた処理を行い，処理の完了後に，クライアントに対して要求に対する回答を送る．回答には，サービスの内容に応じて，何らかのデータが含まれる場合もあれば，単なる，終了通知の場合もある．

　クライアントサーバモデルでは，クライアントとサーバ間のプロトコル，つまり，サーバの行うサービスのセマンティクス，ならびに，サービス要求とその回答のシンタックスが明確に定義されていなければならない．プロトコルが明確に定義されており，サーバにおいてサービス提供を行うプロセスが実装されているならば，クライアントはプロトコルに従ったサービス要求を行うだけで，求めるサービスを受けることができる．

　クライアントサーバモデルは，分散システムにおける実装に適したアーキテクチャである．クライアントサーバモデルが分散システムに適している理由は，クライアントとサーバの独立性の高さにある．クライアントとサーバ間には，サービスの要求であるメッセージと，サービス終了時の返信であるメッセージが送受信されるだけである．したがって，図 5.5 に示すように，構成するコンピュータノード間の通信が行える分散システムにおいて，クライアントとサーバのそれぞれを，分散システム内の異なるコンピュータへ実装することは比較的容易である．た

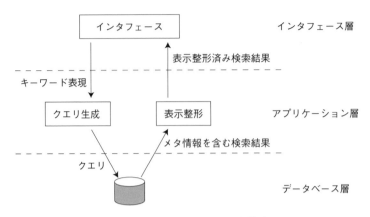

図 5.6 図書検索における階層的構造.

だし，クライアントサーバモデルは，分散処理に限定したものではなく，単一のコンピュータにサーバプロセスとクライアントプロセスが存在するという実装も一般的であることには注意が必要である．

分散システムにクライアントサーバモデルの実装を行う際に考えておかなければならないことに，クライアントとサーバの役割がある．言葉を換えると，全体の処理の中で，どこまでをクライアントで行い，そして，クライアントがサーバに対して何を要求するかを決めることである．

ここで，図書の検索を行うサービスを例に考えてみよう．図書のデータはデータベース内で管理されており，検索要求はクエリとしてデータベースに送られる．しかしながら，多くの利用者はデータベースについての知識やスキルをもっているわけではない．利用者は，内容に関係するキーワードや著者名などを指定するといった簡便な方法での操作を求め，また，検索結果は見やすく表示されることを望んでいる．このような要求を満たすシステムの論理的な構造として，図 5.6 における階層的な構造が考えられる．

図 5.6 における各層の役割は以下の通りである．

- インタフェース層
  利用者に簡便な操作法を提供し，また，検索結果をわかりやすく表示する．
- アプリケーション層
  ユーザインタフェースから送られてきたキーワード表現などを基に，データベースに対するクエリを生成し，クエリをデータベースに送る．
  また，データベースから返された検索結果に対し，関連性や発行年などのメタ情報を基に，ユーザの要望に添ったランキングを行うなどの表示整形処理を行う．
- データベース層
  アプリケーション層で生成されたクエリに対して検索処理を行い，その検索結果をアプリケーション層に返す．

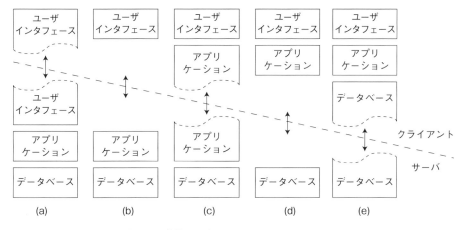

図 5.7 実装におけるクライアントサーバの分離．

アプリケーション層に渡されるデータには，アプリケーション層で行う，ランキングなどの表示整形に必要なメタ情報も添付されている．

このように論理的に階層化された構造を分散システム上に，クライアントサーバモデルとして実装すると，図5.7における階層に示す5通りの可能性がある．ここで，注意すべきことに，図5.6に示される論理的な階層構造における層分離と，実装におけるクライアント側とサーバ型の分離が必ずしも一致するわけではないことがあげられる．

図中の(b)と(d)は，論理的な設計における階層の境界によって，クライアント側とサーバ側の役割を割り振るため，比較的理解しやすい実装であろう．(a)は，ユーザインタフェースの一部の機能をサーバに移し，クライアント側ではその一部のみとする方法である．この方法は，クライアントの負荷を少なくすることができるので，クライアント側のコンピュータの性能が低い場合に採用されることが多いが，インタラクティブなインタフェースとする場合には，通信量が増える可能性があるといった点が欠点となる．(c)は(b)に比べると，アプリケーションの一部をクライアントで行うため，クライアント側のセキュリティ確保が行いやすいという利点がある．一方，(d)との比較では，逆のことが言え，データベースからの結果を加工してクライアント側に渡すなどの処理を行えることから，データベース側のセキュリティが確保しやすいという利点がある．(e)は，データの一部やレプリカをクライアント側にもつことから，参照に際して，通信の発生を抑制できるなどの効果が期待できるが，一貫性の保証や，セキュリティの点が課題となる．

クライアントサーバモデルに基づく実装が，常に2階層である必要はない．様々な理由，事情から，多階層のクライアントサーバモデルによって構成されることもある．図5.8は，3層のクライアントサーバモデルとして構成されたトランザクション処理である．この例では，ユーザインタフェースからの要求はアプリケーションサーバに送られ，アプリケーションサーバがユーザインタフェースに対するサービス提供に必要なデータをデータベースサーバに要求する．アプリケーションサーバは，ユーザインタフェースとの関係ではサーバであるが，データベ

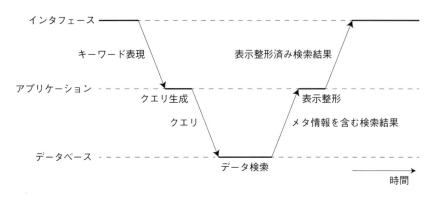

図 5.8　図書検索における 3 階層クライアントサーバ．

スサーバとの関係ではクライアントである．

5.2.2　非集中型アーキテクチャ

垂直分散と水平分散

　クライアントサーバモデルに基づき，クライアントとサーバを異なるコンピュータに分散させる形態を垂直分散という．一方，処理すべき負荷に注目し，複数のコンピュータに同一，あるいは，同種の処理を行わせる分散処理の形態がある．この形態を水平分散という．水平分散の事例としては，大規模 Web サービスを挙げることができる．大規模 Web サービスでは，Web を閲覧したい利用者からの莫大な接続要求が送られてくるため，1 台のコンピュータでは到底処理しきれないほどになってしまう．そこで，同一コンテンツをもった Web サーバを複数立ち上げ，利用者からの接続要求をこれら複数の Web サーバの中から，負荷に偏りが生じないようにしながら，割り振っていくことで，個々のサーバの負荷を抑えることができる．水平分散の中には，管理対象となるデータの集合を分割し，分割されたデータ集合を異なるコンピュータに管理させるといったものもある．これなどは，各コンピュータが行う処理は同一であるが，参照や更新の要求対象となるデータに応じて，要求が異なるコンピュータに分散することになる．

　垂直分散は，各コンピュータに機能を分けて分散させることから機能分散と呼ばれることもある．また，水平分散は，負荷を分散させるという効果があることから，負荷分散と呼ばれることもある．

　垂直分散では，各コンピュータの役割が異なるので，各コンピュータの機能，性能が同一である必要がない．各コンピュータの役割に応じて求められる機能，性能に特化することは，無駄なコストを抑制できる可能性につながる．一方で，冗長化などの障害に対する対策を取らなければ，1 つのコンピュータの障害によって，システムとして求められるすべての機能が失われる危険性がある．

　一方，水平分散は，高いスケーラビリティを実現できる可能性をもっている．また，一部のコンピュータの障害が発生しても，他のコンピュータでのサービスの継続提供も行いやすい．し

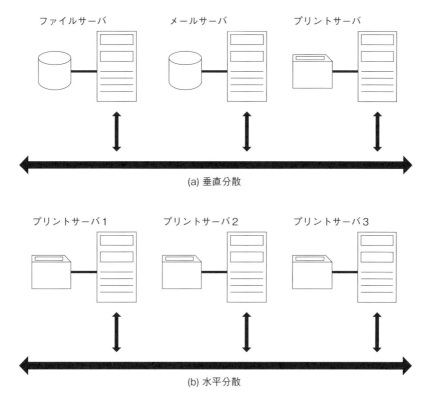

図 5.9 垂直分散と水平分散.

かし，大規模 Web サービスにおける接続要求の振り分け処理機構のように，特定の部分の障害がシステム全体の障害をもたらすこともある．水平分散であるからといって，すべての障害に対して耐障害性が高まるわけではない点には注意を払う必要がある．

垂直分散と水平分散の例を，図 5.9 に示す．図 5.9 は，大学の研究室や実習室でよく見受けられる事例であろう．

図 5.9 の (a) は，垂直分散の例である．利用者のホームディレクトリなどの一元管理を行う役割をファイルサーバが，メールボックスの管理・メールの転送といったメールサービスの提供を行うメールサーバ，複数の利用者からの印刷要求に答えるプリントサービスを行うプリントサーバが，それぞれの役割を分け，研究室や実習室の計算機利用環境を実現している．

それに対して，図 5.9 の (b) は水平分散の例であり，大勢の利用者からの大量の印刷要求をさばくために，プリントサービスを行うプリンターを複数設置している．

垂直分散と水平分散は互いに相反する技術ではない．垂直分散の考え方により，サービスを構成する機能に注目して処理を分割し，さらに，特定の機能に対して，水平分散の考えを取り入れ，その機能を果たす複数のコンピュータを用意して負荷の分散を図るという，図 5.10 に示すような，システム構成が様々な場面で見受けられる．

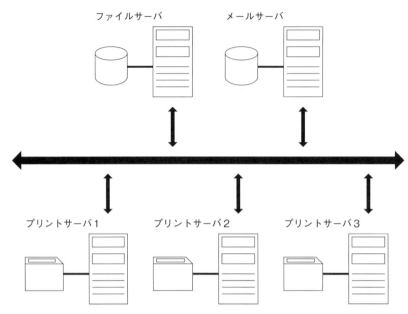

図 5.10　垂直分散と水平分散の併用．

ピアツーピアシステム

　ピアツーピアシステム (peer-to-peer system) は，すべてが同じである複数のプロセスによって構成される．ピアツーピアシステムで，行われるべき機能は，システムを構成するそれぞれのプロセスによって果たされているといえる．したがって，プロセス間の関係の多くは，対称性がある．言い換えると，ピアツーピアシステムにおいて，各プロセスは，クライアントとして振る舞いながら，同時にサーバとしても振る舞っているといえる．このことから，サーバ (server) とクライアント (client) から生まれた造語であるサーバント (servent) と呼ばれる．

　ピアツーピアシステムでは，実際のネットワーク上に，TCP 接続などを用いた通信チャネルであるリンクと，プロセスに対応するノードによって構成されるネットワークが形作られる．実際のネットワーク上に作られた上位層のネットワークであることから，このネットワークのことをオーバーレイネットワークと呼ぶ．一般的には，プロセスは，任意のプロセスとの直接的な通信を行うことができず，利用可能な通信チャネルに対してメッセージを送り出すことが求められる．

　ピアツーピアシステムにけるオーバーレイネットワークには，構造化されたものと，そうでないものがある．構造化されたオーバーレイネットワークとなっているピアツーピアシステムを「構造化ピアツーピアシステム」，構造化されていないものを「非構造化ピアツーピアシステム」と呼ぶ．

　構造化ピアツーピアシステムのオーバーレイネットワークは，決定論的手続きによって構成される．決定論的手続きで，最もよく使われているのは，分散ハッシュテーブル (Distributed Hash Table：DHT) を使った方法である．

一方，非構造化ピアツーピアシステムにおいては，ランダムアルゴリズムによってオーバーレイネットワークが構成される．各ノードは，近隣のノードのリストを管理するが，そのリストは，多かれ少なかれ，ランダムな方法で作られたものである．同様に，データアイテムが配置されるノードは，ランダムに決められていると想定されている．したがって，ノードが特定のデータアイテムの探索を行う際には，オーバーレイネットワーク上に，検索クエリをフラッディングしなければならない．フラッディングとは，ネットワーク内のすべてのノードに，くまなく，メッセージを行き渡らせることであり，堤防を決壊した河川の水が，町中を覆い尽くす洪水 (flood) に例えられて，このように呼ばれている．

演習問題

設問 1　図 5.6 に示すような階層型の構成することによる利点と欠点を述べよ．

設問 2　大規模 Web サーバでは，水平分散が用いられることがあるが，ブラウザからの要求を複数のコンピュータ（Web サーバ）に分散させる方法にはどのようなものがあるか述べよ．

設問 3　水平分散は，スケーラビリティとの親和性が高いともいわれている．その理由を述べよ．

設問 4　垂直分散と多階層クライアントサーバ構成を併用することで，もたらされる利点を述べよ．

設問 5　DNS（ドメインネームシステム）において，名前の解決が，どのように行われているか述べよ．

参考文献

[1] Andrew S. Tanenbaum : Modern Operating Systems 3e, Pearson Prentice Hall (2009).

[2] Andrew S. Tanenbaum and Maartem Van Steen : DISTRIBUTED SYSTEMS - Principles and Paradigms Second Edition, Pearson Prentice Hall (2007).
（水野他訳：分散システム—原理とパラダイム 第 2 版, ピアソン・エデュケーション (2009)）．

[3] 菱田隆彰，寺西裕一，峰野博史，水野忠則：オペレーティングシステム（未来へつなぐデジタルシリーズ 25 巻），共立出版 (2014)．

第6章
プロセス

学習のポイント

集中処理を，その構成部品といったハードウェアからとらえる方向と，処理の記述であるプログラムやプログラムの実行といったソフトウェア側からとらえることができるのと同様に，分散処理も，両方向からとらえることができる．この章では，処理の実行単位であるプロセスやスレッドといった処理の実行の側から，分散処理をとらえていくことにする．

- プロセスやスレッドについて理解する．
- 仮想化について理解する．

キーワード

プロセス，スレッド，仮想化，クラウド，コードマイグレーション

6.1 プロセスとスレッド

6.1.1 プロセス

プログラムという言葉は，時として曖昧な言葉であり，プロセスの概念を含めてプログラムという言葉が使われることもある．しかしながら，ここでは，この曖昧さを排除しなければならない．そこで，まずプログラムとプロセスの概念を明確に区別するところから始めよう．プログラムとは，処理の手順を記述し表したものである．プログラムという言葉に対するこのような定義は狭義の定義であるといわれている．そして，その記述に従ってプロセッサが動作し，処理を遂行しているときに，その一連の動作・処理の遂行をプロセスという．このことから，プロセスはプログラムのインスタンスであるといわれることがある．一方で，処理の手順の記述であるプログラムの概念に加えて，プロセスの概念までも含めてプログラムと呼ぶことがある．いわば広義のプログラムの概念である．ここでは，狭義の定義に従って，プログラムとプロセスを明確に分けることにする．

プログラムとプロセスの関係を，調理に例えることにしよう．料理の方法を解説する本には，様々な料理の調理の手順が解説されている．レシピと呼ばれているものである．しかし，レシ

図 6.1 マルチプロセス.

ピを記述しても，また，見ているだけでも，料理はできあがらない．実際に，このレシピに従って，調理人が調理を行って初めて，料理はできあがる．レシピは単に行うべき内容とその順序の記述でしかなく，その記述に従った調理という行為があって，初めて料理が生み出される．つまり，調理とプログラムの実行を対比させるなら，レシピがプログラムであり，調理人がプロセッサ，そして，調理という行為そのものがプロセスである．

マルチタスクが可能な OS では，同一のプログラムから複数のプロセスが動作していることがある．読者も，vi や emacs などのエディタを同時に複数起動し，それぞれで異なるファイルの編集したことがあるであろう．1 つのプログラムから，複数のプロセス，言い換えるとプログラムの複数のインスタンスが生成されているといえる．

プロセスが生成されると，図 6.1 に示すように，OS は，メモリ空間内に，そのプロセスの専用の領域を確保する．各プロセスに割り当てられたメモリ空間は，他のプロセスに参照や書き換えをされることがないように保護されている．この保護の実現は OS の役割である．異なるプロセスが同一のメモリ領域にアクセスすることができる例外は，共有メモリである．共有メ

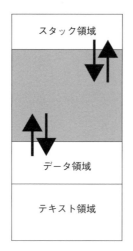

図 6.2　プロセス内部の 3 つの領域．

モリは，複数のプロセスからアクセス可能なメモリ空間の領域のことであり，共有メモリへのアクセスについても，その管理は OS の責任で行われる．これとは別に，共有メモリという用語は，マルチプロセッサシステムの話題においても見受けられる．マルチプロセッサシステムにおける共有メモリは，各プロセッサからアクセス可能なメモリモジュールに付けられた名称である．

　図 6.2 に示すように，各プロセスに割り当てられたメモリ領域は，その内部でさらに，テキスト領域，データ領域，スタック領域の 3 つの領域に分かれている．テキスト領域は，実行すべきプログラムのコードが格納されている領域である．データ領域はプログラム中の変数を記憶，管理するための領域である．スタック領域は，関数呼び出しや手続き呼び出しのときの引数や戻り値の受け渡しなどに使われるスタックのための領域である．プロセスが必要とするデータ領域やスタック領域のサイズは，実行時に動的に変化し，入力によっても変わりうる．そのため，データ領域とスタック領域は，必要なメモリサイズの動的な変化のないテキスト領域とは分けられている．また，データ領域やスタック領域として実際に使われるメモリ量の動的な変化に対応できるように，両領域のために確保されたメモリ空間の両端から，必要に応じて利用と開放が行えるようにすることで，空き領域の利用の効率化を図ることができる．

　並列処理を行う方法の 1 つは，複数のプロセスを生成して，それらに処理をさせるという考え方である．複数のプロセスが行う処理が，まったく独立しており，相互に影響をもたらさないものであれば，ここでの関心はさほど生じない．せいぜい，マルチプロセッサシステムで，複数のプロセスが動作している状況において，どのプロセスをどのプロセッサで実行すればよいのかということくらいである．この場合には，プロセスの優先順位とプロセッサの負荷に基づいた，プロセスのプロセッサへの割り当てを行うことになる．より高い関心を払う対象は，複数のプロセスが連携する場合である．1 つの仕事を複数のプロセスに連携させて処理を行う場合もあるし，比較的独立性の高いプロセス間で通信を行うことで，目的とする処理を遂行する

場合もある．

複数のプロセスを連携する目的はいくつかある．その1つは，全体を分割し，個別のプロセスとそのプロセス間の通信として設計することが，設計や実装の簡単化につながるという点である．プロセスを分けることで，個々のプロセスの行う処理は限定され，単純化される．また，マルチプロセッサのコンピュータや分散システムにおいては，複数のプロセスを異なるプロセッサやコンピュータに分配することで，処理に要する時間の短縮などの性能向上を図ることができる．データの共有や，アクセス権限の管理などが，複数プロセスとする目的となる場合もある．

6.1.2 スレッド

先に述べたように，プロセスはプログラムのインスタンスである．具体的には，機械語のインストラクションコードの並びとなっているプログラムのどこを処理しているかを，プログラムカウンタが指し示し，インストラクションの実行ごとに，プログラムカウンタの値が更新される．見方を変えると，処理されるインストラクションコードは，時間軸上に逐次的に並べられた一本の筋のようなものだといえる．この処理の筋のことをスレッド (thread) と呼ぶ．プログラムカウンタはスレッドの中のどこを実行中であるかを示すポインタである．

古典的なプロセスは，図 6.3 に示すように，1つのプロセスの中に，1つのスレッドだけが存在していた．それに対して，図 6.4 に示すように，1つのプロセスの中に，複数のスレッドをもたせようという考え方がマルチスレッドである．

マルチプロセスの場合には，各プロセスは，それぞれ独立したメモリ空間をもち，大域変数

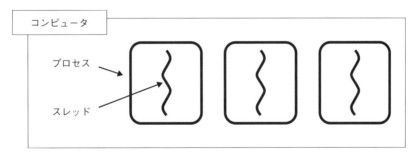

図 **6.3** スレッド（シングルスレッド）．

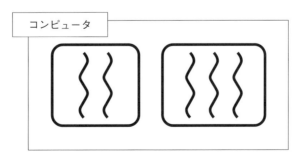

図 **6.4** マルチスレッド．

表 6.1 プロセステーブル.

プロセスごとのアイテム	スレッドごとのアイテム
テキスト（プログラムコード）	プログラムカウンタ
アドレス空間	レジスタ
大域変数	スタック
ファイル	状態
子プロセス	
保留中のアラーム	
シグナルとシグナル処理	
アカウント情報	

やファイル，子プロセスなど，そのプロセスに固有の状態などがあり，プロセス切り替えなどのプロセス管理を行うために，それらの情報は，OS によって，プロセステーブル内にプロセスごとのエントリにより管理される．それに対してマルチスレッドの場合には，同一のプロセスの中のスレッドで共通するアイテムと，スレッドごとに存在，管理されるアイテムがある．それらを表 6.1 に示す．

マルチスレッドの実装

マルチスレッドを実現する方法には，図 6.5 に示すように，ユーザ空間で実装する方法と，カーネル空間で実装する方法がある．

表 6.2 は，ユーザ空間での実装とカーネル空間での実装の比較である．

ユーザ空間で実装する方法では，OS はスレッドの管理に関与しない．プロセスをマルチスレッドにするためのスレッドライブラリが用意され，そのライブラリを用いて，プログラムされたプロセス内部で，スレッドが管理される．OS のカーネルは，プロセス内部に複数のスレッドが存在することを知らないために，たとえ複数のプロセッサが存在するマルチプロセッサのコンピュータであっても，OS が 1 つのプロセスに複数のプロセッサを割り当てることはしないので，同一プロセス内で複数のスレッドが同時に処理されることはない．このことは条件待ちのブロックが発生したときにも影響がある．スレッドでブロックが発生したときに，同一プロセス内の他のスレッドの処理が可能であっても，OS は他のスレッドの存在を知らないために，プロセス全体をブロックすることになる．一方で，ユーザ空間でスレッドを実装する方法の利点もある．ユーザ空間での実装は，スレッドライブラリを用意することで，スレッドをサポートしていない OS においてもプロセスをマルチスレッドにできる．また，スレッドの切り替えがユーザ空間内での処理で行えるので，切り替えのオーバヘッドが少なくすむ．さらに，プロセスごとにスレッドのスケジューリングアルゴリズムを異なるものにすることもできる．

一方，カーネル空間で実装する方法では，OS のカーネル内部に，スレッドテーブルが用意され，OS は，すべてのプロセスのすべてのスレッドを管理する．そのため，スレッドが条件待ちとなってブロックされても，同一プロセス内の他のスレッドの処理を続行することができる．また，マルチプロセッサのコンピュータでは，同一のプロセス内の複数のスレッドのそれぞれに，プロセッサを割り当てることもできる．しかしながら，ユーザ空間にスレッドを実装

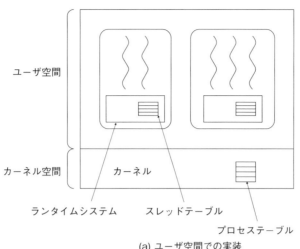

ランタイムシステム　スレッドテーブル
　　　　　　　　　　　　　　　プロセステーブル

(a) ユーザ空間での実装

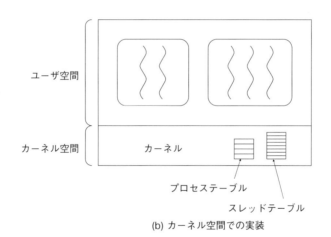

プロセステーブル
　　　スレッドテーブル

(b) カーネル空間での実装

図 **6.5**　スレッドの実装.

表 **6.2**　スレッドの実装.

	ユーザ空間での実装	カーネル空間での実装
切り替え	速い	遅い
ブロックの発生	カーネルが他のスレッドの存在を知らないため，プロセス全体がブロックされる	同一プロセス内の他のスレッドを実行できる
対応 OS	マルチスレッドをサポートしていない OS にも実装できる	スレッド切り替えなどの機能を OS 内部に実装する必要がある
スケジューリングアルゴリズム	プロセスごとに異なるアルゴリズムにできる	単一のスケジュールアルゴリズムを用いる

する方法に比べると，スレッドの切り替えをカーネルモードで行うためにオーバヘッドが大きくなる．また，OS の設計，実装時にマルチスレッドに対応しておく必要がある．さらに，スレッドのスケジュールは，すべてのプロセスのすべてのスレッドで同一のアルゴリズムとなる．

分散システムとマルチスレッド

マルチスレッドは，分散システムにおいて使い道のある，便利な技術である．特に，カーネル空間で実装されるマルチスレッドは，プロセス内の1つのスレッドが条件待ちとなりブロック状態になっても，プロセス全体がブロックされることなく，同一プロセスの他のスレッドが引き続き動作できるという特徴は，極めてありがたい．

マルチスレッドを用いたプロセスの例として，Webブラウザがある．Webブラウザはhtml文章の中に埋め込まれたリンクをたどり，複数の画像のダウンロードやhtml文章を解釈して画面上に整形された形で表示するといった処理を行う．また，それらの処理と同時に，ユーザからのマウスやキーボードを介した入力にも応答する必要がある．

もし，Webブラウザを，シングルスレッドのプロセスとして実装したとすると，どういうことが起こるであろうか．マウスやキーボードからの入力は，割り込み処理で対処することも可能であろう．また，html文章の解釈や，画面上での整形などの処理は，コルーチン制御による実装も行える．一番やっかいなのは，通信である．

1.6節でふれたように，ネットワークは信頼できるものではない．また，遅延も存在する．そのために，Webサーバとの通信は，その開始から終了まで，即座に行われるわけではない．通信の障害や遅延は，コネクションの確立や，送信や受信といったオペレーションを阻害し，プロセスをブロック状態にする原因とさせてしまう．

カーネル空間で実装されるマルチスレッドであれば，通信の障害や遅延によるブロックが発生しても，ブロックされるスレッドのみが条件を待てばよいだけで，同一プロセスの他のスレッドは，それとは無関係に処理を続けることができる．

Webブラウザをマルチスレッドで実装することで，複数の画像のダウンロードや，整形表示，ユーザへの表示を同時に行え，また，各スレッドが共通のアドレス空間で動作するため，1つのプロセスとして整合性のある処理が容易に行える．もし，Webブラウザをマルチスレッドではなく，マルチプロセッサとして実装すると，各画像が個別のウィンドウとして表示されることになる．それを避けるためには，プロセス間での通信や同期が必要となり，そのオーバヘッドは大きい．

さらに，Webブラウザをマルチスレッド化することによるメリットは，ブラウザ側に限るわけではない．同時接続が多い大規模なサービスを提供するWebサービスは，通常，水平分散を取り入れ，複数のサーバによって構成されている．Webブラウザからの接続要求は，負荷を分散させるロードバランサーにより，複数のサーバに振り分けられる．Webブラウザが，マルチスレッドで実装され，Webページを構成する図や写真，動画などのファイルのダウンロード処理ごとに，個別のスレッドに対応させ，それぞれのスレッドが個別にWebサーバに接続要求を出すならば，それらの転送要求の負荷は分割され，実態として異なるサーバマシンに振り分けられることになる．いわば並列処理を行えることになる．また，このことは，特定のマシンへの負荷の集中を避けることにつながり，Webサービスの提供側にとってもありがたい．そして，Webサーバへの負荷の集中を避けることができれば，結果として，Webサーバからの応

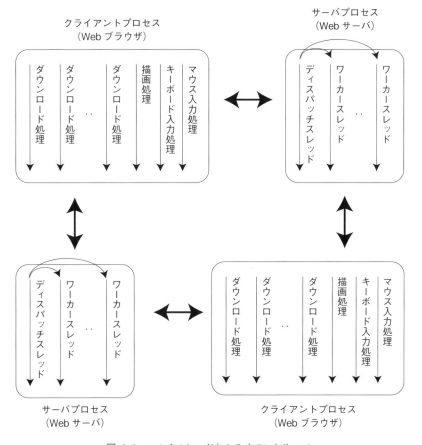

図 6.6 マルチスレッドとクライアントサーバ．

答が短時間で行われることにつながり，Web ブラウザを利用する利用者にとっても望ましいものとなる．

Web サーバと Web ブラウザがともにマルチスレッドで実装されている様子の概略は，図 6.6 のようになる．サーバでは，ディスパッチスレッドが接続要求を受け取る．その後，その要求に対する対応は，新たに生成されるワーカースレッドに引き継がれ，ワーカースレッドが，クライアントに対するサービスを提供する．このようにすることで，サーバが保持するコンテンツを，ワーカースレッドを通して，すべての接続要求に対して提供することができる．言い換えると，コンテンツの変更があっても，直ちに，その変更を，他のスレッドが参照することが可能となる．また，異なるクライアントからの要求が同時に行われていても，各クライアントに対応するワーカースレッドを生成することで，対応が可能となる．

一方，Web ブラウザ側では，ダウンロードを行うスレッドが，異なるサーバとの通信をして，ダウンロードを並行して行うことができる．そして，ダウンロード処理を行うスレッドは，その結果を，スレッド間で共有されるメモリ空間に書き込む．これにより，描画処理を行うスレッドは，すべてのダウンロードされたデータを参照することができる．また，特定のスレッドの

ブロックは，他のスレッドの動作に影響を与えないので，キーボードやマウスからの入力処理を行うスレッドは，常に，利用者に対応することが可能となる．

6.2 仮想化

プログラムの実装，実行の基本モデルは，図 6.7 (a) に示すように，ハードウェアや OS が提供するインタフェースの上に，プログラムが実装され，実行される形態となっている．それに対して，仮想化は，図 6.7 (b) に示すように，システム B 上にシステム A を模倣し，システム A が提供するインタフェース A の機能を実現するソフトウェアを構築し，その上でプログラムが動作する．プログラムから見ると，システム A は実体として存在していないにもかかわらず，あたかもシステム A が存在するかのように見えることから，仮想化と呼ばれている．

仮想化の歴史は古い．古典的な仮想化の成功例は 1960 年代の IBM System/360 や，1970 年代の IBM の System/370 といったメインフレームコンピュータにみることができる．System/360 では，1 つのコンピュータの上に，仮想的なコンピュータを構築し，その上にゲスト OS を稼働させることができた．利用者は，この仮想的なコンピュータとゲスト OS を，あたかも自分専用のコンピュータが存在しているかのように利用できた．また，以前のシステム用に開発されたソフトウェアを，以前のシステムを模擬する仮想システム上で動作させることもでき，ソフトウェア資産を有効に利用することができた．

(a) ネイティブ環境

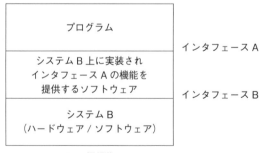

(b) 仮想化

図 6.7 仮想化.

仮想化の目的

仮想化には，今日的な目的，効果もある．ハードウェアや下位層のソフトウェアと上位層のアプリケーションソフトウェアの変化を比較すると，ハードウェアや下位層のソフトウェアの変化の方がはるかに短い期間で変化が起こっている．下位層であるプラットフォームの変化のたびに，上位層のソフトウェアを作り替えることは，多大なコストをもたらす．また，安定的に動作しているソフトウェアへの変更は，新たなバグをもたらすことにつながり，望ましいものではない．そして，アプリケーションソフトのバリエーションは，下位層であるプラットフォームの種類に比べるとはるかに多い．新しいプラットフォームの上に，以前のプラットフォームの安定的なインタフェースを用意することで，以前のプラットフォーム向けに作られた数多くのアプリケーションを安全に動作させることが可能となる．

また，仮想化はプラットフォームの多様性を減ずることを目的とすることもある．この目的を満たす仮想化として有名なものは，Javaのバーチャルマシンである JavaVM であろう．C にしろ Fortran にしろ，多くのコンパイラは，高級言語で書かれたソースプログラムを，特定のOS 上での実行のために，特定の CPU のインストラクションコードで記述されるバイナリープログラムに変換する．それに対して，Java のコンパイラは，Java のソースプログラムを，特定の CPU のインストラクションコードで記述されるバイナリープログラムに変換するのではなく，Java バイトコードと呼ばれる，いわば擬似的な機械語で表現されるプログラムに変換する．実際の CPU がそのプログラムの実行を行えるようにするために，JavaVM は Java バイナリーコードを実行する仮想的なマシンとして振る舞う．いかなるプラットフォームであれ，そのプラットフォームの上で，JavaVM を実装することで，Java で記述され，コンパイルされたプログラムを実行することができる．このことは，Java でプログラム開発を行うプログラマにとっては，プラットフォームごとにプログラム開発を行い，コンパイルする必要がなく，Java によって1つのプログラムを記述するだけで，マルチプラットフォーム開発が行えるという利点をもたらす．また，プラットフォームの提供側にとっては，JavaVM を用意するだけで，Java で開発された数多くのアプリケーションが利用可能であることをアピールすることができる．

プラットフォームの多様性を減ずるという仮想化の効果は，6.3節で述べるコードマイグレーションにとっても望ましい．

また，仮想化の効果は，クラウドサービスにおいてもみることができる．コンピューティング能力が，伸縮自在に，場合によっては自動で割り当て提供可能で，需要に応じて即座にスケールアウト/スケールインできるといったクラウドコンピューティングの特徴は，仮想化によってもたらされた効果といえる．実リソースの割り当てを増減することで，需要に応じた仮想化された実行環境の提供が行えることが，クラウドの特徴の1つである，「スピーディな拡張性」を実現している．

仮想化の分類

仮想化によって提供されるインタフェースにより，仮想化を分類することができる．コン

図 6.8 コンピュータシステムにおける階層.

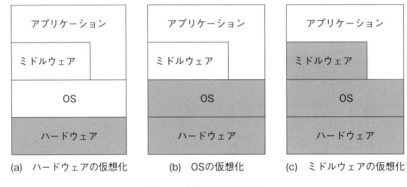

図 6.9 仮想化される階層.

ピュータシステムは，図 6.8 に示されるように階層化されており，下位の層は上位の層に対してインタフェースを提供している．仮想化は，結局のところ，階層化におけるいずれかの層が提供するインタフェースを提供することで，上位の層にあたかも現実に下位の層を構築したかのように思わせる仕掛けである．したがって，仮想化で提供される層，すなわちインタフェースの違いにより，図 6.9 に示すように分類することができる．

仮想化を分類するもう 1 つの視点は，ハイパーバイザーの実装の違いである．仮想化におけるハイパーバイザーとは，仮想マシンを管理，制御するプログラムのことである．ハイパーバイザーの実装には，図 6.10 に示すように大別して 2 つに分けることができる．それぞれは，Type1 ハイパーバイザーと Type2 ハイパーバイザーと呼ばれている．

Type1 ハイパーバイザーは，ハードウェアの上で直接動作するのに対して，Type2 ハイパーバイザーは，OS の上で動くプロセスの 1 つとして動作する．Type1 ハイパーバイザーの例としては，Xen, Hyper-V, VMware ESX などがある．一方，Type2 ハイパーバイザーには，VMware Player, VirtualBox, Parallels Desktop などがある．

クラウドコンピューティング

仮想化は，クラウドコンピューティングにおいても重要な概念となっている．NIST（米国

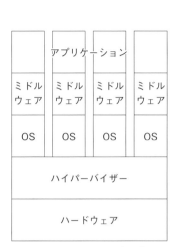

(a) Type1ハイパーバイザー　　(b) Type2ハイパーバイザー

図 **6.10**　2種類のハイパーバイザー.

(a) IaaS　　(b) PaaS　　(c) SaaS

図 **6.11**　クラウドサービスのモデル.

国立標準技術研究所 National Institute of Standards and Technology) の定義では,「クラウドコンピューティングは,共用の構成可能なコンピューティングリソース（ネットワーク,サーバ,ストレージ,アプリケーション,サービス）の集積に,どこからでも,簡便に,必要に応じて,ネットワーク経由でアクセスすることを可能とするモデルであり,最小限の利用手続きまたはサービスプロバイダとのやりとりで速やかに割り当てられ提供されるものである.」とされている.

クラウドコンピューティングには,図 6.11 に示す,IaaS (Infrastructure as a Service),PaaS (Platform as a Service),SaaS (Software as a Service) の3つのサービスモデルがある.IaaS は,仮想化で実現されたハードウェアがネットワークでアクセス可能なサービスとして提供される.同様に,PaaS は,OS やミドルウェアがアクセス可能なサービスとして提供され,SaaS は,アプリケーションがサービスとして提供される.

表 6.3 は,利用者の視点から見た,3つのサービスモデルの違いである.

IaaS や PaaS において,ネットワークを介して利用者からアクセス可能なリソースは,実在の独立したコンピュータや,そのようなコンピュータの上で動作している OS やミドルウェア

表 6.3 サービスモデル．

	IaaS	PaaS	SaaS
利用者に提供されるもの	演算性能，ストレージ，ネットワーク	ミドルウェア，OS	アプリケーション
利用者ができることすべきこと	OSやミドルウェア，アプリケーションなどの実装	アプリケーションの実装	アプリケーションの設定・利用
利用者が管理できるもの	OS，ストレージ，アプリケーション，特定のネットワークコンポーネント機能	アプリケーション，アプリケーションをホストする環境の設定	利用者固有のアプリケーションの構成設定
利用者が管理できないもの	インフラストラクチャ	ネットワーク，サーバ，OS，ストレージ	ネットワーク，サーバ，OS，ストレージ，アプリケーションの機能

ではなく，仮想化によって実現されたリソースである．仮想化技術は，クラウドコンピューティングを実現する基盤技術の1つである．

6.3 コードマイグレーション

　コードマイグレーションは，プロセスが他のコンピュータに存在するデータへのアクセスや，他のコンピュータで動作するプロセスと通信をするという考え方とはまったく異なる考え方である．コードマイグレーションは，名前の通り，プログラムコード自体が，分散システム内を移動するというアイデアである．ユーザから要求された処理を行うプロセス自身が，ユーザから，その要求が出されたコンピュータで実行されるのではなく，それとは別の他のコンピュータで実行される．

　コードマイグレーションを取り入れる理由はいくつかある．最もわかりやすい理由は，負荷の分散である．負荷の重いコンピュータから負荷の軽いコンピュータにプロセスを移動することができれば，CPUなどのシステム内のリソースの稼働率が向上し，システムのもつ性能を高いレベルで活用することができる．このことは，処理の完了時間の短縮という効果ももたらし，ユーザにとっても望ましいものである．

　コードマイグレーションが有利となる別の状況は，大量のデータを必要とする処理の実行である．大規模データベースに保存されている大量のデータへのアクセスが必要となる処理で，クライアント側からアクセスのたびにサーバにアクセス要求を送るならば，ネットワークに対する負荷は大きなものとなってしまう．また，大量のデータに対する通信処理は，サーバとクライアントの双方にとっても，大きな負荷をもたらすことになる．このような状況において，クライアントからサーバにプログラムが送られ，サーバでプログラムが実行されると，ネットワークへの負荷は発生しない．また，サーバとクライアント双方における通信処理を低減することができる．ただし，サーバでの計算負荷は増えることになるので，どちらの方がよいかは，

計算処理，通信処理，ネットワーク負荷の増減に基づいて判断すべきである．

読者にとってなじみ深いコードマイグレーションは Java アプレットであろう．Java アプレットは，Web ブラウザに読み込まれて実行される Java のアプリケーションである．Java アプレットを用いることにより，クライアント側には用意されていなかった機能を必要に応じて入手することが可能となる．

移動性 (mobility) は，コードマイグレーションを分類分けする重要な観点の 1 つである．移動性の強さにより，弱移動性 (weak mobility) と強移動性 (strong mobility) に分けられる．

弱移動性の特徴は，プログラムと初期値が移動先に渡され，移動先でそのプログラムが実行されるというものである．Java アプレットは，まさしく弱移動性コードマイグレーションの実例である．

一方，強移動性とは，実行途中のプロセスを中断し，プロセスのコードのみならず，データやスタック，プログラムカウンタなどのすべてが移動先に渡され，移動先において中断された状態から再開できることを表している．中断されたときのプロセスの状態の記録をスナップショットと呼ぶ．移動元のノードでのスナップショットの保存，移動先でのスナップショットの展開が行えることが，強移動性実現の条件となる．スナップショットの保存，展開は，オーバヘッドが大きく，強移動性の実現は，弱移動性の実現に比べると複雑なものとなる．

コードマイグレーションを分類する別の観点は，コードの移動が，送信側と受信側のどちらから始まるかという点である．送信者開始型 (sender initiated) は，コードを送り出す側の送信がきっかけとなってコードマイグレーションが起こる．一方，受信者開始型 (receiver initiated) は，コードを受け取る側が，コードの送付を求めることで，コードマイグレーションが起こる．Java アプレットは，受信者開始型の典型的な事例である．

演習問題

設問 1 プログラム，プロセス，プロセッサの 3 つの用語それぞれが，どのような意味をもち，また，どのように使われているか述べよ．

設問 2 マルチプロセスとマルチスレッドを比較し，それぞれの利点と欠点を述べよ．

設問 3 分散処理システムにおいて C 言語と Java 言語のそれぞれが，どのような場面，状況において他者に比べて優れているか述べよ．

設問 4 仮想化はクラウドサービス実現の基盤的な技術の 1 つであるといわれている．その理由を述べよ．

設問 5 コードマイグレーションを，無害なウイルスに例える人もいる．悪意のあるソフトであるマルウェアと，適切に行われるコードマイグレーションの違いを述べよ．

参考文献

[1] Andrew S. Tanenbaum and Maartem Van Steen：DISTRIBUTED SYSTEMS—Principles and Paradigms Second Edition, Pearson Prentice Hall (2007).
（水野他訳：分散システム—原理とパラダイム 第2版, ピアソン・エデュケーション (2009)）.

[2] NIST（米国 National Institute of Standards and Technology：国立標準技術研究所）：
http://www.nist.gov/itl/cloud/
日本語訳：独立行政法人 情報処理推進機構：https://www.ipa.go.jp/files/000025366.pdf

第7章
クライアントサーバ

□ 学習のポイント

　本章では，クライアントサーバモデルに基づいた分散システムにおいて，クライアント側のコンピュータ（クライアントマシン）とサーバ側のコンピュータ（サーバマシン）について取り上げる．5.2.1 節で述べたように，クライアントサーバモデルは，処理の依頼者とその処理を行うサービス提供者に分けるという考え方であり，分散処理との親和性が高い．ここでは，クライアントとサーバの双方に対して，いくつかの観点から，その分類，特徴をみる．

　また，異なるノード上の手続きを呼び出す遠隔手続き呼び出しを取り上げる．

- アプリケーション層でのプロトコルの有無による違いを理解する．
- 反復サーバと並行サーバの違いを理解する．
- クライアントが，どのようにしてサーバのエンドポイントを知るかを理解する．
- ステートレスサーバとステートフルサーバの違いを理解する．
- 遠隔手続き呼び出しを理解する．

□ キーワード

　クライアント，サーバ，エンドポイント，ステートレスサーバ，ステートフルサーバ，遠隔手続き呼び出し

7.1 クライアント

　今日の分散システムにおいて，クライアントサーバモデルは，最も広く採用されている構成形態の1つである．クライアントサーバモデルは，サービスを提供するサーバと，そのサービスを利用するクライアントに分け，それぞれを別のプロセスとして実現，実装するという構成形態である．クライアントサーバモデルは，クライアントプロセスとサーバプロセスを同じコンピュータ内で動かすこともあり，この場合は，分散処理とはならないが，各プロセスを異なるマシンの上で動かすという実装を行うと，これは，機能分散を行っている分散処理となる．

　分散システムにおいてクライアントマシンの主な役割は，ユーザに対してサーバマシンが行うサービスの利用手段を提供することである．この実現には，図 7.1 に示すように大きく2つ

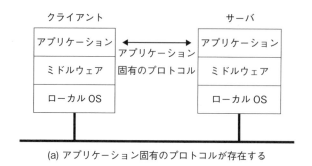

(a) アプリケーション固有のプロトコルが存在する

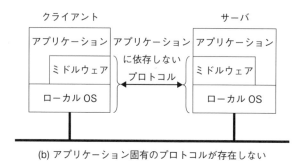

(b) アプリケーション固有のプロトコルが存在しない

図 7.1　クライアントサーバ間のプロトコル．

の方法に分けることができる．その1つは，図7.1(a) に示す，サービスごとに，クライアントがそのサービスを提供する相手（サーバ）とネットワークを介してつながっているという形態である．クライアントマシンのアプリケーション（クライアントプロセス）とサーバマシンのアプリケーション（サーバプロセス）は，アプリケーション層での通信プロトコルに基づいて，やりとりし，振る舞うことになる．

クライアントサーバモデルで構成されているサービスやシステムの例をいくつか挙げることにしよう．

例えば，今日一般的となっているスマートフォンや PC を端末とするクラウド型のスケジュール管理や住所録管理のサービスでは，クライアントプロセスである，スマートフォン上のアプリケーション（アプリ）が，対応するサーバマシン上のプロセスとアプリケーション層のプロトコルを用いてやりとりすることで，同期を取っている．このプロトコルは，そのサービスのために定められたサービス固有のプロトコルである．もちろん，実際の通信は，アプリケーション層の下位にあるミドルウェアや OS が担っている．

また，電子メールの送受信も，クライアントサーバモデルが取り入れられている．電子メールの送受信を行いたい利用者は，PC やスマートフォンのメール送受信用のアプリケーションソフトを利用して，メールの送受信を行っている．しかし，送信者のメール送受信用アプリケーションのプロセスと，受信者側のメール送受信用アプリケーションのプロセスが，直接通信を行っているわけではない．

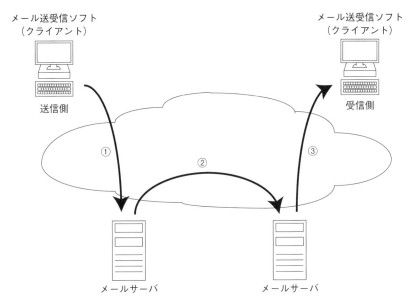

図 7.2　メール送信におけるクライアントサーバ関係.

　PCやスマートフォンのメール送受信用ソフトウェアの役割は，利用者に対して，受信メールの一覧表示，受信メールの内容表示，送信メールの作成といった機能を提供している．そして，最も重要な役割は，メールサーバに対して，メールの送受信を依頼することである．

　図 7.2 に，メール配信おけるプロセス間の通信の様子を示す．まず，図中の①にあるように，メール送受信ソフトが，メールサーバに対して，メールの送信を依頼する．このときに使われるプロトコルは，SMTP (Simple Mail Transfer Protocol) である．メール送信ソフトとメールサーバは，メール送信サービスの依頼とサービスの提供というクライアントサーバモデルとなっている．その後，②に示すように，2つのメールサーバ間で，メールの送受信が行われる．このときに使われるプロトコルも，SMTP である．サーバ同士では，その時々で役割は代わるものの，備えている機能に違いがないことから，クライアントサーバモデルとはいわれない．最後が③である．このとき，受信側のメール送受信ソフトは，メールサーバに対して，メールの到着の有無の問い合わせや，届いているメールのメール送受信ソフトへの送付を依頼する．このときも，メール送受信ソフトはクライアントであり，メールサーバがサーバであるクライアントサーバモデルとなっている．このときに使われるプロトコルは POP3 (Post Office Protocol 3) や，IMAP (Internet Message Access Protocol) である．

　クライアントサーバモデルには，シンクライアント方式とも呼ばれるものがある．これは，図 7.1(b) に示すように，クライアントマシン側には，インタフェース機能だけに限定し，サービス提供に関する処理やデータの管理はすべてサーバ側で処理をするという形態である．この形態の場合，アプリケーション間での特定のプロトコルがあるわけではなく，下位の層が提供するより汎用的なプロトコルを用いて，クライアントとサーバのアプリケーションプロセス間の通信が行われる．今日では，Web ブラウザをインタフェースとした動画配信や，経路探索サー

ビスがあるが，これらは，クライアント側の Web ブラウザは入力と出力の機能を実現するだけで，動画配信や経路探索のサービスはすべてサーバマシンで処理されている．

今日までで，シンクライアント方式で最も広く使われているものの 1 つは，X ウィンドウシステムであろう．X ウィンドウシステムは，グラフィカルユーザインタフェースの普及期である 1980 年代から広く使われだし，UNIX 系の OS のウィンドウ環境として，いまでも広く使われている．

X ウィンドウシステムは，「ユーザから投入される処理の要求に応えるアプリケーションプロセスには，ユーザとの入出力の機能をもたせず，ユーザとの入出力は，別のプロセスに任せよう」という考えに基づいている．つまり，アプリケーションプロセスからの要求に応えて，入力や出力の処理をサービスとして提供してくれるプロセスを用意しようという考えである．この点が，X ウィンドウシステムを初めて理解しようとする学習者に混乱をもたらしている．多くの場合，ユーザ側から見て，投入された処理の実行を依頼する側をクライアント，処理の実行をする側をサーバとみなしている．それに対して，X ウィンドウシステムでは，ユーザとのインタフェースをもたないアプリケーションからの要求に応え，インタフェースの機能を提供するプロセスの側がサーバと呼ばれ，アプリケーション側がクライアントと呼ばれる．X ウィンドウシステムにおけるサービスは，計算処理ではなく，入出力機能が提供されるべきサービスとされている．X ウィンドウシステムにおいて，入出力のサービスを提供するサーバプロセスを X サーバ (X server) と呼ぶ．X サーバは，アプリケーションプロセスに対して，キーボードとマウスあるいは同等のポインティングデバイスを入力装置とし，ビットマップ制御可能なディスプレイを出力装置とするユーザインタフェース機能をサービスとして提供する．X サーバは，UNIX や Microsoft Windows の上で動作可能なプログラムとして提供されるものや，X サーバの機能のみをもった X 端末と呼ばれる専用のハードウェアとして提供されるものがある．X 端末は，入出力装置としての機能のみを備えており，ユーザから投入される処理を実行するという意味での処理能力をもたない，いわゆるシンクライアント端末である．

X ウィンドウシステムにおいて，X サーバとアプリケーション間の通信のプロトコルは X プロトコルと呼ばれている．X プロトコルは，同一コンピュータ内にある X サーバとアプリケーションプロセスの間での通信のみならず，ネットワークを介した X サーバとアプリケーションプロセスとの間の通信にも対応している．

X プロトコルは，図 7.3 に示されるように，X サーバ側の X カーネル (X kernel) とアプリケーション側のクライアントライブラリである Xlib により実装される．Xlib は X ウィンドウシステムにおけるクライアントであるアプリケーションから，サーバに対する要求を受け取り，その要求をサーバに伝える．サーバ側では，X カーネルが，ビットマップディスプレイ上での描画といった，その要求に応じた処理を行う．一方，ユーザの操作に伴う，キーボードやマウスからのイベントは，X カーネルから Xlib に伝えられ，Xlib からアプリケーションに渡される．

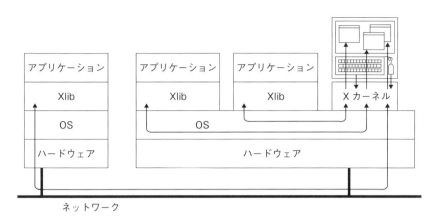

図 **7.3** X ウィンドウ.

7.2 サーバ

サーバが果たすべきサービスの違いにより，サーバの実装にはいくつかのバリエーションがある．

反復サーバと並行サーバ

最初の部類の視点は，誰が実際にその処理を行うかである．その1つは，クライアントからの要求を受け付けるサーバ自身が，その要求に対する処理を行い，クライアントに対して応答するという方法である．サーバは，1つのクライアントからの要求に対する処理を終えると，次の要求を受付可能となる．このようなサーバを反復サーバ (iterative server) と呼ぶ．反復サーバとは異なる方法として，クライアントからの要求を受け付けるサーバ自身は要求に対する処理を行わず，他のプロセスやスレッドにその処理をさせるという方法がある．この方法は，クライアントからの要求を受け付けるサーバプロセス（もしくはスレッド）と，実際にサービスの処理を行うプロセス（もしくはスレッド）が，同時に動作することから，並行サーバ (concurrent server) と呼ばれる．並行サーバでは，クライアントからの要求を受け付けるサーバは，実際の処理を行うプロセスやスレッドに，クライアントへの対応を任せると，ただちに，次のサービス要求を受け付けることが可能となる．並行サーバの中にもさらにバリエーションがある．実際にサービスを行うプロセスやスレッドが，サービス要求の到着以前から，要求を受け付けるサーバプロセス（サーバスレッド）とともに共存している場合と，サービス要求の受付時に，サーバプロセスが，実際に処理を行うプロセスやスレッドを生成する場合とである．後者の場合には，処理を行うプロセスやスレッドは，クライアントからの要求に応えると終了する．

Xウィンドウは，1980年代から使われており，歴史は長い．しかし，シンクライアント方式は，決して，時代遅れの古くさいものではない．

今日，スマートフォンを UI 機器とする SaaS (Software as a Service) 型の様々なサービスが提供されている．例えば，カーナビサービスを例にとると，スマートフォンにインストール

されるカーナビ用アプリには，目的地点の入力と，経路探索結果の表示，走行中のガイドの表示といったUI機能に限定し，渋滞状況や道路規制状況に応じた経路探索は，専用のサーバで行うという実装が多い．つまり，スマートフォン側のアプリには，さほど処理を要求しない機能のみとなるクライアントを実装し，計算能力を必要とする処理は，サーバ側で行うというシンクライアント方式となっている．

このような実装は，スマートフォンに対する処理能力の要求が低く，このことが，計算時間の短縮といった快適性の向上，また，スマートフォンの電池の持ちをよくすることにつながる．

エンドポイント

サーバを分類する次の視点は，クライアントがサーバに要求を伝える伝達先であるエンドポイントをどのようにして知るかという点である．エンドポイントはポートとも呼ばれる．クライアントがエンドポイントを知る方法の1つは，非常に簡単で明快である．それは，よく知られたサービスに対して，誰もが知っているエンドポイントを割り当てるというものである．例えば，FTPのサーバは，TCPのポート番号21に要求が送られてくることを待っている．またWWWにおけるHTTPサーバは，TCPの80番ポートに接続要求が来ることを監視して

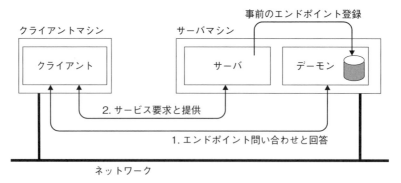

(a) 問い合わせによるサーバとエンドポイントの結び付け

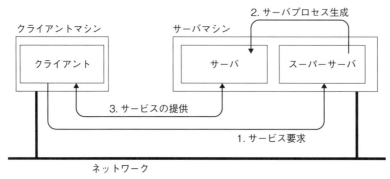

(b) スーパーサーバを用いたサービス提供

図 **7.4** エンドポイント．

いる．このように，広く共通の申し合わせとして，特定のサービスとエンドポイントの対応を決めておけば，クライアントは，サーバのネットワークアドレスとエンドポイントを組み合わせることで，目的とするサーバに要求を伝えることができる．

　サービスに広く知られた固有のエンドポイントを割り当てない場合には，クライアントが窓口となるサーバにサービス要求を伝えるという方法がある．その1つは，電話番号案内に例えることができる方法である．電話機が設置され，電話番号案内にその番号が登録されていれば，その電話機に電話をかけたい人は，番号案内に問い合わせをすることで，その電話機に電話をかけることができる．これと同じように，図7.4(a)の方法では，サービスに対するエンドポイントの問い合わせに応えるプロセスを用意し，そのプロセスには広く知られたエンドポイントを割り当てる．クライアントからのサービス要求に応えるサーバは，自身が提供するサービスの名称とそのエンドポイントを，エンドポイントの問い合わせ対応を行うプロセスに登録を行う．クライアントプロセスは，エンドポイント問い合わせ対応を行うプロセスに，希望するサービスを伝え，その回答として，希望するサービスを受けるためのエンドポイントを得ることができる．その後，クライアントは，そのエンドポイントに関連付けられたサーバにサービス要求を送り，サービスを受けることができる．クライアントがサーバにサービス要求を伝える別の方法は，図7.4(b)に示す並行サーバで実現する方法である．クライアントは，スーパーサーバと呼ばれるプロセスに対して，要求するサービスが何であるかを伝え，サービスの要求を行う．スーパーサーバは，自身では，要求されたサービスの処理を行わずに，そのサービスの提供を行うプロセス（スレッド）にその処理を任せる．

ステートレスとステートフル

　サーバを分類する3つめの視点は，サーバが状態を保持しているかどうかである．クライアントの状態に関する情報を保持することなく，また，クライアントに通知することなく自身の状態を変えることができるサーバをステートレスサーバ(stateless server)と呼ぶ．例えば，Webのサービスを提供するHTTPサーバは，クライアントからの要求に応じて，その場限りのサービス提供を行うだけで，クライアントがどのような状態であるかによって，サーバとしての振る舞いが変わるわけではない．URL形式で書かれた名前に対するIPアドレスを回答するDNSサーバも，サービス要求ごとに回答するだけであり，クライアントの状態を知る必要はない．ステートレスサーバは，障害が起こっても，サーバプロセスを再起動するだけで，容易に復旧できる．また，サービス要求の増加に対しても，水平分散を容易に実現できる．ただし，ステートレスサーバとなるかどうかは，サービスの種類や内容によって決まるものであり，クライアントの状態を保持しなければサービスの提供が行えない場合には，ステートレスサーバとすることはできない．

　一方，クライアントに対する情報を持続的に保持しなければならないサービスの提供を行うサーバをステートフルサーバ(stateful server)という．クライアントによる複製保持を認めるタイプのデータベースやファイルサーバでは，どのクライアントがどの複製をもっているか，どのクライアントに更新を許可しているか，また，最新のバージョンがどれであり，各クライ

アントのもつ複製は最新であるのかどうかといったことを管理している．ステートフルサーバは，サーバがクライアントの状態情報を保持しているので，クライアントとサーバ間では，状態情報保持を前提としたやりとりですむため，その都度交換する情報を少なくすることができる．一方で，クライアントの増加に対して，サーバの負荷の増加が大きく，ステートレスサーバに比べ，スケーラビリティの点で劣るとされている．また，サーバの障害発生の際に，その復旧処理として行う再起動時に，障害発生時の状態の復元が求められ，障害復旧処理が複雑となる．

7.3 遠隔手続き呼び出し

7.3.1 手続き呼び出しの種類

分散システムにおいては，プロセス間でのメッセージ交換に基づいて，コンピューティングがなされる．あるマシンで実行のプログラムから，他のマシン上に位置する手続きをプログラムから呼べるようにすることである．マシン A のプロセスがマシン B のプロセスを呼ぶとき，マシン A 上の呼び出し側プロセスは中断し，B 上で呼ばれた手続きが実行される．呼び出し元から呼び出される側にパラメータの情報を渡すことができ，また手続きの結果として情報を戻すことができる．この方法を遠隔手続き呼び出し (Remote Procedure Call：RPC) と呼ぶ．

この場合は，呼び出し側と呼び出される側の手続きは異なるマシン上で動作するため，これらは異なるアドレス空間で実行され，パラメータと結果も転送される必要があり，特に両方のマシンの機種や OS などが異なっている場合，特別な処理が必要となってくる．

ここではまず，通常の手続き呼び出しであるローカル手続き呼び出し (Local Procedure Call：LPC) について説明する．LPC は，従来から行われてきた呼び出し方式で，単一マシン上で呼び出しがなされる．

この場合，図 7.5 に示すように，主プログラムと手続きは，リンクされ，同一のアドレス空間で処理がなされる．

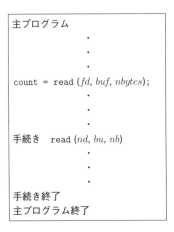

図 **7.5** ローカル手続き呼び出し．

次のようにC言語風に書かれた呼び出しを考える.

　　count = read (*fd*, *buf*, *nbytes*);

ここで*fd*はファイルを示す整数であり,*buf*はデータが読み込まれる文字配列であり,*nbytes*は何バイトを読み込むのかを示す整数である.

RPCにおいては,図7.6に示すように,マシンAに主プログラムが置かれ,マシンBに手続きreadが置かれる.主プログラムが置かれているマシンAがクライアント側で,手続きBが置かれているマシンBがサーバ側とすることにより,クライアントサーバモデルが適用できる.

図7.7にクライアントサーバモデルを利用したRPCシステムの手順を示す.LPCに対して,クライアント側に,クライアントスタブが置かれ,サーバ側にサーバスタブが置かれる.

遠隔手続き呼び出しは,次のステップで行われる.

① クライアントプロセスは,通常の方法でクライアントスタブを呼ぶ.

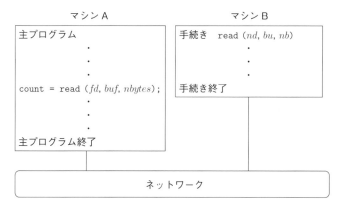

図 7.6 遠隔手続き呼び出し.

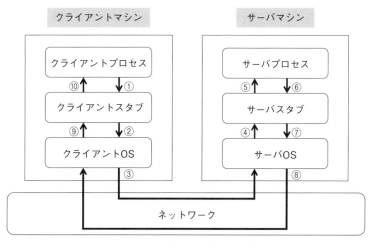

図 7.7 遠隔手続き呼び出しの手順.

② クライアントスタブは，メッセージを組み立て，クライアント OS を呼ぶ．
③ クライアント OS は，メッセージを遠隔のサーバ OS に送る．
④ サーバ OS は，メッセージをサーバスタブに渡す．
⑤ サーバスタブは，パラメータを取り出して，サーバプロセスを呼ぶ．
⑥ サーバプロセスは，要求された仕事を行い，結果をサーバスタブに返す．
⑦ サーバスタブはメッセージに結果を詰めて，サーバ OS を呼ぶ．
⑧ サーバ OS がメッセージをクライアント OS に送る．
⑨ クライアント OS がメッセージをクライアントスタブに渡す．
⑩ クライアントスタブは，結果を取り出してクライアントプロセスに返す．

なお，上記○数字の番号は，図 7.7 の番号に対応している．

これらにより，クライアントプロセスからクライアントスタブへのローカル手続き呼び出しを，クライアントやサーバが中間のステップを知ることなく，サーバ手続きへのローカル呼び出しに変換している．

7.3.2 パラメータ渡し

クライアントスタブの機能は，その手続き名とパラメータを取得し，それらをメッセージとしてサーバスタブに送信する．ここでは，RPC システムにおけるパラメータ渡しに関連する問題について述べる．

(1) 値パラメータの表現形式

1つのメッセージにパラメータを包み込むことをパラメータマーシャリング (parameter marshalling) と呼ぶ．非常に簡単な例として 2 つの整数パラメータ i と j を取り，算術和を結果として返す遠隔手続き add(i, j) を考える．

まずはじめに，クライアントプロセスが add を呼び出すと，手続き名とパラメータが，クライアントスタブにわたされる．クライアントスタブは 2 つのパラメータをまとめ，メッセージとする．サーバは複数の異なる呼び出しを提供しており，どれが要求されているのか通知されなければならない場合もあるため，クライアントスタブは呼ばれるべき手続きを識別するための名前あるいは番号もメッセージの中に入れる．

メッセージがサーバに到着すると，スタブは，どの手続きが必要とされているのか，メッセージを調べて，次に手続き呼び出しを行う．スタブからサーバプロセスへの実際の呼び出し形式は，クライアントプロセスが行う呼び出しの形式と基本的に同一である．

サーバプロセスが処理を終えると，サーバスタブに制御が再び移る．サーバスタブはサーバにより提供された結果をとってメッセージに埋め込む．このメッセージはクライアントスタブに送り返され，クライアントスタブはメッセージを開封して結果をクライアントプロセスに返す．

クライアントとサーバのマシンが同一の機種や OS で，すべてのパラメータと結果が整数，文字，そして論理値のように 1 次元の型であるならば，このモデルはうまく動作する．しかしながら大規模な分散システムでは，複数のマシンタイプが存在するのも一般的である．各マシ

ンはしばしば数値，文字，その他のデータ項目に対して独自の表現方法をもつことがある．例えば，IBM のメインフレームは EBCDIC 文字コードを用いており，一方で IBM のパソコンは ASCII を使用する．その結果，図 7.7③で示すような単純なスキームで，IBM PC のクライアントから IBM のメインフレームに文字パラメータを渡すことはできない．サーバは文字を誤って解釈してしまう．

同様な問題は整数値の表現（1 の補数であるのか，2 の補数であるのか）や浮動小数点にも存在する．さらに例えば Intel Pentium などのマシンでは右から左にバイト列を並べるのに対し，SUN SPARC などのマシンでは逆の順番に並べるため，もっと厄介な問題が存在する．『ガリバー旅行記』で 1 つの卵を太いほう（ビッグ）の端から食べるか，小さいほう（リトル）の端から食べるかで戦争が起きたことにちなんで，Intel 形式はリトルエンディアン (little endian) と呼ばれ，SPARC 形式はビッグエンディアン (big endian) と呼ばれる．1 つの例として，整数と 4 文字の文字列の 2 つのパラメータをもつ手続きを考える．各パラメータは 32 ビットの 1 語を必要とする．図 7.8(a) は，Intel Pentium 上のクライアントスタブによって作成されたメッセージのパラメータ部分がどのように見えるかを示している．最初の語は整数の「18」（16 進）であり，2 番目の語は文字列「TARO」である．

メッセージはネットワーク上をバイトごとに（実際はビットごとに）転送されるため，最初に送ったバイトが最初に到着するバイトである．図 7.8(b) に，図 7.8(a) のメッセージを SPARC が受け取ると，そのメッセージはどのように見えるかを示す．SPARC では，右のバイト（低位バイト）をバイト 0 とつけるのではなく，左のバイト（高位バイト）をバイト 0 とする．サーバスタブがそれぞれアドレス 0 と 4 のパラメータを読むと，それぞれ「18」と文字列「TARO」と読める．

しかしながら，異なった方法として受信した後で，各語のバイトを単に逆転させる方法があり，その結果は図 7.8(c) のようになる．結果は整数「18」となるが文字列は「ORAT」となる．

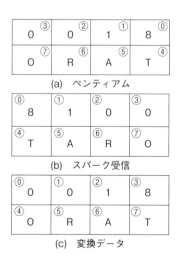

図 **7.8** リトルエンディアンとビッグエンディアン．

また，先に示した read の例に戻ると，もし 2 番目のパラメータ（バッファのアドレス）がクライアントにおいて，たまたま 1,000 であったとしても，単に 1,000 という数値をサーバに渡して正しく動作することは期待できない．サーバにおいては，アドレス 1,000 はプログラムのテキストの真ん中かもしれない．

(2) パラメータの受け渡し

手続き呼び出し時の引数（パラメータ）の引き渡しには，値呼び出し (call by value) と呼ばれる方法と，参照呼び出し（call by reference）と呼ばれる方式がある．参照呼び出しはレファレンス呼び出しと呼ばれることがある．

値呼び出しは，呼び出した側が引数として指定した値が，呼び出された側の手続きや関数に渡され，呼び出された側の手続きや関数では，その値を，手続きや関数の内部で，局所的な変数として保持する．したがって，手続きや関数内部で，その変数に対して，代入を行っても，その影響は，手続きや関数の内部に閉じている．

一方，参照呼び出しでは，呼び出した側が引数として指定した値が保持されるメモリの位置（アドレス）が，呼び出された手続きや関数に渡される．呼び出された側である，手続きや関数は，そのアドレス位置を直接参照でき，読み出し，書き込みを行える．したがって，呼び出された側による引数のアドレス位置への書き込みの影響は，呼び出した側にも及ぶ．

C 言語の関数呼び出しは，値呼び出しである．その一方で，実質的に，参照呼び出しと同等の機能を実現する手段も用意されている．その方法とは，メモリ空間上の位置（アドレス）であるポインタを，引数として渡すという方法である．ポインタが渡されるということは，呼び出した側が引数として指定したデータが記憶されている位置（アドレス）がわかるということである．したがって，呼び出された手続きや関数は，そのアドレス位置の読み出しや書き込みが可能となる．C 言語では，連続したメモリ空間に複数のデータが記憶される配列の受け渡しにおいて，配列を記憶したメモリ空間の先頭位置のアドレスであるポインタを，引数として渡すことで，呼び出された関数側で，参照できるようにしている．

ここで，引数受け渡しの観点から，

$$\text{count} = \text{read}(\mathit{fd}, \mathit{buf}, \mathit{nbytes});$$

を改めて見直すことにしよう．

read の 3 つの引数のうち，fd と nbytes は，いずれも整数型の値であるが，buf はポインタである．このことが，RPC では，ある問題をもたらす．

LPC であれば，呼び出す側と呼び出される側は，同一のマシン上にあるため，メモリ空間も同一であることから，ポインタで示されるアドレスは，そのマシン上のメモリ空間のアドレスとして 1 つに定まる．しかし，RPC では，呼び出す側と，呼び出される側は，異なるマシンである．このことは，当然の論理的帰着として，アドレス空間が異なることを意味する．したがって，呼び出す側から呼び出された側へ，ポインタを渡しても呼び出された側で，参照することができない．

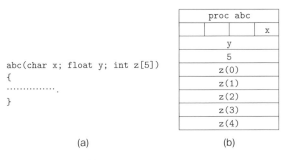

図 **7.9** マーシャリング.

この問題に対する解決方法として，RPC では，コピー/リストア呼び出し (call by copy/restore) が利用される．コピー/リストア呼び出しでは，手続きや関数の呼び出し時には，値呼び出しと同様に，呼び出す側で，引数のコピーが作られ，そのコピーが呼び出される側に渡される．引数の受け渡しは，LPC では，値呼び出しと同様に，呼び出す側がスタックに PUSH し，呼び出される側がスタックを POP することで行われる．しかし，値呼び出しとの違いもある．それは，配列の開始位置を示すポインタが引数として渡される場合には，その配列の要素すべてのコピーが作られ，呼び出される側に渡される点である．一方，手続きや関数の処理が終了したときには，開始時に渡されたコピーに対する書き込みなどの影響を反映するために，処理終了時の値をすべて，呼び出す側に渡す．このときの受け渡しもスタックを介して行われる．呼び出した側では，戻された値を元に，引数として渡した変数や配列の値を上書きする．呼び出された側で行われた変更が，呼び出し側にも反映される点では，参照呼び出しと同様の効果をもたらす．

異なるコンピュータ間でスタック領域をもつことはできないので，RPC で，コピー/リストア呼び出しを実現するには，LPC とは，異なる方法を用意する必要がある．その基本的な考えは，変数の値，配列の全要素など，引数で指定されたすべてを含むメッセージをやり取りすればよいという明快なものである．

ここで，図 7.9 を例に，パラメータ渡しの例を見ることにしよう．図 7.9 では，(a) で示されるような，char 型のデータ，float 型のデータ，要素が 5 つの int 型配列を引数とする手続き abc を RPC で呼び出している状況を想定している．(b) は，クライアントスタブとサーバスタブとの間で交換されるメッセージを表している．このメッセージにおいて，1 ワードは 4 バイトで表現されると仮定している．

メッセージの最初のワードは，このメッセージが何を伝えるものであるかを示している．次のワードでは，char 型のデータである引数 x が書き込まれるが，char 型は 1 バイトであるので，ワード中の最初からの 3 バイト分は，空白とされ，最後の 1 バイトに x の値が書き込まれる．次の 1 ワードは，4 バイトを使って，float 型のデータである引数 y が書き込まれる．4 番目のワードには，引数として渡される配列 z のサイズが 5 であることが記述される．このメッ

セージを受け取るサーバ側では，この値を見ることで，このワード以降に続くワードのいくつが配列の要素であるかを知ることができる．5番目から9番目までのワードには，順に配列 z の要素が書き込まれる．

このメッセージにおける，データの記述については，リトルエンディアンとするのか，それともビッグエンディアンとするのか，浮動小数点のどのような形式で取り扱うのかといった表示形式を，クライアント側とサーバ側で共通させる必要がある．また，メッセージにおける各ワードをどのような順に使うのかということも共通させる必要がある．これは，すなわち，プロトコルを定め，それに従うということである．

演習問題

設問1 シンクライアントに対して，様々な機能や処理を行うクライアントをファットクライアントと呼ぶことがある．シンクライアントとファットクライアントを比較し，それぞれの長所，短所を示せ．

設問2 Xウィンドウにおいて，利用者側の端末をなぜ，Xサーバというのか説明せよ．

設問3 読者が日常的に使っているサービスを提供するサーバがどのように構成されているか調べよ．例えば，それが，ステートレスであるのかステートフルであるのか，また，並行サーバか反復サーバであるのかなどを示せ．

設問4 FTPやHTTP以外のプロトコルについて，TCP/UDPの違いや，使われているポート（番号）を調べよ．

設問5 ローカル手続き呼び出しと遠隔手続き呼び出しとの違いを述べよ．

設問6 パラメータマーシャリングについて述べよ．

設問7 $k = \mathrm{add}(i, j)$ を事例として，RPCの手順を述べよ．

参考文献

[1] Andrew S. Tanenbaum and Maartem Van Steen : DISTRIBUTED SYSTEMS—Principles and Paradigms Second Edition, Pearson Prentice Hall (2007).
（水野他訳：分散システム—原理とパラダイム 第2版, ピアソン・エデュケーション (2009)).

[2] X. Org. Foundation : http://www.x.org.

[3] W. Richard Stevens, Bill Fenner, Andrew M. Rudoff : UNIX Network Programming Volume 1, Third Edition: The Sockets Networking API, Addison Wesley (2003).

第 **8** 章

時計と同期

□ 学習のポイント

　情報処理システムでは，正確な時計を維持することが重要である．特に分散システムでは，コンピュータを始めとする分散処理システムを構成する各装置がもつ時計が，互いにずれることなく，時を刻み，同じ時刻を告げることが求められる．また，時間軸上での順序関係を守るという"同期"も，分散システムを理解するうえで重要な概念である．

　この章では，分散システム内で同じ時刻を告げる時計の必要性と，分散システムにおける時刻合わせについて説明する．次に，同期の概念を解説し，セマフォを用いた同期について説明する．また，デッドロックの発生について取り上げる．

- 分散システムを始めとする，コンピュータにおいて正確な時刻を表す時計が必要であることを理解する．
- 分散システムの制約がもたらす時刻合わせの難しさを理解する．
- 分散システムにおける時刻合わせプロトコルの基本を理解する．
- 同期の概念，さらには，単一方向の同期と双方向の同期の関係を理解する．
- セマフォを用いて同期を行う方法を理解する．
- 同期におけるデッドロックの発生の危険性を理解する．

□ キーワード

　時計，ログ，バージョン管理，時刻合わせ，同期，セマフォ，デッドロック

8.1 時計の必要性

　我々の生活において時計はなくてはならない．始業時刻に間に合うように家を出るためには，毎朝，正確な時を刻んでいる目覚まし時計に起こしてもらっている．また，出勤のための電車やバスに乗るにも，運行時刻表を確認し，出発時刻にあわせて，駅やバス停に向かっている．日々の生活のあらゆる場面で，時刻を知る必要があり，時刻に従って行動し，また，その時刻を知るための道具として時計を利用している．

　日常生活で，時計が重宝し，また，時計なくして様々な活動やサービスが成立しないのと同じように，コンピュータシステムにおいても，正確な時を刻み，時刻を知らしめてくれる時計

は必要不可欠となる．分散システムを含むコンピュータシステムにおいて正確な時計が必要な理由を，必要な場面を例示することで，確認することにする．

ログ

　OS を始めとして，サーバプロセスなど，様々なプロセスがログを残している．ログの目的は，障害が発生したときに，その状況を解明し，原因を明らかにすることである．ログの解析には，時系列で何が起こったのかを知ることが基本である．したがって，発生した事象の順序関係がわかる形で，ログに記録を残す必要がある．ログファイルへの書き込みが，追記で行われるとするならば，事象の順序関係は，追記された順序と一致する．しかし，単に事象を記録するだけでは，順序関係はわかるが，事象間で経過した時間はわからない．障害の原因解明には，単に順序関係がわかるだけはなく，事象間で経過した時間が手がかりとなることがある．そのためには，ログには，単に事象の区別を記録するだけではなく，その事象が発生した時刻も記録する必要がある．この記録された時刻の正確さは，すなわち，事象間の経過時間の正確さにつながる．

　また，クライアントとサーバ間の間で発生した障害の解明には，クライアントとサーバの双方に残されたログを突き合わせる必要がある．ログを突き合わせ，それぞれのログに記録された事象の順序関係を明らかにするためには，事象の発生時刻が正確に記録されている必要がある．この場合，各コンピュータの時計が，刻み幅が正確であるというだけではなく，それぞれの時計が同じ時刻を刻んでいる必要がある．もし，それぞれのコンピュータがもつ時計が，同じ時刻を示していなければ，このログの中での順序関係の正しさは満たされるが，異なるログに記載された事象間での順序関係の判断を誤ってしまうかもしれない．

　サイバー攻撃などサイバーセキュリティ上の問題が発生した際に，その経緯の記録を保全するデジタルフォレンジックにおいても，ログに残された時刻の正確さは重要で，ログが裁判で有効な電子的証拠となるためにも，正確な時計であることは必須となっている．

バージョン管理

　大規模システムの開発などで行われる分割コンパイルや，複数メンバーによる共同活動において，追記や修正が行われるファイルのバージョン管理が必要となる．ファイルのバージョン管理の基本は，ファイルの作成や更新が行われた時刻を表すタイムスタンプ（時刻印）に基づいて行われる．このタイムスタンプが正確な時刻を反映していなければ，本来残すべきである最新のバージョンが失われたり，古いバージョンを使ったコンパイルやリンクが行われてしまう．特に，ファイルサーバを設けた分散システムの場合，ファイルに付けられるタイムスタンプの根拠となる時計はファイルサーバの時計であり，ファイルを参照し，処理を行うコンピュータが参照する時計は，その処理を行うコンピュータがもつ時計であり，同一ではないことから，もし，時計が同じ時刻を刻んでいないとすると，未来に更新が行われたり，過去に遡って変更が行われるといった不整合が発生する．

メールの送受信

ログの記録やバージョン管理のように，システム管理や開発といった場面だけではなく，多くの人々にとっても，時計の正確さは必要である．

PCのメールソフトでは，受け取ったメールを，送信時刻や受信時刻で並び替えができる．多くの人が，受信時刻や送信時刻でソーティングされたリストで，送信したメールや受信したメールを管理しているのではないだろうか．もし，送信側や受信側の時計が正確でなかったら，実際の時刻とは異なるタイムスタンプがメールに付与されてしまい，その結果，メールソフトでのリストの中で，過去のどこかに埋もれてしまったり，あるいは，逆に，未来からメールが届いたとする扱いを受けて，いつまでたっても，リストのトップに表示されてしまうということが起こってしまう．

情報分野の技術者・開発者ではない人たちにとっても一般的な，メールを利用するといった，今日ではありきたりな利用においても，コンピュータの時計が正確であることは，重要となっている．

8.2 時計に求められる要件

理想的である時計は，'UTC'として略記される"協定世界時"を示してくれる時計であろう．UTCがどのように定められ，管理されているかを説明することは，本書の目的ではないのでここでは割愛するが，一般的には，UTCと同調すべき調整された時計をもって，正確な時計であるといえる．正確な時計であるためには，各コンピュータの時計は，基準となる時計が刻む時間の長さと歩調を合わせていることが求められる．

現在の時計のほとんどは，なにがしかの周期的な動きをする現象を利用したものである．今日では見ることもほとんどないが，振り子時計は，振り子の周期性を利用したものである．機械式の腕時計では，脱進機と呼ばれる機構の中のテンプとヒゲゼンマイの周期的な動きにより，時を刻んでいる．今日のコンピュータの内部で用いられている時計は，クォーツ式腕時計と同様に，電圧をかけると振動するという水晶の圧電効果を利用した水晶振動子の周期的な動きを利用しているものがほとんどである．一方，より精度の高い原子時計の小型化，低電力化も進んでいる．$10\,\mathrm{cm}^3$ 強程度の大きさで，消費電力 $60\,\mathrm{mW}$ という小型の原子時計も出現しており，1日で300万分の1秒以下という精度を得ている．近い将来，低廉化も進み，原子時計がPCやスマートフォンに搭載される可能性もでてきたといえよう．

しかし，まだほとんどのコンピュータに原子時計が搭載されていない現状においては，それぞれのコンピュータに搭載された時計が刻む時間の長さの違いは，一周期におけるズレが，前節で述べた，時計の正確さへの要求に応えることができる程度に収まっていても，そのズレが累積すると，結果として，時計の正確さへの要求に応えることができないほどの，時計が表す時刻の不一致をもたらすことにつながる．したがって，時計に求められる要求として，基準となる時計が示す時刻とのズレである指示差が，許容範囲に収まるように，持続的に修正が行わ

れることが求められる．

　基準となる時計が示す時刻にあわせるという行為は，時を刻む周期性の点で高い精度を実現している原子時計でも必要である．なぜなら，刻みの精度が高くても，そもそもの基準点がずれていては，正確な時刻を表しているとはいえない．

　ここまで読み進めると，正確な時計と，正確な時計を維持できているとはどういうことであるかへの理解が深まってきたことであろう．正確な時計とは，UTCなどの標準時との誤差が，利用の目的に照らし合わせて，許容できる範囲のズレを常に維持できている時計であるといえる．そして，それを満たすためには，基準となる時計が刻む時間の長さと歩調を合わせて進行することで，歩調の違いによるズレの累積を少なくすることができ．また，UTCにおける'2020年1月1日15時3分20秒'に，時計の表示も'2020年1月1日15時3分20秒'となっていることが求められる．

　一方で，現在の時計は，周期的な物理現象を利用していることから，歩調を標準時と完全に同じとすることが困難である．このことは，時間の経過にともない，時計が示す時刻と標準時の誤差が累積的に大きくなっていくことを意味する．したがって，そのズレが許容量を上回らないようにするためには，いわゆる"時刻合わせ"と呼ばれる，時計の表示の修正が必要となる．

　我々が日常生活で使っている目覚まし時計や腕時計，壁掛け時計も，標準時とのズレが，時計に期待する事柄に対して支障がでる程の大きさとなってくると，修正を行っている．電波時計のように，人間が手をかけることなく，時計自身の機能として，標準時を受け取り，修正する機能を備えているものもあるが，人間が行うか，機械としての時計が行うかの違いはあるが，時刻合わせは行われている．

　この時刻合わせに関して，コンピュータシステムにおける時計に対する重要な要件がある．この要件を理解するために，時刻合わせが必要な状況とその合わせ方から条件を分けて，どのようなことが起こるのかをみることにしよう．

標準時に比べて時計が進んでいる場合

　基準となる標準時に比べて時計が進んでいる場合に，時計の表示を改める方法として，大きく次の3つの方法が考えられる．

- 直ちに，時計を標準時に改める．
- 一定時間，時計を止める．
- 時計の歩調を遅くし，時間をかけて標準時に近づけ，あわせる．

　直ちに，時計を標準時に改める方法は，時計の表す時刻が，瞬時に標準時となるため，時計がずれているという問題を一挙に解決できることから，最も望ましい方法であるように思われる．しかし，この方法は重大な欠点をもっている．それは，時計が同じ時刻を二度表示してしまうことである．例えば，標準時'2020年2月3日11時20分45秒'に，時計が'2020年2月3日11時23分34秒'を指していることがわかったとしよう．このことは，この時点までに，時計はすでに，'2020年2月3日11時20分45秒'から'2020年2月3日11時23分34

秒'までの時刻を告げていたことを意味する．ここで，直ちに時計を '2020 年 2 月 3 日 11 時 20 分 45 秒' に修正したとすると，時計は，この修正以降に，再び，'2020 年 2 月 3 日 11 時 20 分 45 秒' から '2020 年 2 月 3 日 11 時 23 分 34 秒' を告げることになる．もし，このようなことが起これば，この時計に基づいて付けられるタイムスタンプが，実際の時間の流れの中での前後関係と入れ替わってしまうことになる．これは，ログの信頼性や，バージョン管理において重大な問題をもたらしてしまうことは，容易に理解できるであろう．

では，一定時間，時計を止める方法はどうであろうか．先程と同様に，標準時 '2020 年 2 月 3 日 11 時 20 分 45 秒' に，時計が '2020 年 2 月 3 日 11 時 23 分 34 秒' を指しているとしよう．この場合，標準時が，'2020 年 2 月 3 日 11 時 23 分 34 秒' となるまでの 2 分 49 秒間，時計を止めておけば，標準時と時計とのズレは解消される．また，直ちに時計を標準時に合わせる方法のように，時計の示す時刻が遡ることもない．

しかし，この方法も問題がある．それは，時計を止めている間には，時計の告げる時刻はすべて同じであるため，この時計に基づいて付けられるタイムスタンプがすべて同じであるという点である．本来，前後関係があるはずなのに，同じタイムスタンプを付けられてしまうと，前後関係を正しく記録し，扱うことができなくなる．したがって，一定時間，時計を止める方法も，直ちに時計を標準時に改める方法と同様に，ログの信頼性やバージョン管理に支障をもたらすことになる．

3 つめの，時計の歩調を遅くし，時間をかけて標準時に近づけ，あわせる方法はどうであろうか．この方法では，時計の歩調はわずかばかり遅くするが，時計が告げる時刻を遡らせることはない．また，修正が完了するまでの間も，時計は常に，告げる時刻を単調に更新し続ける．したがって，他の 2 つの方法がもつ問題のいずれも起こることがない．

標準時に比べて時計が遅れている場合

基準となる標準時に比べて時計が遅れている場合に，時計の表示を改める方法は，次の 2 つの方法が考えられる．

- 直ちに，時計を標準時に改める．
- 時計の歩調を速くし，時間をかけて標準時に近づけ，あわせる．

直ちに時計を標準時に改める方法は，時計が進んでいる場合にもっていた欠点を生じることはない．直ちに時計を改めても，時計は，同じ時刻を二度示すことはない．「誤りは，速く直すに限る」という考えに立てば，この方法は素晴らしい．一方で，この方法に対しては，以下のような問題点が指摘されている．

直ちに時計を改めると，その前後のタイムスタンプを比較しても，本当に経過した時間の長さに比べ，長い時間が経過したと取り扱われてしまう．

本当は，1 秒間の時間しか経過していないのに，その間に一挙に時計の示す時刻が，2 分間も進んでしまうと，タイムスタンプの比較では，2 分 1 秒間の時間が経過しているとされてしまう．

経過時間に対する誤りは，障害発生時の原因究明や，フォレンジックにおいては大きな問題となる．そのため，直ちに時計を標準時に改めるという方法は，望ましいものではない．

一方，時計の歩調をわずかばかり速くして，時間をかけて標準時に近づける方法は，タイムスタンプに基づく経過時間の計算においても，その誤差は少ない．もちろん，誤差の入り方は，どのくらいの時間をかけて時計を調整するかによる．

8.3 時刻合わせ

これまでに述べたように，分散システムにおいて各コンピュータのもつ時計は，基準となる時計とまったく同じ時刻を告げることが理想である．その理想を実現するためには，基準となる時計の告げる時刻と同じになるように，いわゆる"時刻合わせ"を行う必要がある．しかし，厳密に言うと，完全な時刻合わせは不可能である．そのために，実際には，その影響が許容できる範囲とすることが，時刻合わせの目標となる．

では，なぜ，完全な時刻合わせが不可能なのであろうか？

ここで，1.6節を思い出してほしい．送信されたメッセージは，瞬時に，送信宛先に届くわけではない．通信路における遅延が必ず発生する．また，そのトポロジーも常に一定ではないため，遅延時間も，常に一定とはなり得ず，変動している．そのために，基準となる時計が告げる時刻を，時刻合わせをしたい時計に伝えても，送られてきた時刻は，遅延した時間の長さに相当する過去の時刻であり，メッセージを受け取った瞬間の時刻ではない．しかも，その遅延の長さは，常に一定ではない．

この話しをすると，「では，遅延する時間を計測すればよいのでは」との反応をする人がいる．しかし，これは不可能である．なぜなら，通信の遅延時間を正確に計測するためには，送信側と受信側のもつ時計がともに，完全に一致していなければならず，送信側と受信側の時計を完全に一致させるためには，通信の遅延を正確に知っておく必要がある．この前提と結果は，循環を引き起こしている．

では，分散システムでの時計合わせに対して，要求として我々はどのように考え，また，その要求を満たす方法としてどのような方策をとればよいのであろうか．

NTP (Network Time Protocol) は，時刻合わせのプロトコルとして広く使われている．このプロトコルは，原子時計や，あるいは，原子時計を搭載したGPS衛星からの信号から算出した時刻を維持している時計を基準として，ネットワーク内で，高い精度を維持できるように工夫されたプロトコルである．ここでは，NTPにおいても，通信遅延に対する取り扱いの基本となっている考え方を説明しよう．

時刻合わせを行うためには，通信遅延時間の前提として，2つの仮定を設ける必要がある．

- 比較的短い時間においては，各時計の歩調は同一とみなすことができる．
- 通信遅延は双方向で同じである．

1つめの，各時計の歩調が同一であるという仮定は，受け入れられやすいであろう．今日の

コンピュータのほとんどがもつ時計は，水晶振動子に基づく，いわゆるクォーツ時計である．一般的なクォーツ時計の精度は，月差 15 から 30 秒程度といわれている．一月で 30 秒とすると，一日あたり 1 秒の誤差である．つまり，86,400 秒で 1 秒の誤差である．一般的なクォーツ時計で使われる水晶振動子の発信周波数が 32,768 Hz であることからすると，一周期未満の誤差であるとみることもできる．したがって，1 秒以下の時間を計測するような場合に，実質的に誤差の影響が出てくることはないとみなすことに，多くの人は合意するであろう．

2 つめの通信遅延の対称性については，1 つめの仮定ほどの確信性はない．先に述べたように，同一方向の通信でさえ，通信遅延を常に一定とみなすことができない．ましてや，対向する回線では，回線の負荷も異なるし，用意される回線リソースも同じであると仮定することすら難しい．一方で，時刻合わせという目的においては，回線の負荷やリソースの違いの影響は比較的少ないとの考察もある．後ほど，時刻合わせの基本的なプロトコルを説明するが，時刻合わせで交換されるメッセージのサイズは，ネットワークで交わされるメッセージの中では，最も小さいサイズと目されるものの 1 つである．サイズの小さいメッセージは，対向する回線間での負荷やリソースの差異の影響を受けるものの，サイズの大きいメッセージに比べると少ないとの考察である．この異なる 2 つの見解は，いずれももっともらしい．時刻合わせでは，これら相反する考察・見解があることは承知の上で，「通信遅延は双方向で同じである」との仮定の下で行われている．

さて，時刻合わせの基本的なプロトコルを説明する準備が整った．以下の説明では，基準となる時計をもつコンピュータを基準となる時刻を提供するという意味でサーバコンピュータ，基準となる時計に合わせる側のコンピュータをクライアントコンピュータとして表記する．

まず，基本的な時刻合わせプロトコルにおける，クライアントとサーバのやりとりは，極めて単純である．図 8.1 に示すように，一往復のメッセージの交換が基本である．その手順は以下の通りである．

1. クライアントが，サーバに問い合わせのメッセージを送るとともに，送信時刻 T_1 を記録する．
2. サーバは，問い合わせメッセージを受け取ると，その受信時刻 T_2 を記録する．

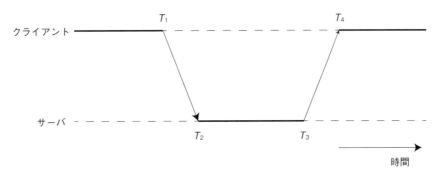

図 **8.1** 時刻合わせ．

3. サーバは，問い合わせメッセージの受信時刻 T_2，回答メッセージの送信時刻 T_3 を内容とするメッセージをクライアントに送る．
4. クライアントは，回答メッセージの受信時刻 T_4 を記録する．
5. クライアントは，$\{(T_2 - T_1) + (T_4 - T_3)\}/2$ を求め，クライアントとサーバ間の通信遅延 D とする．
6. クライアントは，$(T_3 + D) - T_4$ を求め，クライアントの時計がサーバの時計に比べて，時間軸で遅れているズレ量 G とする．
7. クライアントは，現在の時計の時刻をズレ量 G だけ進める．

　先に示した通信遅延における2つの仮定の成立した下において，クライアントとサーバの通信遅延を正しく求めることができる．その理由を説明しよう．

　ここで，クライアントとサーバの時計がずれており，クライアント側の時計が，G だけ遅れていたとしよう．このとき，クライアント側では，問い合わせメッセージの送信時刻を T_1 として記録しているが，サーバ側の時計で計測していたとすると，その時刻は，$T_1 - G$ となっていたはずである．したがって，問い合わせメッセージの通信遅延は，

$$T_2 - (T_1 - G) \tag{8.1}$$

となる．

　この式には，不明である時計のズレ G が含まれているため，確定することができない．

　次に，回答メッセージの通信遅延も同様に考えると，

$$(T_4 - G) - T_3 \tag{8.2}$$

となる．

　この式も，問い合わせメッセージの通信遅延と同様に，確定できない．

　ここで，「通信遅延は双方向で同じである」という仮定を適用すると，問い合わせメッセージの通信遅延と回答メッセージの通信遅延は，同じ長さとなるはずなので，クライアントとサーバ間の通信遅延 D は，

$$D = \frac{(T_2 - (T_1 - G)) + ((T_4 - G) - T_3)}{2} = \frac{(T_2 - T_1) + (T_4 - T_3)}{2} \tag{8.3}$$

となる．

　式 (8.3) の右辺には，不明である時計のズレ G が含まれていない．
　これは，

$$D = \frac{(T_2 - T_1) + (T_4 - T_3)}{2} = \frac{(T_4 - T_1) - (T_3 - T_2)}{2} \tag{8.4}$$

と式変形をした方が，納得しやすいかもしれない．この式の右辺の分子第1項は，クライアント側が問い合わせを行ってから回答を得るまでの時間で，第2項は，サーバ側で問い合わせのメッセージを受け取ってから回答メッセージを送信するまでの時間である．したがって，その

差分は，クライアントとサーバ間のメッセージが往復するのに要した時間となる．

クライアントとサーバ間の通信遅延がわかると，クライアントがサーバからの回答メッセージを受け取った時刻を，サーバ側の時計で計測した時刻は，$T_3 + D$ として求めることができる．

したがって，この値 $T_3 + D$ と，クライアントが回答メッセージを受け取ったクライアント側の時計での時刻 T_4 との差分が，クライアントの時計とサーバの時計のズレ量 G であるといえる．

$$\begin{aligned} G &= (T_3 + D) - T_4 \\ &= \left(T_3 + \frac{(T_2 - T_1) + (T_4 - T_3)}{2} \right) - T_4 \\ &= \frac{(T_2 + T_3 - T_1 - T_4)}{2} \end{aligned} \tag{8.5}$$

これで，クライアントの時計を差分 G に応じて調整をすれば，時刻合わせは行える．

さて，時刻合わせの基本プロトコルは上記のようなものであり，インターネットの時刻合わせで，標準として用いられている NTP (Network Time Protocol) も，基本的にはこのようにして，通信遅延を求めて，基準となる時計に合わせている．

一方で，すでに述べたように，ネットワークの負荷状況は常に一定ではないし，また，通信をするペアによっては，双方向で遅延特性が同様の傾向にあるとは限らない．この問題に対しては，以下のような統計的な手法で，その影響を低減することが考えられており，NTP でも採用されている．

まず，ネットワークの負荷状況が常に一定ではなく，結果として，通信遅延の量に揺らぎが生じるという問題に対しては，クライアントとサーバ間で，複数回の問い合わせと回答のプロセスを繰り返すことで，遅延時間を平均化する方法がとられている．揺らぎがあるということは，短い時間となる方に揺らぐ場合と，長い時間となる方に揺らぐ場合があるわけだが，複数回施行し，平均化することで，統計的にその揺らぎ量が打ち消しあい，平均値に近づくといえる．確率論・統計学における"大数の法則"である．

また，NTP では，クライアントは，1つのサーバに時刻を問い合わせるだけではなく，複数のサーバに時刻を問い合わせることができる．このようにすることで，特定のクライアントとサーバのペアで起こる，遅延時間が方向で異なるという現象の影響を低減できる．また，なにがしかの理由で，信用できない時刻を返すサーバが出現しても，その存在をクライアント側で推定し，そのサーバの利用を控えることができる．また，サーバ間での時間のズレや，各サーバとの通信における遅延時間の揺らぎがもたらす影響の低減にも効果が期待できる．

8.4 同期

同期と時刻合わせを同じと考えている人がいるかもしれない．しかし，同期と時刻合わせは，まったく無関係であるとはいえないが，同じ概念を指す言葉ではない．では，同期とは，どのような概念であろうか．

同期をとっている状況を，生活の中から見いだして，同期についての理解を深めることにしよう．

著者の住んでいる松山に，東京や大阪から鉄道で来ようとすると，一般的には，新幹線を利用して，岡山駅まで来る．そして，岡山駅からは，在来線の特急に乗り換えて，松山に向かうことになる．在来線の特急は，岡山と松山の間を往復しており，時刻表通りに運行されていると，東京からの新幹線の到着前に，岡山駅のプラットフォームに入線する．

日本の鉄道はよくできたもので，たいていの場合，新幹線も遅れることなく，時刻表の時間通りに岡山駅に到着し，無事，在来線特急に乗り換えて，これまた時刻表通りに岡山駅を出発する．

ところが，冬になると，雪の影響で，新幹線の延着が起こることがある．このときに，在来線特急は，時刻表通りに岡山を出発することはない．新幹線の到着を待って，乗り換え客の乗車が完了してから，岡山駅を発車する．

在来線特急が，新幹線の到着まで，待たされる．これこそが，同期である．

分散処理やマルチプロセスといった，複数の処理が同時に進行している状況において，「あるプロセスが，他のプロセスによって満たされる条件が成立するまで，進行が一時的に停止させられること」を同期と呼ぶ．

プロセス A が条件を満たす側で，プロセス B が条件を満たされなければ先に進むことができない側だとする．このとき，プロセス A とプロセス B の進行状況によって，2 つの場合に分けられる．

1 つめは，プロセス A が条件を満たすところまで処理が進行する前に，プロセス B が条件の成立を待たなければならないところまで処理が進行した場合である．岡山駅での新幹線と在来線特急の例でいえば，雪で新幹線の到着が遅れた状況にあたる．この場合には，プロセス B は，プロセス A が条件を満たしてくれるまで，待たなければならない．プロセス A が条件を充足するところまで処理を進め，条件を成立させた後に，プロセス B は先に進むことが許される．

2 つめの状況は，プロセス B が条件の成立を待つ状態に至る前に，プロセス A が先に，条件を成立させる場合である．岡山駅の例で例えるならば，在来線特急が，なにがしかの理由で遅れ，その岡山駅への到着前に，新幹線が岡山駅に到着した状況といえる．新幹線は，在来線特急がプラットフォームにいる，いないかに関係なく，岡山駅から広島に向けて出発する．そして，岡山駅のプラットフォームに遅れてやって来た在来線特急は，新幹線からの乗り換え客の乗車が完了したら，松山に向けて出発するであろう．このように，条件を成立させるプロセス A は，条件を待つプロセス B の状態のいかんにかかわらず，何の制約もなく，自らが満たすべき条件を成立させた後，その先の処理に進行することができる．

ここで，3 つめの場合があるのではないかとの指摘をする人もいるかもしれない．それは，2 つのプロセスが，条件を成立させる処理と条件の成立を待たなければならないところに同時に到着した場合である．これは，上記の 2 つの境界となる状況であり，実質的には，どちらの状況のどちらに分類しても，問題はない．前者の状況とみなすと，条件を待つ側であるプロセス B の待ち時間が 0 であるとみなせばよいし，後者の状況とみなすとするなら，計測できないほ

どの短い時間内に，プロセス A が条件を満たしてくれたとみなせばよい．

何れにしても，同期は，「あるプロセスが，他のプロセスによって満たされる条件が成立するまで，進行が一時的に停止させられること」であり，条件を満たす側のプロセスにとっては，何の影響もない点に留意すべきである．

さて，同期に関して，もう少し話しを進めることにしよう．

著者の住んでいる四国の鉄道は，単線区間が多い．言うまでもないが，単線区間では，いわゆる「上り」，「下り」と呼ばれる，互いに反対方向に進む列車が，同じ線路上を走る．そして，それらが正面衝突をしないように，行き違い駅がところどころにあり，上りの列車と下りの列車はいずれも，この行き違い駅で，反対方向から来る列車の到着を待ち，反対方向から来る列車の行き違い駅への到着を確認してから，駅を出発して単線区間を走行する．

この場面にも，あるプロセスが，他のプロセスによって満たされる条件が成立するまで，進行が一時的に停止させられる状況がある．上り列車は，下り列車によって満たされる "下り列車の行き違い駅への到着" という条件が成立しなければ，行き違い駅から先に進行できず，同様に，下り列車は，上り列車によって満たされる "上り列車の行き違い駅への到着" という条件が成立しなければ，行き違い駅から先に進行できない．互いに，相手が満たしてくれる条件を待ち，条件が成立すると先に進むことができる．

新幹線と在来線特急との関係が，進行を許す側と許される側という，いわば上下のような関係ともいえる一方向の同期であるのに対して，単線鉄道における行き違いは，双方向に同期をとる対等な関係であるといえよう．では，この 2 種の同期は，まったく別のものとして考えなければならないのであろうか．この質問に対する答えは「No」である．

双方向の同期は，一方向の同期の組み合わせと考えることができる．上記の鉄道の例であれば，行き違い駅で行われる上り列車と下り列車の同期は，"下り列車は，上り列車が満たしてくれる「上り列車の到着」という条件を待っている" と "上り列車は，下り列車が満たしてくれる「下り列車の到着」という条件を待っている" の 2 つの同期の組み合わせと考えることができる．

このように，プロセスが互いの進行を制限し合うような双方向の同期は，一方向の同期の組み合わせとして考えることができる．しかし，双方向の同期は，デッドロックが起こる危険性がある．一方向の同期も，それが複数存在する場合には，デッドロック発生の可能性がある．これについては，次節でみていくことにする．

8.5 セマフォと同期

セマフォは，同期や相互排除を行うために用いられた，非常に強力な機構である．ここでは，同期という観点を中心にセマフォについてみていくことにしよう．

"セマフォ" という言葉は，セマフォ変数とそれに対して許されている P 操作と V 操作といわれる 2 つの操作を含めた機構の名称として用いられる場合と，セマフォ変数のことを指してセマフォと呼ばれる場合がある．このことが，初学者に混乱をもたらすことがあるので，ここでは，"セマフォ" という言葉は，セマフォ変数とそれに許された 2 つの操作を含めた機構の名

称として使うことにし，セマフォ変数は，明確に"セマフォ変数"と表すことにする．

セマフォとはどのようなものであるかをみていくことにしよう．

セマフォ変数は，0以上の値をとることができる整数変数である．そして，セマフォに許される操作は，初期化における代入を除くと，P操作とV操作の2つのみである．P操作はwait操作，V操作はsignal操作と呼ばれることもある．また，セマフォ変数は，これらの操作と一体となって定義されることから，抽象データ型と見なされている．

P操作とS操作はそれぞれ以下のように定義される．この定義におけるSは，セマフォ変数である．

P(S) セマフォ変数Sの値を確認し，S > 0であるならば，S := S − 1とする．その後，P(S)操作を呼び出したプロセスは，そのまま，先に進むことができる．

S = 0であるならば，P(S)操作を呼び出したプロセスは一時停止する．また，一時停止したプロセスは，セマフォ変数Sに係る待ち行列で管理される．

V(S) セマフォ変数Sに係る待ち行列に，一時停止しているプロセスが存在するなら，待ち行列の先頭にいるプロセスの一時停止を解放する．

待ち行列中に，一時停止しているプロセスが存在しない場合には，S := S + 1とする．

いずれの場合も，V(S)操作を呼び出したプロセスは，そのまま，先に進むことができる．

セマフォを理解するには，セマフォ変数が表す値が，その時点において残っている権利や，許可の数だと考えるとよい．このように考えると，相互排除を目的としてセマフォを用いる場合も，また，同期を目的としてセマフォを用いる場合も，概念的に理解しやすい．

一方向の同期

前節で一方向の同期の例えとして取り上げた，岡山駅での新幹線と在来線特急の同期を例に考えてみることにしよう．

この場合，初期状態として，新幹線の岡山到着以前の状態から考えることになるので，在来線特急が岡山駅を出発する許可はまだ出ていない．この在来線特急の岡山駅出発の許可をセマフォで取り扱うとするなら，初期状態では，許可がまだないのであるから，セマフォ変数Sの初期値は0となる．

そして，新幹線は，岡山駅に到着したときには，在来線特急がすでに岡山駅で待機していたなら，出発の許可を与える[1]．もし，なにがしかの事情から，在来線特急が岡山駅のホームに待機できていない場合には，新幹線は，在来線特急の出発の許可を残して，岡山駅から広島に向けて出発する．これは，セマフォでは，V(S)操作に置き換えることができる．

一方，在来線特急は，新幹線到着前に，岡山駅のホームに入線したときには，そこで待機し，もし，新幹線の到着以降に岡山駅のホームに入線した場合には，すでに新幹線が出発の許可を与えてくれているので，乗客を乗せた後に出発できる．これは，セマフォのP(S)操作に置き

---

[1] 厳密には，乗客の乗り換え時間の経過後に許可を出すべきであるが，ここでは，その時間は無視している．

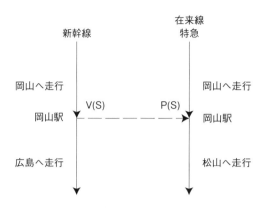

図 8.2 同期：岡山駅での乗り換え．

換えることができる．

図 8.2 は，セマフォを用いた新幹線に対応するプロセスと在来線特急に対応するプロセスの同期を表している．

新幹線に対応するプロセスは，岡山駅で V(S) を実行し，在来線特急に対応するプロセスは，岡山駅で P(S) を実行する．在来線特急に対応するプロセスの方が早くに岡山駅に到着した場合には，先に P(S) を実行することになり，在来線特急に対応するプロセスは，$S=0$ であることから，待ち行列で待つことになる．その後，新幹線に対応するプロセスが V(S) を実行すると，この待ち行列から解放され，先に進むことが許される．

一方，新幹線に対応するプロセスの方が先に岡山駅に到着した場合には，先に V(S) を実行する．しかし，この時点で，待っているプロセスが存在しないので，$S := S + 1$ を実行する．このインクリメントの前では，$S=0$ であるので，インクリメントによって，$S=1$ となる．先に述べたように，セマフォ変数の値は，その時点での許可の数を表しており，$S=1$ であるということは，これ以降に，1つのプロセスが許可されることを意味する．新幹線プロセスの後で，岡山駅に到着する在来線特急プロセスは，岡山への到着時に $S=0$ である，つまり，許可が与えられていることを知り，その許可を得ると同時に，$S := S + 1$ として，残りの許可の数を1つ減らして $S=0$ とする．このように，在来線特急プロセスは，岡山への到着と同時に許可を得ることになるので，実質的には，停止することなく，先に進むことができる．

双方向の同期

さて，今度は，双方向の同期であった単線鉄道での行き違い駅の状況を考えてみよう．すでに述べたように，双方向の同期は，一方向の同期の組み合わせとみなすことができる．これを，セマフォで記述すると図 8.3 のようになる．

この場合，セマフォ変数は2つ必要となる．1つは，上り列車が下り列車に与える許可を表す S1，もう1つは，下り列車が上り列車に与える許可を表す S2 である．これら2つのセマフォ変数は，ともに初期値として，0が代入される．

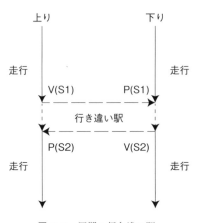

図 8.3 同期：行き違い駅．

これは，当然であろう．もし，初期値が 1 であったなら，行き違い駅で，列車は対向列車の到着を待つことなく，単線区間に進行してしまう．その結果は，悲劇的である．

　さて，行き違い駅で，上り列車と下り列車の対応するプロセスが行うことをみてみよう．上り列車は行き違い駅で V(S1) を実行する．一方，下り列車は行き違い駅で V(S2) を実行する．また，下り列車は，行き違い駅で，上り列車からの許可を確認するために，P(S1) を実行する．同様に，上り列車は，P(S2) によって，下り列車からの許可を確認する．

　このようにしておけば，上り列車と下り列車のどちらが先に到着しようが，問題なく行き違いができる．

　もし，上り列車が先に到着したとすると，V(S1) を実行し，S1 := S1 + 1 により S1 = 1 とした後，P(S2) で下り列車が到着するのを待つ．その後，下り列車が到着すると，下り列車は，P(S1) により S1 = 1 であることを確認し，S1 := S1 − 1 により S1 = 0 とした後に，V(S2) を実行する．下り列車は，V(S2) の実行後，直ちに，行き違い駅を離れる．また，下り列車の V(S2) の実行により，S2 = 0 であるために一時停止されていた上り列車は，その待ち状態から解放され，行き違い駅から離れることができる．

　一方，下り列車が先に到着した場合をみてみよう．下り列車は，行き違い駅に到着すると，P(S1) を実行するが，このとき，まだ，上り列車が到着していないために，S1 = 0 を確認し，一時停止状態になる．その後，上り列車が到着すると，上り列車は V(S1) を実行し，下り列車が待ち状態となっていることから，下り列車を待ち状態から解放し，次の処理である P(S2) を実行する．一方，待ち状態から解放された下り列車は，V(S2) を実行する．上り列車の P(S2) の実行と，下り列車の V(S2) の実行は，どちらが先に実行されるかで，もし，下り列車の V(S2) の実行の方が早ければ，上り列車は，P(S2) で待ち状態となることなく，P(S2) を終えて，行き違い駅から離れることができる．また，上り列車の P(S2) の方が早ければ，上り列車はいったん待ち状態となるが，ほどなく，下り列車が，V(S2) によって許可を出すので，待ち状態から解放されて，行き違い駅から離れることができる．

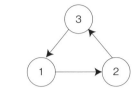

図 8.4 デッドロック（3 プロセス）．

デッドロック

双方向の同期は，デッドロックの危険性をはらんでいる．

デッドロックとは，どのような状況であろうか．デッドロックは以下のように定義できる．

デッドロック プロセスの集合 D に属するすべてのプロセスが，集合 D に属する他のプロセスによって満たされる条件を待っている状態

集合 D に属するすべてのプロセスは，条件を待っている状態であるが，その条件を満たしてくれるプロセスも，条件待ちで一時停止しているために，条件を満たしてくれない．そのために，未来永劫に，待っている条件が満たされることはない．

図 8.4 の有向グラフは，3 つのプロセスによるデッドロック状態を表している．図中の頂点は，プロセスを表している．また，頂点間を結ぶ弧は，一方向の同期を表しており，弧の終点側のプロセスが，始点側のプロセスが条件を満たしてくれることを待っていることを表している．

したがって，図 8.4 では，プロセス 1 が満たす条件をプロセス 2 が待ち，プロセス 2 が満たす条件をプロセス 3 が待ち，プロセス 3 が満たす条件をプロセス 1 が待っている．このように，条件を充足する側とされる側の弧が閉路を形成しているときに，デッドロックが発生しているといえる．

図 8.5 も，デッドロックが発生している状況である．この状況では，プロセスの集合 $\{1,2,3\}$ で，閉路を構成しており，この 3 つのプロセスでデッドロックを起こしており，また，プロセスの集合 $\{1,2,3,4\}$ の 4 つのプロセスでもデッドロックを起こしているといえる．このように，デッドロックとなっているプロセスの集合の一部である部分集合においてもデッドロックを起こしているといえる．一方で，図 8.5 の状況で，プロセス 1 と 2 のみを取りだしたプロセスの集合 $\{1,2\}$ では，閉路が存在せず，デッドロックを起こしているとは判断できない．

ここで再び，単線鉄道の行き違い駅での同期について考察してみよう．

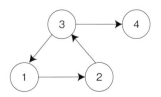

図 8.5 デッドロック (部分的にもデッドロックが発生)．

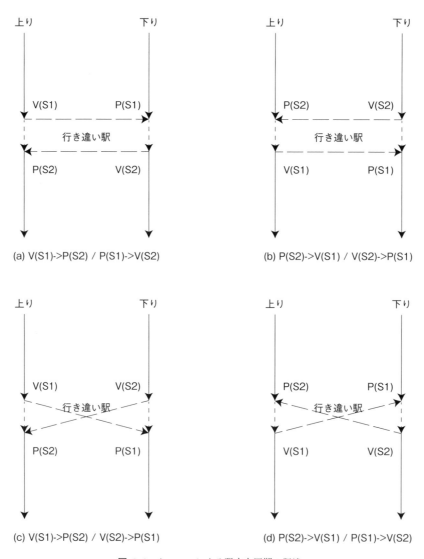

図 8.6　セマフォによる双方向同期の記述.

先にみたように，上り列車と下り列車は，2つのセマフォ変数 S1 と S2 を用いて，互いに許可を与えあうことで，双方向の同期をしている．上り列車は，下り列車に許可を与える V(S1) と下り列車からの許可を受け取る P(S2) を実行する．一方，下り列車は，上り列車に許可を与える V(S2) と上り列車からの許可を受け取る P(S1) を実行する．

それぞれの列車における V 操作と P 操作は，どちらを先にするかで，V→P の順と，P→V の順の 2 通りの可能性がある．したがって，上り列車のプロセス，下り列車のプロセスで，2 通りずつであることから，$2 \times 2 = 4$ 通りのパターンがある．図 8.6 に，その 4 つのパターンを示す．

図 8.6 の (a) は，図 8.3 に示したものと同じである．(b) は，(a) の上り列車と下り列車の役

割を入れ替えた，対称型といえるパターンである．

(c) は，何れの列車も，行き違い駅に到着直後に，V操作によって相手に許可を与え，その後，P操作で許可が出されているかを確認している．

問題は，(d) である．(d) では，上り列車側では P(S2)→V(S1) の順で，下り列車側では P(S1)→V(S2) の順となっている．どちらも，行き違い駅に到着直後に，許可が出されているかを確認しようとする．しかし，互いに，許可を得た後に，他のプロセスへの許可を与えることになっているため，この許可は永久に出されることはない．つまり，デッドロックの発生である．

このデッドロックも，先に述べた閉路の存在によって確認できる．

同一プロセス内での処理の順序は，必ず守らなければならない制約である．例えば，上り列車側では，V(S1) の開始は，P(S2) の完了という条件が付けられているといえる．図 8.6(d) では，上り列車側では P(S2)→V(S1)，下り列車側では P(S1)→V(S2) となっている．

一方で，すでに述べたように，セマフォ変数に対するV操作とP操作は，条件を満たす側と満たされる側の関係である．この関係をここでは，⇒ で表すことにすると，セマフォ変数 S1 と S2 のP操作とV操作の順序関係は，V(S1)⇒P(S1)，V(S2)⇒P(S2) となる．

P(S2)→V(S1)，P(S1)→V(S2)，V(S1)⇒P(S1)，V(S2)⇒P(S2) の4つの順序関係を並べ変えると，V(S1)⇒P(S1)→V(S2)⇒P(S2)→V(S1) と循環することになる．

このように，プロセス内の記述の順序によって規定される実行順序の制約としての順序関係と，セマフォ変数に対するV操作とP操作によって規定される順序関係の両方を組み合わせた有向グラフにおいて閉路の存在は，デッドロックの存在を示している．

演習問題

設問1 分散システムで，ノード間で時刻合わせが必要なアプリケーションやシステムの実例を示し，ノード間で行われる時刻合わせの精度に対する要求がどの程度であるかを，その理由とともに述べよ．

設問2 時刻合わせのプロトコルとして広く使われている NTP (Network Time Protocol) の手順・仕組みを述べよ．

設問3 セマフォを同期を目的として使用する場合と相互排除を目的とする場合で，初期化でセマフォ変数に代入する値が異なる．それぞれどのような値が代入されるか，その理由とともに述べよ．

設問4 双方向の同期をとる2つのプロセスを，UNIX 上で，セマフォを用いて，プログラムしなさい．このとき，デッドロックを起こさない記述，デッドロックを起こす記述の両方を記述し，その振る舞いを確かめよ．

参考文献

[1] nesuke:SE の道標 NTP プロトコルの概要・仕組み(時間補正の計算・仕様・シーケンス),https://milestone-of-se.nesuke.com/l7protocol/ntp/ntp-summary/
[2] Mordechai Ben-Ari:Principles of Concurrent and Distributed Programming, 2nd Edition, Addison-Wesley Professional (2006).

第9章
フォールトトレラント性

□ 学習のポイント

　分散システムは，複数のコンピュータを通信ネットワークで結合したシステムである．そのため，分散システム内の1つのコンポーネントに障害が発生した場合でも，それにうまく対応することにより，分散システム全体としてはサービスの提供を継続できる可能性がある．一方，集中システム内のコンポーネントの障害はシステム全体に及び，サービスの提供が不可能になることがある．本章では，分散システムにフォールトトレラント性を導入するための基盤概念および基礎技術について説明する．まず，フォールトトレラント性の導入として高信頼性システムの定義と故障モデルについて説明した後，プロセスの回復力，高信頼クライアントサーバ間通信，高信頼グループ間通信について述べる．さらに，分散トランザクション処理で重要となる分散コミットについて説明する．最後に，障害からの回復について述べる．

- 高信頼性システムを特徴づける可用性，信頼性，安全性，保守性の定義，故障モデルの基礎について理解する．
- プロセスに回復力をもたせるために重要な，障害システムにおける合意，および，典型的な合意問題であるビザンチン将軍問題について理解する．
- 高信頼クライアントサーバ間通信，高信頼グループ間通信を可能にする基礎技術について理解する．
- 分散トランザクション処理で重要となる原子コミットとその代表的な技術である2相コミットについて理解する．
- 障害からの回復を可能にする前方誤り回復，後方誤り回復，チェックポインティングについて理解する．

□ キーワード

　可用性，信頼性，安全性，保守性，故障モデル，障害システムにおける合意，原子性（アトミック性），原子コミット，2相コミット，前方誤り回復，後方誤り回復，チェックポインティング

9.1 フォールトトレラント性の導入

9.1.1 基本的な概念

　フォールトトレラント (fault tolerant) 性とは，故障 (fault) に耐えて (tolerant)，サービスを継続する性質である．この性質を実現する種々の技術は，本質的に時間や空間の冗長性に基づく．フォールト（あるいは故障 (fault)），誤り (error)，障害 (failure) は，一般生活においては類似の意味をもつ．しかしながら，フォールトトレラント技術を議論する際には，以下のように明確に区別される．コンピュータシステムは，ユーザに対して，意味のある出力を行う．正常時に，このシステムがユーザに提供する出力をサービス (service) と呼ぶ．フォールト（あるいは故障）は，システムのコンポーネントに発生する．フォールトが発生したコンポーネントは異常な出力を生成する場合がある．この異常出力のことを誤り (error) という．さらに，この誤りはシステムが提供するサービスに異常を与えることがある．このサービスの異常を障害 (failure) という．つまり，フォールト（あるいは故障）は，誤りを引き起こす原因という位置づけであり，異常な出力を示す誤り (error) とは異なる．以降，本章内ではフォールトと故障を同じ意味で用いる．

　フォールトトレラント性が考慮されるようなシステムは，高信頼システムと呼ばれる場合がある．ここで，システムの高信頼性は以下の用語により定義される．

(1) 可用性 (availability)
(2) 信頼性 (reliability)
(3) 安全性 (safety)
(4) 保守性 (maintainability)

　可用性とは，システムがある瞬間に機能を維持している確率である．使いたいときに何時でも使用できるシステムは高い可用性をもつ．生産システムなどで利用されるシステムには高い可用性が求められる．信頼性とは，ある期間に対しシステムに障害が生じない確率である．信頼性の高いシステムは長寿命のシステムであり，ある程度の長い期間停止することなくサービスを提供し続けることができる．可用性と信頼性の間には重要な違いがある．例えば，あるシステムが1時間に0.1秒だけ停止する場合を考える．この場合の可用性は，99.997%以上と高い値をとる．しかしながら，0.1秒とはいえ1時間で停止するので，このシステムの信頼性は低いといえる．

　安全性とは，システムが一時的に正常動作しない状態に至ったとしても，重大な問題が発生しない性質である．プラント制御などでは安全性が特に重要となる．保守性は，いかに容易に障害から回復可能かを表す性質である．保守性が高いシステムは，障害からの復旧が容易であるため可用性も高い傾向がある．

9.1.2 故障モデル

分散システムは，通信ネットワーク経由でメッセージを送受信するプロセスの集合ととらえることができる．そのような分散システム内のプロセスに対する代表的な故障 (fault) モデルは以下の通りである．

(1) クラッシュ故障 (crash fault)
(2) オミッション故障 (omission fault)
(3) タイミング故障 (timing fault)
(4) ビザンチン故障 (byzantine fault)

クラッシュ故障では，プロセスは故障が起きるまで正常に動作し，故障発生後は停止する．オミッション故障では，オミッション（欠落）の意味から類推可能なように，プロセスはメッセージの送受信に失敗する．タイミング故障では，プロセスが時間の仮定に違反する．例えば，仕様で決められた時間内に応答できない場合である．ビザンチン故障では，故障したプロセスの動作に仮定をおかない．プロセスは任意の動作を実行可能である．そのため最もたちの悪い故障である．

通信リンクに対する代表的な故障 (fault) モデルも以下のように同様に定義される．

(1) クラッシュ故障 (crash fault)
(2) オミッション故障 (omission fault)
(3) タイミング故障 (timing fault)
(4) ビザンチン故障 (byzantine fault)

クラッシュ故障では，通信リンクは故障が起きるまで正常に動作し，故障発生後はメッセージの配送を停止する．オミッション故障では，通信リンクはメッセージを消失する．タイミング故障では，通信リンクが時間の仮定に違反する．例えば，メッセージの遅延が仕様で決められた時間を超える場合である．ビザンチン故障では，故障した通信リンクの動作に仮定をおかない．例えば，偽のメッセージ配送も起こりうる．

クラッシュ故障の拡張として，故障した後に回復して正常動作を再開するモデルも存在する．そのようなモデルは，クラッシュ・回復モデル (crash-recovery model) という．

9.2 プロセスの回復力

プロセスの回復力を実現する技術として，プロセスの多重化と多重化されたプロセス間における合意がある．分散システムにおける多重化 (replication) は，フォールトトレラント性を実現可能にする典型的な方法である．多重化の代表的な方法に，プロセスの多重化がある．この多重化したプロセスをレプリカと呼ぶ．同一なプロセスを複数作成して協調させることで，一部のプロセスが故障した場合でも残りの正常なプロセスによってサービスの提供が可能となる．

そのためには，故障したプロセスを含むプロセス間で合意をとる技術が重要である．

9.2.1 プロセスの多重化

多重化には，プロセスの多重化に加え，データの多重化や通信多重化もあるが，ここではプロセスの多重化に焦点をあてて説明する．プロセスの多重化は，能動的多重化 (active replication) と受動的多重化 (passive replication) に分類される．図 9.1 に能動的多重化と受動的多重化の動作概要を示す．

(1) 能動的多重化

能動的多重化では，クライアントからのメッセージはすべてのレプリカに送付される．このすべてのレプリカは同じ命令を実行して同じ応答をクライアントに返す．レプリカの一部に故障が発生した場合でも，クライアントへ正常なサービス提供の継続が可能である．ただし，すべてのレプリカの状態を一致させるためには，クライアントからのメッセージにより起きる，プロセスの状態変更が決定的 (deterministic) である必要がある．加えて，クライアントからのメッセージに基づく命令の実行に関して，全順序性と原子性（アトミック性）の 2 つの条件が満足される必要がある．全順序性とは，すべてのレプリカが同じ命令を同じ順序で実行するという性質である．また，原子性とは，命令が実行される場合には，すべての正常なレプリカで実行されるという性質である．これらの条件を満足するためには，各レプリカはクライアントからのメッセージを受信順に単に処理するのではなく，レプリカ間で協調動作を行った後に，そのメッセージに基づく命令を実行する必要がある．この協調動作を行いつつ，全レプリカに対しクライアントからの全メッセージを同じ順序で配送する通信機能を原子マルチキャスト (atomic multicast) という．この原子マルチキャストは，9.4 節「高信頼グループ間通信」で説明する．

(2) 受動的多重化

受動的多重化としては，プライマリバックアップアプローチ (primary backup approach) が

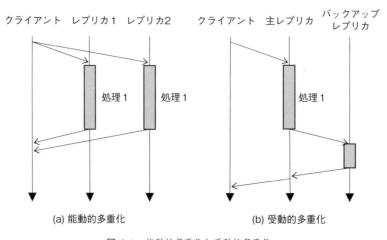

図 **9.1** 能動的多重化と受動的多重化.

ある．この方式では，クライアントからのメッセージに対する処理は，主レプリカのみであり，他のレプリカは主プロセスのバックアップを行う．主レプリカは要求された処理を実行して結果を得る．その結果を更新メッセージとして各バックアップレプリカに送る．各バックアップレプリカは，この更新メッセージに基づき自らの状態を主レプリカと同じ状態に更新してから完了メッセージを主レプリカに返す．すべてのバックアップレプリカから，完了メッセージを受け取った主レプリカは，応答をクライアントへ返す．この方式では，メッセージに対するプロセスの動作が決定的でなくともよい．主レプリカのみが処理を行い，その結果にバックアップレプリカが従うため，レプリカ間で処理結果の不一致は発生しない．そのため，原子マルチキャストのような凝った通信機能は必要なく実装は容易となる．バックアップレプリカは主レプリカに比べて低負荷である．また，バックアップレプリカの故障はクライアントに対するサービスに影響を与えないという長所がある．ただし，主レプリカの故障に対する回復処理は複雑となる．回復処理では，まず新たな主レプリカが決定される．次に，クライアントは新たに選ばれた主レプリカに対して同じメッセージを再送して処理を再依頼する必要がある．

9.2.2 プロセス間の合意

プロセス間の合意を扱う合意問題 (agreement problem) は，分散システムにフォールトトレラント性をもたせるうえで，基礎的かつ重要である．分散的に合意問題を解くアルゴリズムとして，分散合意アルゴリズム (distributed agreement algorithm) がある．このアルゴリズムの目的は，故障していないプロセス同士が，ある課題に対して有限回のステップで合意に至ることである．

ビザンチン将軍問題 (Byzantine generals problem)

合意問題には多くのバリエーションが存在する．ここでは，代表的なビザンチン将軍問題 (Byzantine generals problem) に注目する．ビザンチン将軍問題は，ビザンチン合意問題 (Byzantine agreement problem) とも呼ばれる．ビザンチン将軍問題は，故障したプロセスが存在する場合においても，その故障プロセスの動作に影響されずに合意を得る問題である．ビザンチン将軍問題の名前は，発信者プロセスを司令官，その他のプロセスを副官と考えたとき，裏切り者が存在したとしても最終的には合意して作戦を遂行することに由来する．ここで，故障したプロセスが裏切り者に相当する．また，故障のモデルは，任意の動作を実行可能であるビザンチン故障であると仮定する．

以下に，Lamport らによって示された解法の例を紹介する．この例では，各プロセスは同期している．プロセス間の通信はユニキャストで行われ，そのメッセージの遅延は有限であると仮定する．プロセス数は N である．各プロセス i は値 i を他のプロセスに送付するとする．この解法の目的は，各プロセス内に長さ N のベクトル $V[i]$ $(i=1,2,\ldots,N)$ を出力することである．プロセス i に故障がなければ $V[i]=i$ となる．プロセス i に故障がある場合は，$V[i]$ は不明 (U：Unknown) となる．プロセス数 N のうち，最大 k 個の故障プロセスが存在する．

図 9.2 に示すシステムモデルを考える．このモデルでは，プロセス数 $N=4$，故障プロセス

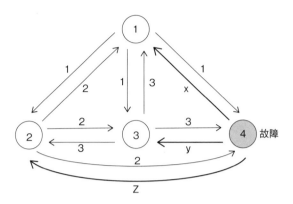

図 9.2 1つの故障プロセスを含む4つのプロセス．

数 $k = 1$ である．以下に，4ステップからなる解法の動作概要を示す．

(ステップ 1) すべての故障のないプロセス i は，他のすべてのプロセスに対し信頼性のあるユニキャスト通信を用いて i を送付する．ここで，故障のないプロセス i 内の $V[i]$ の値は i とする．図9.2において，プロセス1は，プロセス2から2を，プロセス3から3を得る．故障プロセス4は，4とは異なる虚偽の値 x をプロセス1に送る．故障プロセス4は各々プロセス2, 3に虚偽の値 z, y を送る．

(ステップ 2) ステップ1の結果が集計されて，各プロセスは以下のベクトル形式の値

　　　　プロセス1は $(1, 2, 3, x)$

　　　　プロセス2は $(1, 2, 3, z)$

　　　　プロセス3は $(1, 2, 3, y)$

　　　　プロセス4は $(1, 2, 3, 4)$

を得る．

(ステップ 3) 各プロセスはステップ2で得られたベクトル情報を他のプロセスに送付する．その結果，各プロセスは，次のベクトル形式のデータを得る．故障プロセスは，ここでも虚偽の値として，$d \sim o$ の値を他のプロセスに送る．その結果，各プロセスは以下のベクトル形式の値の組を得る．

プロセス1の獲得データ

　　$(1, 2, 3, z)$ ←プロセス2より

　　$(1, 2, 3, y)$ ←プロセス3より

　　(d, e, f, g) ←プロセス4より

プロセス2の獲得データ

　　$(1, 2, 3, x)$ ←プロセス1より

　　$(1, 2, 3, y)$ ←プロセス3より

　　(h, i, j, k) ←プロセス4より

プロセス 3 の獲得データ

(1, 2, 3, x) ←プロセス 1 より

(1, 2, 3, z) ←プロセス 2 より

(l, m, n, o) ←プロセス 4 より

(ステップ 4) 各プロセスは，ステップ 3 で収集した，ベクトルの i 番目 ($1 \leq i \leq N$) の各要素を確認する．i 番目の要素で過半数の値があれば，その値を記録する．過半数の値がなければ，その要素の値を不明 (U : Unknown) と記録する．その結果,

プロセス 1: (1, 2, 3, U),

プロセス 2: (1, 2, 3, U),

プロセス 3: (1, 2, 3, U)

が得られる．プロセス 1，2，3 内のベクトル V の 1，2，3 番目の要素が，各プロセス由来の同じ値をもつため，プロセス 1，2，3 に関しては合意に達したとみなせる．故障プロセス 4 に相当する 4 番目の要素の値は不明 (U) であり，プロセス 4 は合意に含まれず故障のないプロセス間による合意が達成されている．

ここで，k 個の故障プロセスをもつシステムにおいて，$2k+1$ 個以上の正常プロセスが存在し，全体として $N \leq 3k+1$ 個のプロセスがある場合にのみ，合意は達成される．図 9.3 は，1 つの故障プロセスを含む 3 つのプロセスからなるシステムモデルである．この場合，$N = 3$，$k = 1$ のため，合意に至る条件を満足しない．図 9.3 の例における解法の各ステップで得られる値は以下のようになり，どのプロセスも合意には至らない．

(ステップ 1)

図 9.3 に示すようにメッセージが送られる．

(ステップ 2)

プロセス 1: (1, 2, x)

プロセス 2: (1, 2, y)

プロセス 3: (1, 2, 3)

(ステップ 3)

プロセス 1 の獲得データ

(1, 2, y) ←プロセス 2 より

(a, b, c) ←プロセス 3 より（プロセス 3 は虚偽の値である $a\sim c$ を送る）

プロセス 2 の獲得データ

(1, 2, x) ←プロセス 1 より

(d, e, f) ←プロセス 3 より（プロセス 3 は虚偽の値である $d\sim f$ を送る）

(ステップ 4)

プロセス 1: (U, U, U)

プロセス 2: (U, U, U)

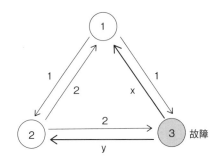

図 **9.3** 1 つの故障プロセスを含む 3 つのプロセス．

9.3 高信頼クライアントサーバ間通信

前節ではプロセスの多重化による分散システムへのフォールトトレラント性の導入に関して説明した．ここでは，プロセス間をつなぐ通信リンクに対するフォールトトレラント性の導入に注目する．9.1.2 項で説明したように，プロセスと同様に通信リンクに対しても，クラッシュ故障，オミッション故障，タイミング故障，ビザンチン故障が発生することがある．

まず，ポイントツーポイント通信と多重化通信に関して説明する．次に，故障がある場合の遠隔手続き呼び出しについて述べる．

9.3.1 ポイントツーポイント通信と多重化通信

1 つのプロセスと別の 1 つのプロセスをつなぐポイントツーポイント通信 (point to point communication) は通信の基本である．このポイントツーポイント通信を高信頼化することは，多くの分散システムにおいて重要である．

高信頼な通信を可能とするポイントツーポイント通信の例として TCP (Transmission Control Protocol) がある．TCP は，トランスポート層を代表する高信頼な通信プロトコルである．その主な目的は，送受信間に対する信頼性の高いデータ転送サービスの提供である．信頼性の高いデータ転送サービスを提供するために，TCP は，シーケンス番号，タイマ，チェックサム，確認応答，再送制御，輻輳制御などの仕組みをもつ．

メッセージの欠落によるオミッション故障は，TCP のシーケンス番号を含む確認応答とそれに基づく再送制御により対処可能である．メッセージの欠落とその再送などによって起こるメッセージ順序の逆転に相当するタイミング故障は，シーケンス番号に基づく受信側の順序制御により対応される．ただし，TCP のコネクションが突然切断されるようなクラッシュ故障に対しては，TCP 内部だけでの対応は困難であり，TCP が動作する OS などを含む対応が必要となる．

空間や時間の冗長性を通信に付与して，高信頼な通信を可能とする方式もある．複数経路による通信は，多重化の代表例である．TCP の拡張の 1 つとして，MTCP (Multipath TCP) がある．MTCP は複数の経路を扱うことができるため，1 つのコネクションの切断に対し耐性

がある．また，1つのファイルを複数のピースに分割して複数のサーバに冗長的に置き，クライアントが複数のサーバから1つのファイルに関する各ピースを並列的に得る方式として，並列ダウンロード方式がある．この方式は高性能と高信頼を目指した通信方法である．

9.3.2　故障がある場合の遠隔手続き呼び出し

遠隔手続き呼び出し (Remote Procedure Call : RPC) は，クライアントサーバ間の通信でよく利用される高レベルな通信方法である．RPCの目的は，ローカルな手続き呼び出しの形により，通信部分を意識することなくプロセス間通信を実現できることである．しかしながら故障が発生した場合には，ローカル手続き呼び出しとRPCとの違いをなくすことは困難である．典型的には，以下の場合がある．

(1) クライアントがサーバの位置を特定できない場合
(2) クライアントがメッセージ送信後に故障（クラッシュ）した場合
(3) クライアントからサーバに送ったメッセージが失われた場合
(4) サーバが要求を受け入れた後に故障（クラッシュ）した場合
(5) サーバからクライアントへの応答メッセージが失われた場合

(1) はクライアントが希望するサーバを発見できなくなる故障である．サーバが停止していたり，クライアントとサーバ間のインタフェースが合わずクライアントとサーバ間の対応関係をRPCの前に決定するバインディングがうまく行かない場合に発生する．解決策の1つとして例外処理 (exception) を起こす方法がある．

(2) はクライアントに故障が起きる場合である．クライアントがサーバに何らかの処理を依頼しているにもかかわらず，依頼したクライアントが存在しない状態である．このような要求はオーファン (orphan) と呼ばれ，そのメッセージはオーファンメッセージといわれる．タイマを用いてある時間だけ待ち期限切れ (expiration) を狙う対処方法もあるものの，オーファンやオーファンメッセージへの対応は容易ではない．

(3) はクライアントがメッセージを送信してからタイマを起動し，一定時間が過ぎてからメッセージを再送すれば容易に解決できる．

(4) はサーバに故障が起きる場合である．これは，クライアントからの要求を実行する前に故障した場合とその要求を実行した後に故障した場合に分けることができる．対処方法としては，サーバを再起動する方法などがある．その際，クライアントからの要求が認識可能な場合には同じ処理を試みることができる．

(5) はタイマを使って一定時間応答がない場合に再送を行う対処方法がある．さらに，同じ内容の要求メッセージ内に再送か否かの識別子をつけるオプションも利用できる．

9.4　高信頼グループ間通信

前節では1対1の通信に注目したが，ここでは1対多のグループ間通信であるマルチキャス

トの高信頼化について説明する．空間的な冗長構成をもつ主サーバと従サーバをもつ分散システムでは，主サーバと従サーバの状態を同一に保つため，主サーバ宛に送付されるメッセージが順序も含めて従サーバ宛にも漏れなく送付されることが重要である．そのため，高信頼マルチキャスト (reliable multicast) が重要となる．9.4.1 項にて，故障がない場合の高信頼マルチキャストについて述べる．9.4.2 項にて，故障がある場合の高信頼マルチキャストについて説明する．

9.4.1　高信頼マルチキャストの基礎

故障がない場合の高信頼マルチキャストの主な課題は，マルチキャストメンバの管理方法，メッセージを単に全マルチキャストメンバに届けるだけでよいか，メッセージの順序制約を考慮して全マルチキャストメンバに届けるべきか，スケーラビリティの確保である．

マルチキャストグループメンバを管理するためには，何らかの管理方式が必要となる．何らかの管理方式を利用することにより，マルチキャストサービスを安定的に運用可能となる．例えば，TCP/IP プロトコル群においては，マルチキャストグループメンバを管理するための通信プロトコル IGMP (Internet Group Management Protocol) が存在する．

あるプロセスが，マルチキャストグループメンバにより定義される複数プロセスにメッセージをマルチキャストする場合を考える．あるメッセージを単に全マルチキャストメンバに届けるだけでよい場合には，送信者は受信者から送達確認通知 (ACK) を受信して必要ならばメッセージを再送すればよい．

順序通りにメッセージを各メンバに配送するためには少し工夫が必要である．送信者はマルチキャストメッセージを手元の履歴用メモリに保存する必要がある．加えて，受信者からの ACK には，送信が完了した最後のメッセージ識別子を入れて返送させる．メッセージの消失などで，期待する時間内に送信者の期待するメッセージ識別子が入った ACK を返送してこなかった受信者に対し，送信者は当該メッセージを再送する必要がある．マルチキャストグループに属するすべての受信者から，期待するメッセージ識別子が入った ACK を受け取った場合に限り，送信者は次のメッセージ送信を開始可能である．

上述した方式は，グループメンバが少ない場合にはうまく機能する．しかしながら，グループメンバ数が多くなると受信者から返される ACK の数が極めて膨大となる，ACK による爆発 (implosion) が問題となる．これはフィードバック爆発とも呼ばれる．これに対処するために物理的階層構造あるいは論理的階層構造（クラスタ）をネットワークに導入して，階層的ネットワークを構築して，階層的に高信頼マルチキャストを行う方式がある．

9.4.2　原子マルチキャスト

分散システムにおいてあるプロセスが故障した場合，送信者からのメッセージがマルチキャストグループメンバ（プロセス）のすべてに配送されるか，あるいは，まったく配送されないかのいずれかを保証することは重要である．さらに，送信者からのメッセージがすべてのプロセスに対し同じ順序で配送される保証も必要である．このような多くの制約をもつマルチキャ

ストは，原子マルチキャスト問題 (atomic multicast problem) として知られている．この原子マルチキャストは，9.2.1 項で説明した能動的多重化を利用するうえで基本となる通信機能である．

もし，メッセージの送信者がマルチキャストしている間に故障した場合，そのメッセージは残りのすべてのプロセスに配送されるか，あるいは無視されるという性質をもった高信頼マルチキャストは，仮想同期 (virtually synchronous) と呼ばれる．この実現には，ビュー (view) という概念が利用される．直感的には，ビューとは各プロセスが認識している，その時点での正常なマルチキャストメンバである．ビューは一連の番号 $view(i), view(i+1), \cdots$ をもつ．$view(i)$ をもつプロセスが，$view(i)$ を含むメッセージをマルチキャストした場合，そのメッセージは $view(i)$ に含まれるすべてのプロセスに配送される．受信したプロセスは $view(i)$ を受容してから，そのメッセージを取り込む．受信したプロセスが，すでに $view(i+1)$ 以降を認識している場合には，$view(i)$ を含むメッセージは破棄される．

新しいビューの設定は，新たなプロセスがマルチキャストメンバに参加した場合やプロセスの故障が検出された場合に行われる．例えば，現在 $view(i)$ をもつプロセス S が，プロセス T の故障を検出した場合，S はビューを更新して，$view(i) - T$ を $view(i+1)$ として定義する．そして，S は他プロセスに新たなビュー $view(i+1)$ を通知する．

仮想同期を考慮したマルチキャストにおけるメッセージの順序性に関して，以下に示す4つがある．

(1) 無順序
(2) FIFO 順序
(3) 因果順序
(4) 全順序

(1) に対応する高信頼無順序マルチキャスト (reliable unordered multicast) では，メッセージの受信順序には何の保証もない．(2) の高信頼 FIFO 順序マルチキャスト (reliable FIFO-ordered multicast) では，同じプロセスがメッセージ $m1$ を $m2$ より前に送信した場合，どのプロセスも $m1$ を受け取る前に $m2$ は受け取らない．(3) の高信頼因果順序マルチキャスト (reliable causally-ordered multicast) では，異なるメッセージ間の因果関係が保持されるようにメッセージが配送される．つまり，メッセージ $m1$ がメッセージ $m2$ より先に到着すべきという因果関係が成立するならば，通信制御によりそれが実現される．(4) の高信頼全順序マルチキャスト (reliable totally ordered multicast) では，プロセス $P1, P2$ がメッセージ m を受け取っており，$P1$ がメッセージ m よりも前にメッセージ $m0$ を受け取っているならば，$P2$ もメッセージ m よりも前にメッセージ $m0$ を受け取っている．高信頼全順序マルチキャストは，全順序によりメッセージ配送を行う仮想同期高信頼マルチキャストであり，原子マルチキャストと呼ばれる．

9.5 分散コミット

原子マルチキャストを一般化した問題は，分散コミット (distributed commit) 問題として知られている．分散コミット問題では，あるオペレーションがプロセスグループ内のすべてのプロセスで行われるか，あるいは，まったく行われないかを扱う．このオペレーションをメッセージ配信とした場合が，前節で説明した高信頼マルチキャストの問題に対応する．分散データベースにおけるトランザクション (transaction) も分散コミット問題におけるオペレーションの1つに対応する．トランザクションとは，1つの意味的にまとまった分離困難な一連の処理である．例えば，銀行 ATM からの出金処理は1つのトランザクションである．以下，分散コミット問題における基礎概念である原子コミットと2相コミットを説明する．

9.5.1 原子コミット

分散データベースシステムなどで分散的に扱われるトランザクションは，一般的に複数プロセスにより異なるサイト上で実行される．そのため，異なるサイト上の全プロセスは一致してコミット (commit) あるいはアボート (abort) と判断する必要がある．このような処理を原子コミット (atomic commitment) という．分散コミットは，たいていコーディネータ (coordinator) により主導される．関係する他のプロセスは参加者 (participant) と呼ばれる．

9.5.2 2相コミット

2相コミット (Two-Phase Commit protocol：2PC) は，原子コミットを実現する代表的な方式である．その名前の通り2つのフェーズからなる．また，各フェーズはさらに2つのステップから構成されている．手続きは以下の通りである（図 9.4 参照）．

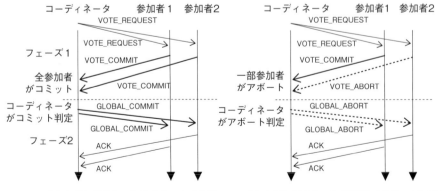

図 9.4　2相コミットの動作概要．

(フェーズ 1)

(ステップ 1) コーディネータは，VOTE_REQUEST メッセージをトランザクション処理に関係しているすべての参加者に送る．

(ステップ 2) VOTE_REQUEST メッセージを受信した参加者は，コーディネータに対し，そのトランザクションをコミット可能であればローカルでコミット可能な準備ができたことを示す VOTE_COMMIT メッセージを，アボートする必要があれば VOTE_ABORT メッセージを投票として送る．

(フェーズ 2)

(ステップ 3) コーディネータはすべての参加者からの投票を集める．すべての参加者からの投票がコミットする場合に限り，コーディネータもコミットする．そして，コーディネータは，GLOBAL_COMMIT メッセージをすべての参加者に送る．参加者の中の 1 人でもアボートの投票をした場合，コーディネータはこのトランザクションの破棄を決定する．そして，GLOBAL_ABORT メッセージをすべての参加者に送る．

(ステップ 4) 参加者はコーディネータの決定を含むメッセージを待つ．GLOBAL_COMMIT メッセージを受け取った場合，参加者はローカルでトランザクションをコミットする．GLOBAL_ABORT メッセージを受け取った場合，参加者はローカルでトランザクションを破棄（アボート）する．

この基本的な 2 相コミットを利用した場合，故障でメッセージが失われると一連の処理が中断 (block) されることがある．その場合には，タイムアウトを導入して処理を進める必要がある．コーディネータと参加者がメッセージの入力待ちで，処理を中断させられる場合が 3 つある．

1 番目は，ステップ 1 においてコーディネータからの投票を要求するメッセージが一定時間内に届かない場合である．この場合は故障が発生した可能性があるので，参加者はローカルにトランザクションの破棄を決め，コーディネータに VOTE_ABORT メッセージを投票として送る．

2 番目は，ステップ 3 においてコーディネータが一定時間内にすべての参加者からの投票を得ることができなかった場合である．この場合も故障が発生した可能性があるので，コーディネータはトランザクションの破棄を決め，すべての参加者に GLOBAL_ABORT メッセージを送る．

3 番目は，ステップ 4 において参加者がコーディネータからの指示を含むメッセージを待つ場合である．この 3 番目への対応は 1 番目や 2 番目に比べて簡単ではない．コーディネータがコミット判定済みで，かつ，GLOBAL_COMMIT メッセージの送信完了前に故障した可能性があるため，参加者単独で単にトランザクションの破棄を決めることができない．この問題への対応策として，コーディネータが回復するまで各参加者の処理を中断させる（「ブロッキン

グ」ともいう）方法や，参加者が他の参加者からコーディネータの判定結果を得ようとする方法がある．

上述の基本的な 2 相コミットのように，故障により処理の中断が起きるプロトコルは，ブロッキングコミットプロトコル (blocking commit protocol) と呼ばれる．故障が発生してもブロッキングされないコミットプロトコルとして，3 相コミットプロトコルがある．3 相コミットは，2 相コミットを拡張してコーディネータや参加者がとりうる状態数を増やして故障対応に備えたものである．ただし，2 相コミットに比較して手続きの複雑さが増すため，実装が複雑になる．

9.6 回復

分散システムにおいては，誤り (error) からの回復も重要である．誤りからの回復処理を行うプロトコルは，リカバリプロトコル (recovery protocol) と呼ばれる．まず，誤り回復の基本原理と安定ストレージについて述べる．次に，それを実現する技術概要について説明する．最後に，最近の技術事例について簡単に述べる．

9.6.1 誤り回復の基本原理

誤り回復の基本原理は，前方誤り回復 (forward error recovery) と後方誤り回復 (backward error recovery) の 2 つに大別できる．

前方誤り回復では，システムにおいて誤りが検出された場合，システム状態に何らかの補正を加えること，あるいは，誤りを何らかの冗長性で隠ぺいすることで，システムを実行可能な正しい状態に遷移させる方針がとられる．前方誤り回復を行うためには前もって起きる可能性のある誤りを認識しておく必要がある．情報ネットワークにおける FEC (Forward Error Correction) 技術は，送信元が冗長性のあるデータを含むパケットを送付することで，受信側が受信に成功したパケットから失われたパケットをある程度再構成可能とする．これは，前方誤り回復の典型的な実現例である．

後方誤り回復では，システムの状態を現在の誤りが発生した状態から，以前の誤りが発生する前の状態に戻す方針がとられる．後方誤り回復には，2 つの主要技術がある．1 番目は，システムの任意の状態を復元するために詳細なログを保存するロギング (logging) がある．膨大なログ情報を扱うため大きなオーバヘッドが生じる．システムの初期状態からログ情報を用いてある状態へ至ることをロールフォワード（巻送り，rollforward）という．逆に，ログ情報を用いてある状態から過去のある状態へ戻ることをロールバック（巻戻し，rollback）という．2 番目は，定期的にシステム状態を外部記憶に記録するチェックポインティング (checkpointing) である．また，システム状態を記録した各時点をチェックポイント (checkpoint) という．システムに誤りが発生した場合には，最新のチェックポイントのシステム状態を用いて記録された最新の状態へ回復される．ロギングに比較してチェックポインティングによるオーバヘッドは小さい．情報ネットワークにおけるパケット再送による高信頼通信は，後方誤り回復の典型的な実現例である．

ログとチェックポイントを併用することにより効率的な回復が可能となる．例えば，チェックポイントを用いて回復すべきシステム状態の近傍にまず遷移し，そこからログを用いたロールフォワードやロールバックを行って回復すべき最終状態を得る方法がある．

9.6.2 安定ストレージ

ログやチェックポイントを正確に確保するためには，安定したストレージが必要である．このストレージは，様々なストレージ媒体の故障に耐えることが望ましい．安定ストレージ (stable storage) とは，地震や洪水などの自然災害以外の故障に耐えることを狙った記憶装置である．

これを実現する一技術として RAID (Redundant Array of Inexpensive Disks，または，Redundant Array of Independent Disks) がある．RAID では，データを一定サイズに分割しそれらを複数のディスクに分割して記録している．RAID には，いくつかのモードが定義されている．例えば，RAID 1 では，複数のディスクを同じ内容に保っている．これをディスクミラーリングと呼ぶ．RAID 1 で 2 台のディスクを運用している場合，1 台が故障しても残りの 1 台でサービスの継続が可能である．RAID 5 や RAID 6 では，ディスクの故障から復帰できる冗長データであるパリティを生成し，各ディスクに書き込む．ディスク故障時には予備のディスクに交換すればデータが復旧できる．

9.6.3 チェックポインティング

後方誤り回復においては，稼働中のシステム状態を定期的に外部記憶に記録するチェックポインティングが重要である．そのために，分散システムの一貫したグローバルな状態を記録する分散スナップショット (distributed snapshot) が用いられる．

分散システムの回復時のシステム状態は，各プロセスが復帰すべきチェックポイントをつなぐ線で表される．この線でつながれる回復のためのチェックポイントの組を決定する際には，プロセス間のメッセージ送受信に注意する必要がある．図 9.5 の破線で示すチェックポイントの組は，一貫性のない矛盾した状態を表している．破線の状態にシステム状態を回復した場合，メッセージ m4 は受信されているものの送信されていない状態となっている．形式的には，メッ

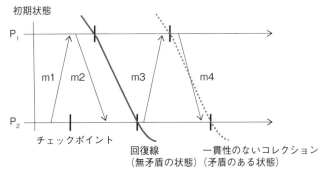

図 **9.5** 回復線．

セージ m4 は破線を右から左へ横切っている．このようなメッセージは，特別にオーファンメッセージ (orphan message) と呼ばれ，通常では起こりえない．そのため，この破線で示す状態への回復は許容されない．回復で用いるチェックポイントの組はオーファンメッセージが生じないように選ぶ必要がある．一方，チェックポイントをつなぐ線の左から右に，メッセージが横切る場合は通常起こりうるメッセージ消失として扱うことができるため，その状態への回復は許容される．

図 9.5 の実線で示すチェックポイントの組は，回復線 (recovery line) と呼ばれるもので，回復可能な無矛盾であるシステム状態に対応する．つまり，後方誤り回復においては，このような状態へ回復することが望ましい．

9.6.4 回復に関する最近の技術事例

昨今の情報爆発に伴い，データ処理の大規模化や高速化が必要不可欠になりつつある．そのためクラウドなどの分散処理システムでは，いままでにない大規模なトランザクションの高速処理が要請されている．そこでは，これまでとは異なるアプローチが出始めている．例えば，failure oblivious computing の概念が提案されている．これは，従来の誤り (error) の厳格な制御を意図的に止めて，ある程度の誤りがあっても処理を中断することなくそのまま継続することを原則とする．誤りをある程度忘却することで，処理の高速化や大規模化への対処を目指している．

また，一部のネットワーク通販サイト内の処理においては，eventually consistency という概念が利用されている．これは，トランザクション処理の不整合やそれに由来するデータの不整合をある程度許容することで，データ処理の高速化を目指すものである．そして，大規模なトランザクション処理に耐えようとしている．

演習問題

設問 1 可用性と信頼性の違いについて，数値例を用いて説明せよ．

設問 2 トランスポート層で動作する TCP が，高信頼なデータ転送サービスを提供可能な理由を「シーケンス番号」，「確認応答」，「再送制御」のキーワードを用いて説明せよ．

設問 3 ビザンチン故障への対応は一般に困難である．その理由を述べよ．

設問 4 分散的に処理されていると予想される，身近に存在するトランザクションの例をあげよ．

設問 5 分散的に処理されていると予想されるトランザクションにおいて，原子コミットが重要な理由を述べよ．

設問 6 前方誤り回復と後方誤り回復の 2 つの特徴を述べよ．リアルタイム処理には，どちらの方式がより適しているか，理由とともに説明せよ．

参考文献

[1] Andrew S. Tanenbaum and Maartem Van Steen : DISTRIBUTED SYSTEMS—Principles and Paradigms Second Edition, Pearson Prentice Hall (2007).（水野他訳：『分散システム—原理とパラダイム 第 2 版』，ピアソン・エデュケーション (2009)）．

[2] 石田賢治："TCP (Transmission Control Protocol) の基礎"，電子情報通信学会「知識の森」3 群 4 編 1 章（2013）．
http://www.ieice-hbkb.org/files/03/03gun_04hen_01.pdf

[3] 福本聡："リカバリプロトコル"，電子情報通信学会「知識の森」6 群 7 編 2 章, 2-5 (2009).
http://www.ieice-hbkb.org/files/06/06gun_07hen_02.pdf #page=31

[4] 真鍋義文：分散処理システム，森北出版（2013）．

[5] 向殿政男編：フォールト・トレラント・コンピューティング，丸善（1989）．

[6] 森正弥："インターネットにおけるデバイス環境の多様化，サーバ環境の大規模化，プラットホームのエコシステム化への対応"，電子情報通信学会論文誌 B, vol. J93-B, no. 10, pp. 1348–1355 (2010).

[7] 米田友洋，梶原誠司，土屋達弘：ディペンダブルシステム，共立出版（2005）．

第10章
セキュリティ

― □ 学習のポイント ―

　分散システムが様々な領域に利用されるに従って，様々なセキュリティ上の脅威が指摘されるようになっている．セキュリティはいまや分散システムにとって必要不可欠の技術であり，その技術開発も盛んに行われている．本章では，セキュアな分散システムを構築するための基盤技術である暗号技術，認証技術，セキュアな通信チャネルを構築するための技術と代表的な通信手順，分散システム上の資源へのアクセス制御技術について述べる．

- 機密性，完全性，可用性などとセキュリティの満たすべき特性，様々な脅威とそれに対応するセキュリティ技術の概要について理解する．
- 共通鍵暗号や公開鍵暗号といった暗号技術の分類と性質，応用技術について理解する．
- 認証，認可，といったセキュアな通信回線を構成する技術について理解する．
- シングルサインオン，公開鍵基盤，権限管理基盤といったセキュリティ管理技術について理解する．

― □ キーワード ―

　機密性，完全性，可用性，共通鍵暗号，公開鍵暗号，認証，認可，シングルサインオン，公開鍵基盤，権限管理基盤

10.1 情報セキュリティの特性

　システムやデータがセキュアであるといったときに，それはどんな性質が満たされていることなのかを明確に理解しておく必要がある．情報セキュリティの特性として，ここでは以下の性質を説明する．

(1) 機密性 (Confidentiality)
(2) 完全性 (Integrity)
(3) 可用性 (Availability)
(4) 真正性 (authenticity)
(5) 責任追跡性 (accountability)

(6) 否認防止 (non-repudiation)
(7) 信頼性 (reliability)

　これらの性質は，国際規格 ISO/IEC 27001, 27002，および日本工業規格 JIS Q 27001「情報セキュリティマネジメントシステム—要求事項」，27002「情報セキュリティ管理策の実践のための規範」に規定されている情報セキュリティの性質である．機密性とは，コンピュータシステムがその情報を認可されたユーザに対してのみ開示する性質である．アクセス制御，実行権限，認証，暗号といったセキュリティ技術により確保する．完全性とは，データの正当性・正確性・一貫性が維持されている性質である．ハッシュ関数やデジタル署名などの技術によってデータの完全性を保障する．可用性とは，必要なときに，正常なサービスを提供できるようにシステムが維持されている性質である．設備の冗長化やシステムの定期保守をすることで確保する．真正性とは，プロセス，システム，データおよび操作者が，確実に認証・識別できる特性である．正しい権限をもたない者がなりすましによって情報資産にアクセスできないよう，パスワードや生体情報といった確実に本人であることを識別・認証する技術，あるいはメッセージ認証といった技術で真正性を確保する．責任追跡性とは，操作者，プロセス，システムの動作内容を一意に追跡できることを確実にする特性である．入退館やシステム操作に対する証跡・ログを確実に取得する仕組みによって確保する．否認防止とは，ある事象が発生した後で，否認されないように証明する特性である．デジタル署名やタイムスタンプが否認防止に用いられる．信頼性とは，実行した操作や処理結果に矛盾が発生しないことを確実にする特性である．定期保守やテスト強化でバグを排除することで対策する．

　また，セキュリティの脅威として，どのようなものがあるかを明確にすることで，その対策が立てやすくなる．考慮すべき 3 種類のセキュリティ脅威について説明する．

(1) 通信の傍受・盗聴，データへの不正アクセス
(2) データの改ざん・通信内容の改変
(3) サービスの停止・破壊

　システムへの攻撃には，システムの提供者や利用者に気づかれないように，システムで使われている通信やデータに不正にアクセスして情報を取得するものがある．このような受動的な攻撃には，通信の傍受や盗聴，データへの不正アクセスがある．このような脅威を防ぐには，通信やデータを暗号化して当事者以外には内容が漏れないようにする方法がある．加えて，通信回線やデータにアクセスするための認証メカニズムを整備することが重要となる．また，別の攻撃として，通信回線に攻撃者が不正に介入してセッションを横取りしたり，メッセージを再生して不正に情報を獲得したり，データを改ざんしてサービスを混乱させるものがある．このような能動的な攻撃への対策として，メッセージやデータに改ざんが行われていないことを示す電子署名を付けるなどの対策が有効といえる．また，3 つめの攻撃には，システムに侵入してサービスを停止させたり，破壊すること，あるいは大量のデータを送り付けて，サービスを停止させるなどの攻撃がある．この脅威には，正しい操作権限の設定と認証メカニズムが 1 つ

の対策となる．また，サービスの操作やアクセスにおけるログを記録することで，どのような侵入経路でどのような操作をしたかで攻撃者を追跡することが可能となる．さらに，システムのセキュリティホールを塞ぐことが可能となり，またどのようなパケットをフィルタリングすればよいかがわかるなど，システムの安全性を高める情報を得ることができる．

10.2 暗号

　暗号の方式の基本的なものは，平文の文字を異なる文字に決まった方法で置き換える方式（換字）と，文字の場所を決まった法則で入れ替える方式（転置）がある．図 10.1 に，換字式暗号と転置式暗号の概念を示す．換字の例としてあげられるものに，シーザーが使ったとして伝えられるシーザー暗号がある．それは，文字をアルファベット順で3文字分後ろにシフトさせる暗号方式である．例えば，A は D に，B は E になり，そして Z は C に置き換えられる．この場合，アルゴリズムは「文字をアルファベット順にシフトさせること」であり，鍵は「シフトさせる文字数」つまり3ということになる．転置方式のアルゴリズムの例としては，次のような方法がある．まず，文字列を決まった文字数で折り返して横に何行かにわたって並べる．次に，その文字の行列をランダムな列から縦に取り出して，新しい文字列を作り出す．この場合のアルゴリズムは，「文字列をある文字数で折り返し，ある順序で列を選んで縦に文字を取り出して新しい文字列を作る」であり，このときの鍵は，「文字列を折り返す文字数と縦の列を選ぶ順序」である．現在の複雑な暗号方式においても，この換字と転置の組み合わせによって構成されているものが多い．

　以下に，代表的な暗号アルゴリズムを説明する．

(1) 共有鍵暗号方式
(2) 公開鍵暗号方式

図 10.1　換字式暗号と転置式暗号．

(3) 暗号学的ハッシュ関数

(4) 秘密分散

10.2.1 共通鍵暗号

共通鍵暗号方式とは，暗号化の鍵と復号化の鍵が同一の暗号アルゴリズムである．対称暗号方式や，慣用暗号方式と呼ばれることもある．この方式では，送信者と受信者は共通の鍵を所有しなければならないため，第三者に漏洩しないように安全なルートで鍵交換を行う必要がある．鍵交換は，郵送で行うか，IKE (Internet Key Exchange) などの鍵交換プロトコルを用いる必要がある．一度鍵交換が行われると，共通鍵暗号方式は比較的負荷が少ないため，暗号化は素早く行うことができる．図 10.2 に共通鍵暗号の概念図を示す．

代表的な共通鍵暗号アルゴリズムとして，DES, 3DES, AES について説明する．

DES は，1997 年にアメリカ商務省標準局 (ANSI) が行ったデータ暗号化標準 (Data Encryption Standard) の公募に対し，IBM が応募した暗号方式 Lucifer が元になっている．平文を 64 ビット単位で読み込んで，暗号文 64 ビットを作り出す，ブロック暗号というタイプの暗号方式である．DES の鍵の長さは 56 ビットを使っている．オリジナルの Lucifer では 128 ビットの長さを使っていたが，標準では 56 ビットに変更された．現在では，計算機の能力の向上や，様々なアルゴリズムの解析によって鍵長 56 ビットの DES は暗号強度に問題があることがわかってきた．そのため，次の 3DES や AES が使われるようになっている．

図 10.3 は，DES の暗号プロセスを示す．DES には 19 段のステージがある．最初のステージは初期転置と呼ばれ，64 ビットの平文の入れ替え処理をする．次に，暗号鍵を使った 16 段の反復処理が行われ，最後に 32 ビットずつの入れ替えと，最終転置が行われる．反復処理の内容は，入力を 32 ビットずつに分割し，入力の下位 32 ビットは，そのまま上位 32 ビットとして出力する．入力の上位 32 ビットは，入力の下位 32 ビットと鍵にある関数 F を適用した結果と排他的論理和をとって，下位 32 ビットとして出力する．関数 F では，入力の下位 32 ビットと鍵の排他的論理和をとったものを，8 つのグループに分けて別々の換字を施し，その出力をまとめて最後に転置をして 32 ビットの出力とする．

3DES は，DES の暗号化／復号化の処理が 3 回行われる暗号方式である．これによって，コ

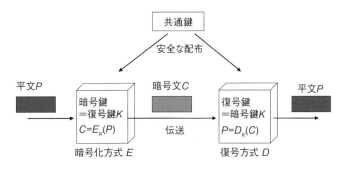

図 **10.2** 共通鍵暗号．

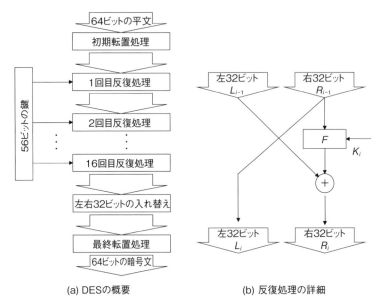

図 10.3 DES の暗号プロセス．

ンピュータによる解析に対する耐性を高めている．3DES のアルゴリズムは，3 つの暗号鍵によって 3 回暗号化することも可能だが，2 つの暗号鍵（＝復号鍵）k1，k2 を使った暗号化も可能である．2 つの鍵による暗号化のプロセスではまず k1 で暗号化し，次に k2 で復号化し，最後に k1 で暗号化処理をする．復号化のプロセスではまず k1 で復号化し，k2 で暗号化し k1 で復号化する．鍵を 2 種類使うことで，DES に 112 ビットの暗号鍵を使った場合と同程度の強度になるといわれる．また，この 2 種類の鍵を同一のものにすれば，従来の DES の暗号，復号と同じ処理となるため，3DES は DES の上位互換となり，移行がしやすいというメリットがある．

　AES は，DES の安全性が下がってきたことを機に，アメリカ商務省標準技術局 (NIST) が選定した米国政府の次世代標準暗号方式である．ベルギーの暗号学者が開発した Rijndael という暗号が選定された．Rijndael の特徴は，ガロア体理論に基づく暗号であることで，いくつかの観点において安全性を数学的に証明することが可能である．128 ビットから 256 ビットまで，32 ビットごとの鍵長とブロックサイズをサポートしている．この AES も，DES と同様に換字と転置を繰り返す．その繰り返しのラウンド数は，128 ビットの鍵の場合，10 回となる．また，このアルゴリズムは効率的であることも重要で，クロック周波数が 2 GHz のマシンで，700 Mbps の暗号化レートを達成している．これは，リアルタイムで MPEG2 のビデオデータを 100 本以上暗号化できる速度になっている．

　この他，RSA 社が開発した RC4，RC5，Ascom Systech 社がライセンスしている IDEA，AES の選考に漏れたが非常に強力な暗号 Twofish などがある．日本では，三菱電機の開発した MISTY，KASUMI，日立の MULTI，NTT の FEAL などがある．

10.2.2 公開鍵暗号方式

共通鍵暗号では，送信者と受信者の間で同一の鍵を共有する必要があり，事前に送信者が安全な方法で鍵を受信者に渡しておくことが必要だった．この問題を解決したのが公開鍵暗号方式である．公開鍵暗号は，非対称暗号と呼ばれることもある．公開鍵に用いる鍵は，公開鍵と秘密鍵の 2 種類あり，それぞれ 1 つずつが組になって使われる．そして，公開鍵のほうは Web などで広く公開することが可能となっているため，共通鍵暗号における鍵配布の手間がない．

公開鍵暗号に用いる鍵は，以下の条件を満たす必要がある．

(1) 公開鍵から秘密鍵を計算することが不可能か莫大な計算量がかかること．
(2) 公開鍵で生成された暗号文は，秘密鍵でしか復号できないこと，また秘密鍵で生成された暗号文は，公開鍵でしか復号できないこと．
(3) 公開鍵（秘密鍵）で生成された暗号文から，逆に秘密鍵（公開鍵）が求まらないこと．

図 10.4 に公開鍵暗号の概念図を示す．

公開鍵暗号では，公開鍵で暗号化した暗号文は対応する秘密鍵でしか復号できない特徴と，秘密鍵で暗号化した暗号は公開鍵でしか復号できないという特徴がある．この特徴は，秘密鍵は本人しか持っていないものであるから，公開鍵で復号できた暗号文はそれに対応する秘密鍵を持っている本人が暗号化したことになる．これは，暗号文が秘密鍵を持っている本人のものであり（認証），その内容について否定することができない（否認防止）という特徴がある．この特徴により，公開鍵暗号は電子署名としても利用される．

代表的な公開鍵暗号方式は，RSA 暗号，El Gamal 暗号，DSA 暗号，また楕円曲線に基づく暗号，ナップザック暗号などがある．

RSA 暗号は，先の 3 つの条件を満たすアルゴリズムとして MIT のグループが 1978 年に発見したものであり，発見者の名前 (Rivest, Shamir, Adleman) の頭文字をとって RSA 暗号と呼ばれている．現在の多くのシステムが，RSA 暗号を利用している．RSA の問題点は，128 ビットの共通鍵暗号と同程度の強度とするためには，1024 ビットの鍵が必要であり，処理時間

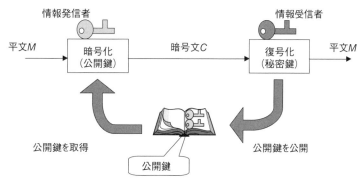

図 10.4 公開鍵暗号．

がかかることである．以下に RSA 暗号の概要を説明する．

RSA 暗号では，事前に以下の条件を満たすパラメータを計算しておく必要がある．

(1) 大きな素数 p と q（一般に 1024 ビット）
(2) $n = p \times q$, $z = (p-1) \times (q-1)$
(3) z と互いに素な数 d を見つける．
(4) $1 = d \times e \pmod{z}$ を満たす e を見つける．

ここで，(n, e)，(n, d) が公開鍵と秘密鍵の組となる．これを使って行う暗号のプロセスは，次のようになる．まず，平文を k ビットずつ区切り，その単位で暗号化を行う．ここで，$2^k < n$ である必要がある．平文の 1 ブロックを M とすると，暗号文 C は，$C = M^e \pmod{n}$ となる．また，暗号文 C の復号は，$M = C^d \pmod{n}$ として計算される．これは，暗号化と復号化が適切な入力範囲において逆関数であることを意味している．

この暗号方式は，大きな数の因数分解に関する効率的な計算方法が見つかっていないことに基づいている．公開されている数 n についての因数分解が簡単に求めることができるならば，その結果から z がわかり，e が公開されているので，d もユークリッドの互除法からわかってしまう．しかし，現在大きな数の因数分解は非常に困難で，500 桁の因数分解を行うのに 1 命令あたり 1 マイクロ秒の計算機で 10^{25} 年かかるといわれている．

この他に El Gamal 暗号と DSA 暗号では，離散対数問題の効率的な解法が存在していないことを基本としている．また，楕円曲線暗号は楕円曲線と呼ばれる数学体系に基づく公開鍵暗号であり，有限体上の離散対数問題の困難性に基づくアルゴリズム（El Gamal 暗号や DSA 暗号）は楕円曲線の上でも実現できる．楕円曲線暗号は鍵長が短くても既存の公開鍵暗号と同程度の強度が実現できるといわれており，注目されている．ナップザック暗号は，ナップザック問題という効率的なアルゴリズムが見つかっていない問題に基づいている．

公開鍵暗号は処理速度が遅いため，大容量のデータの暗号には向いていない．そのため，公開鍵暗号を直接データの暗号に使うより，共通鍵暗号で使われる鍵を配布するのに使われることが多い．その場限りのセッション鍵として共通鍵をランダムに生成し，それを公開鍵方式で暗号化して配布する．その後，そのセッション鍵を使った共通鍵暗号によって大容量のデータを送受信するハイブリッド方式が使われる．

10.2.3 暗号学的ハッシュ関数

暗号の利用方法の 1 つに，メッセージの完全性を確認するための情報であるメッセージダイジェスト (MD) と呼ばれる固定長のビット列を生成するものがある．任意の長さのメッセージから固定長のビット列を生成する暗号アルゴリズムは，暗号学的ハッシュ関数と呼ばれる．暗号学的ハッシュ関数は，以下の性質をもつことが特徴である．

(1) 原像計算困難性 (preimage resistance)
(2) 第 2 原像計算困難性 (second preimage resistance)

(3) 衝突困難性 (collision resistance)

原像計算困難性とは，ハッシュ値 h が与えられたとき，$h = \text{hash}(m)$ となるような任意のメッセージ m を探すことが困難な性質である．第 2 原像計算困難性とは，入力 $m1$ が与えられたとき，$\text{hash}(m1) = \text{hash}(m2)$ となるようなもう 1 つの入力 $m2$（$m1$ とは異なる入力）を見つけることが困難である性質である．衝突困難性とは，$\text{hash}(m1) = \text{hash}(m2)$ となるような 2 つの異なるメッセージ $m1$ と $m2$ の組を探すことが困難である性質である．これらの性質によって，2 つのメッセージに対するダイジェストが同じである場合，メッセージが同一である可能性が高いことを意味する．また，逆にダイジェストが異なる場合は，メッセージは異なるものであることを意味する．

送信者から送られた文書が，正しく送信者が作成したものであるかは，文書全体が送信者の秘密鍵で暗号化されていれば確実である．しかし，文書全体を公開鍵暗号方式で暗号化することは効率の面から難しいし，またその必要もない場合が多い．そこで，文書全体を暗号化するのではなく，文書の完全性を保証する情報を秘密鍵で暗号化して添付することが多い．それを電子署名（デジタル署名）という．文書の完全性を保証する情報としては，メッセージダイジェストが用いられる．メッセージダイジェスト (MD) は入力文書の大きさによらない固定長の情報（ハッシュ値）であり，以下の特徴をもつ．

1. メッセージから MD が簡単に計算できる．
2. MD からメッセージを見つけることはできない．
3. メッセージから同じ MD が生成される別のメッセージを見つけることはできない．
4. メッセージを 1 ビットでも変更すれば，MD はまったく異なる値になる．

このような特徴をもつ MD を生成するアルゴリズムとして，MD5，SHA-1 などのハッシュアルゴリズムが従来使われてきたが，MD5 はすでに破られており，SHA-1 についても脆弱性が指摘されている．現在は，SHA-2 (SHA256) あるいはその後継として公募された SHA-3 への移行が急がれている．

現在，暗号学的ハッシュ関数が注目されている応用として，ブロックチェーン技術がある．仮想通貨の 1 つであるビットコインはブロックチェーンによって通貨の取引を管理するが，そこで利用されているハッシュ関数は，SHA256 と RIPEMD160 である．ブロックチェーンとは，通貨の取引履歴のように改ざんされないよう管理されるべきデータを扱うための，分散型 (P2P 型) の台帳を実現する技術である．一定数のトランザクションを格納したものをブロックと呼ぶ．ブロックには，多数のトランザクションと，あとで説明する「ナンス」(Nonce) と呼ばれる特別な値，そして直前のブロックのハッシュをもっている．「ブロック」に含まれた取引のみを「正しい取引」と認めることにする．そして，ネットワーク全体で「唯一のブロックの鎖」をもつようにする．これによって，一貫した取引履歴を全体が共有できる，というのがブロックチェーンの考え方である（図 10.5）．

ここで，ブロックを追加できるのは，管理組織のような特定の誰かではなく，ある仕事をす

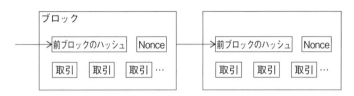

図 10.5 ブロックチェーンの概念.

ることによりその権限を得ることができた参加者としている．ここでの仕事とは，ブロックに対してハッシュ値を計算する際に，先頭から特定の個数 0 が並ぶようなハッシュ値を，ナンスという値を変えながら探していくという作業である．ハッシュ値の計算は，逆算ができない性質をもつことにより，特定の性質をもつハッシュ値となるよう 1 つ 1 つ計算して見つけるしかない．したがって，非常に大規模な計算が必要となる．この作業により見つけられた先頭から特定の個数 0 が並ぶハッシュ値をもったブロックだけをネットワーク全体で「正しいブロック」として認める．ハッシュ値の先頭から並ぶ 0 の数は，多ければ計算が難しく，少なければ容易となる．ビットコインでは，およそ 10 分に 1 回の頻度で条件を満たすハッシュ値が見つけられる程度の個数に調整されている．これは，コンピュータの性能向上やユーザ数の増加に応じて変更される．

10.2.4　秘密分散

秘密分散とは，秘密にしておきたい情報をシェアと呼ばれるいくつかの「分散情報」に分け，それを一定数以上集めると秘密情報が復元できるように符号化する方法である．集めた「分散情報」が一定数未満であれば，情報は復元できない．秘密情報を N 個の「分散情報」に分け，任意の $K\ (\leqq N)$ 個集めると秘密情報が復元できるようにした秘密分散法を (K, N) しきい値法という．

例えば，5 人の取締役が秘密のパスワードを分散して管理し，3 人以上の取締役が集まらないとそのパスワードを開示することができないように秘密分散する場合，$(3, 5)$ しきい値法で符号化することにより可能である．

秘密分散法の構成方法の 1 つは，連立方程式によって構成するものである．秘密情報を S（数字）とする．適当に数字 a を決定し，1 次関数

$$F(X) = aX + S$$

を考える．N 人（参加者）のうち i 番目の人に，1 次関数の値 $F(i)$ を配付する．その後，a を消してしまう．この結果，1 人では $F(i)$ のみから S を計算することはできない．図 10.6(a) では直線上の点が 1 点しかないため 1 次関数を特定できないが，2 点以上あれば，1 次関数を特定できる．つまり，N 人のうち，適当に 2 人が集まると，

$$F(i) = ai + S$$
$$F(j) = aj + S$$

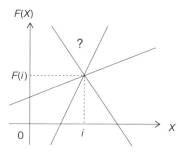
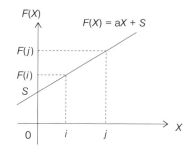

(a) 1点では1次関数を特定できない　　(b) 2点以上では1次関数を特定できる

図 **10.6** 1 次関数の特定について．

の 2 式から連立方程式を解いて a と秘密の情報 S が計算できる．これは，$(2, N)$ しきい値法となっていることがわかる（図 10.6）．

一般の (K, N) しきい値法を構成するには，$K - 1$ 次多項式 $F(X)$ を用意し，i 番目の人に $F(i)$ を配布すればよい．この場合，$K - 1$ 人では S が計算できず，K 人以上集まれば連立方程式を解くことで S が計算できる．

10.3　セキュアな通信路

分散システムの構成方法としてクライアントサーバモデルが用いられることが多いが，クライアントとサーバ間の通信をセキュアにすることが分散システムをセキュアにすることの基本である．クライアントとサーバ間の通信をセキュアにするためには，通信相手が正当な相手であることを確認する作業である認証が必要である．また，送受信されるメッセージの機密性や完全性が保証されてはじめてセキュアな通信路が構築できる．本節は，認証のためのプロトコルと，完全性を保証するメッセージ認証コードの作成方法や機密性を提供するためのセッション鍵をどう合意するかについてふれる．

10.3.1　認証プロトコル

認証とは，利用者がシステムにアクセスするときに，その利用者がシステムにとって正当な利用者かどうかを確認する作業をいう．利用者の権限を管理するアクセス制御とは異なることに注意が必要である．コンピュータシステムの利用者認証としては，ID とパスワードを使うもの，指紋や虹彩などを使ったバイオメトリクス認証，USB メモリや IC カードなどのトークンを用いた認証などがある．ネットワーク上では相手の顔や声などは利用できないため，ID とパスワードを入力させるのが一般的である．しかし，認証のための通信手順が正しく構築されていないと，偽の利用者が正しく認証されてしまう不都合が生じる．以下に，代表的な認証手順について説明していく．

認証プロトコルの 1 つとして，秘密の共有鍵に基づく方法がある．これは，チャレンジ・

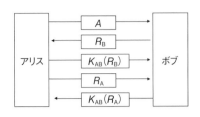

図 10.7 チャレンジ・レスポンス認証.

レスポンス方式と呼ばれ，パスワードが共有鍵として機能すると考えてもよい．パスワード方式と異なる点は，パスワードがネットワーク上を流れない点である．図10.7にチャレンジ・レスポンスの流れを示す．

まず，アリスがボブと通信しようとするとき，アリスは自分のIDをボブに送る．ボブは，IDの送信者がアリスかどうかを認証しようとするとき，アリスに乱数 R_B を送る．アリスは，ボブと共有している情報 K_{AB} を使って乱数を暗号化して，ボブに返す．ボブはアリスと共有する K_{AB} を使って復号化し，R_B が返ってきたことで，アリスを認証する．次に，アリスはボブを認証するために乱数 R_A を送る．ボブは K_{AB} によってそれを暗号化してアリスに返し，アリスはそれを復号化してボブであることを認証する．

ここで送受信されている情報は，乱数と乱数に対する暗号化情報であり，これはセッションごとに変化する．したがって，この情報を傍受して，別のセッションに使おうとしても（この攻撃をリプレイ攻撃という）不可能である．

共通鍵に基づく認証プロトコルの1つに，MITで開発されたKerberosがある．Kerberosは，ギリシャ神話で出てくる死者の国の入り口を守る門番の名前である．Kerberosでは，以下の3つのシステムが必要で，すべての時計が正確に同期していることが必要となる．

1. 認証サーバAS (Authentication Server)（ユーザがログインする際に認証される）
2. チケット配布サーバTGS (Ticket-Granting Server)（本人であることを示すチケットを発行する）
3. サーバ（利用者に実際のサービスを提供する）

図10.8に，Kerberosシステムと，クライアントとのやりとりを示す．

まず，ユーザがクライアントマシンにログインしようとしてユーザIDを入力すると，クライアントはユーザIDを認証サーバに送付する．認証サーバは，IDに基づいてユーザの登録された共通鍵で暗号化したセッション鍵とチケット配布サーバへのチケットを返す．クライアントはユーザにパスワードを要求し，ユーザはパスワード入力を行う．そのパスワードは，認証サーバへの登録鍵生成情報となっており，その鍵を使ってクライアントは認証サーバからの情報を復号する．復号が正しく行えたことで，クライアントはユーザを認証する．次に，ユーザが目的のサーバへの接続を要求すると，クライアントは先のチケット配布サーバへのチケットと，サーバのID，およびセッション鍵で暗号化されたタイムスタンプを送る．チケット配布サーバ

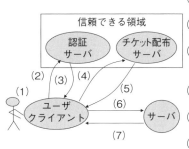

(1) ユーザによるクライアントへのログイン
    ユーザIDとパスワード入力
(2) クライアントからユーザIDを送付して
    認証情報要求
(3) 認証サーバから認証情報＋チケット配布
    サーバへのチケットの送付．
    クライアントによる認証完了．
(4) クライアントからチケット配布サーバに
    対してサーバチケットを要求．
(5) チケット配布サーバが認証サーバからの
    チケットを確認し，サーバチケットを発行．
(6) サーバにチケットを送付してサービス要求．
(7) チケットを確認し，サービスを提供．

図 10.8　Kerberos システム．

は，正しいチケットを送られてきたことを確認すると，目的のサーバに対するチケットを発行する．そのチケットには，サーバの登録鍵で暗号化されたユーザと目的サーバ間のセッション鍵が含まれている．クライアントは，目的のサーバに対して，チケットを送付してセッション確立を要求する．目的のサーバは，チケットをサーバの登録鍵で復号化して，正しいセッション鍵が取り出せることで，正しく利用者が認証されていることを確認し，セッションを開始する．

Kerberos の特徴は，すべて共通鍵で認証が行われている点と，認証プロトコルで交換されるメッセージが暗号化され，ユーザのパスワードがネットワーク上を流れることがない点である．また，いったん認証サーバで認証されれば，別のサーバへのアクセスに対しては認証を繰り返す必要がない．これは，シングルサインオン (SSO) と呼ばれる認証サービスの基本的な考え方になっている．

10.3.2　メッセージの完全性・機密性

(1) メッセージ認証コード

メッセージ認証コード (Message Authentication Code : MAC) とは，通信データの改ざんの有無を検知し，完全性を保証するために通信データから生成する固定長のコードである．IP 層での暗号化通信の規格である IPsec では，パケットにセキュリティ用のヘッダ情報が付加されるが，その中に MAC によるパケットの完全性を保証するフィールドが含まれている．

MAC の生成方法は，共通鍵暗号を用いた DES-MAC や AES-MAC と呼ばれる方法がある．この方法は，通信データを共通鍵暗号である DES や AES で暗号化した結果の最後の 1 ブロック（64 ビット）を MAC としている．また，ハッシュ関数を用いた MAC の生成方法もあるが，基本的なハッシュ関数の場合はアルゴリズムが公開されているためにメッセージを改ざんした後にハッシュ関数を適用して MAC を作り直すことができてしまう．それを防ぐために，IPsec では通信している両者が共有している鍵情報を加えて計算する HMAC が使われる．ハッシュ関数 SHA-256 を用いた MAC は HMAC-SHA-256 と呼ばれる．

(2) セッション鍵の生成

クライアントサーバ間通信を暗号化する TLS (Transport Layer Security) におけるセッション鍵の生成は，公開鍵で暗号化された乱数のやりとりによって合意される．図 10.9 に TLS におけるセッション確立の流れを示す．クライアントは，サーバからの公開鍵を証明書によって検証した後，サーバの公開鍵を使って乱数を暗号化してサーバに送信する．サーバとクライアントは，同じセッション鍵を乱数から作り出すことができる．サーバの秘密鍵を知らない部外者はこの情報を復号することはできない．TLS のセッション鍵は，Diffie-Hellman 鍵交換方式を使って動的に作成するモードも利用できる．

Diffie-Hellman (DH) 鍵交換方式は，公開鍵暗号方式が考案される以前の 1976 年に，Whitfield Diffie 氏と Martin E. Hellman 氏によって考案された，安全でない通信経路を使って秘密鍵を安全に送受信するための鍵交換方式である．共通鍵暗号では，公開鍵暗号方式と異なり，暗号化と復号化に使う鍵を送信者と受信者が共有しておく必要がある．DH 鍵交換方式が提案されるまでは，鍵交換方式は非常に難しい問題であった．

DH 鍵交換では，離散対数問題を利用して，秘密鍵そのものではなく，乱数と秘密鍵から生成した公開情報を送受信する．そのため，通信内容を第三者に盗聴されても，ただちに秘密鍵を知られることはなく，安全に鍵情報を交換することができる．ただし，送信者と受信者の通信に割り込んで，公開情報を自分のものとすりかえて暗号の解読を試みる「中間者攻撃」に対しては弱いことが知られている．

DH 鍵交換方式は以下のように行われる．まず値の大きな素数 p を用意する．また g を有限体 $\mathbf{Z}/p\mathbf{Z}$ の生成元とする．この g と p は公開されているものとする．

いま X と Y が通信を行うとする．このとき X と Y は互いに秘密の値 a, b を選択する．こ

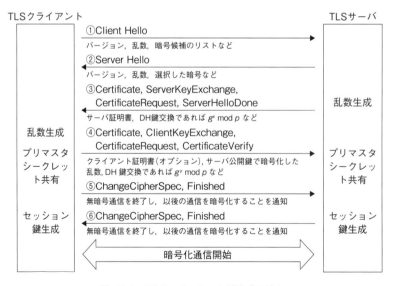

図 10.9　TLS のセッション鍵生成の流れ．

の値は 0 以上 $p-2$ 以下の中からランダムに選択した値である．
X は次の値 A を計算してこれを Y に送信する．

$$A = g^a \bmod p$$

Y も同様に B を計算してこれを X に送信する．

$$B = g^b \bmod p$$

X は自身の秘密の値 a と受信した B から以下の値を計算する．

$$K_A = B^a \bmod p$$

Y も自身の秘密の値 b と受信した A から以下の値を計算する．

$$K_B = A^b \bmod p$$

このとき X と Y が計算した K はともに

$$K_A = K_B = g^{ab} \bmod p$$

になっているため，以後この値を共通鍵暗号方式の鍵として使用する．ここで第三者 Z がこの二人の通信を盗聴して A と B を入手しても，A と B から K を生成したり，a や b を求めたりする効率の良いアルゴリズムは見つかっていないので，X と Y は安全に通信を行うことができる．

10.4 アクセス制御

　クライアントとサーバ間にセキュアな通信路ができた後，クライアントからサーバに要求が送られて，サーバで処理が実行されることになる．サーバでは，要求を実行する場合に，サーバのもつ資源にアクセスする必要があり，クライアントが正しくサーバの資源にアクセスできるための権限（アクセス権）があるときにのみ，正しく要求が実行されることになる．このようなアクセス権は，認可 (authorization) とも呼ばれ，認証とともに非常に重要な概念である．この節では，アクセス制御の基本的な概念と，ネットワーク経由でのアクセスを制御するファイアウォール，そしてモバイルコードに対するアクセス制御について説明する．

10.4.1 アクセス制御の一般的なモデル

　アクセス制御の一般的なモデルは，図 10.10 のような，サブジェクト，参照モニタ，オブジェクトで構成される単純なものである．サブジェクトは，要求を出す利用者を一般化したものである．また，オブジェクトはデータやサーバといったアクセスを受ける対象，あるいは要求を受け付けるプロセスの一般化したものである．参照モニタは，サブジェクトからの要求を監視

図 **10.10** アクセス制御の一般的なモデル．

して，どの対象にどの操作をしようとするかを記録し，実行を認めるかどうかを決定する．当然であるが，参照モニタ自身が不正に操作されないことが必要である．

オブジェクトに対するサブジェクトのアクセス権を表現する方法に，アクセス制御行列がある．つまり，行にすべてのサブジェクト，列にすべてのオブジェクトをもつような行列で表現する方法である．サブジェクト s のオブジェクト o へのアクセス権が $[s, o]$ 要素に記録されることになる．しかし，この情報は非常に大きく，無駄が多い．これに対して，アクセス制御行列の列ごとの情報（オブジェクトごと）を各オブジェクトに割り当てておく方法がアクセス制御リスト（Access Control List：ACL）である．一方で，行ごとの情報（サブジェクトごと）を各サブジェクトに与える方法もある．これは，ケーパビリティと呼ばれる．ACL でサーバにあるオブジェクトにアクセスする場合，サーバはアクセスしてきたクライアントが正しいサブジェクトであるかどうかを認証した後，ACL で操作が許可されているかをチェックする．一方，ケーパビリティでアクセスする場合は，サーバはケーパビリティにオブジェクトの操作権限があることが書いてあれば許可できるため，シンプルになる．ケーパビリティは，分散 OS の Amoeba などで実装された方法である．

ACL をさらに効率的に運用するための方法として，保護ドメインと呼ばれるグループを構成する方法がある．グループとは，例えば組織内にある部署と考えてもよい．部署ごとにアクセスできるオブジェクトと可能な操作を規定することで，ACL の情報を小さくできる．保護ドメインを実現する方法の 1 つとして，役割（role）に基づくアクセス制御がある．例えば，マネージャとしての役割でしかアクセスできないオブジェクトがあるとする．このオブジェクトには，一般の社員はアクセスすることができず，アクセスするためには，マネージャとしてログインする必要がある．

10.4.2 ファイアウォール

様々なコンピュータがつながるネットワークでは，有益な情報やサービスを得ることもできるが，有害な情報やウイルスなどの不正なプログラム，また外部からの不正な侵入に対する対策が必要となる．そのため，良い情報は通信を許可し，悪い情報は通信を許可しないメカニズムが必要となる．また，不正なアクセスからコンピュータを守る仕組みが必要である．このために設置されるのが，ファイアウォールと呼ばれるシステムである．ファイアウォールの典型的な構成は，図 10.11 にあるように，2 つのパケットフィルタリングルータと 1 つのアプリケーションゲートウェイによる構成である．

ファイアウォールの構成要素の 1 つであるパケットフィルタリングルータでは，すべての送受信パケットを検査する．そして，フィルタリングの条件に適合するものは転送されるが，適

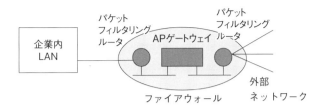

図 **10.11** ファイアウォールの構成例.

合しないものは捨てられる．フィルタリングの条件は，IP ヘッダの宛先アドレス，送信元アドレス，TCP や UDP のポート番号によって設定されている．ポート番号はアプリケーションのサービスを識別するのに利用されており，例えばファイアウォールの外側から内側の特定のサービス以外をアクセスするようなパケットを排除するなどの考え方（ポリシー）によって設定される．

もう 1 つの構成要素であるアプリケーションゲートウェイでは，アプリケーションレベルで情報の良し悪しを判断する．例えば，メールゲートウェイでは，送受信されるメールのすべてを検査して，フィルタリングの条件に適合するものだけを転送する．メールであれば，送信元アドレス，送信元ドメイン，宛先アドレス，サブジェクト，メールの本文などがフィルタリングの条件に設定される．例えば，ある特定のドメインは広告メールの配送元である場合，そのドメインからのメールを転送しないように設定する．また，メールの内容に対してウイルスチェックを施して，何も問題がないメールは転送するが，ウイルスが含まれている兆候があれば破棄するというような設定がある．

10.4.3 モバイルコードのセキュリティ

現代の分散システムでは，データがクライアントとサーバ間を移動するだけでなく，プログラムコードがホスト間を移動することが日常的になっている．モバイルコードは，電子メールに添付されていたり，文書に含まれていたり，サーバからダウンロードされたりする．このようなモバイルコードのセキュリティを考えるときには，2 つの観点がある．1 つは，モバイルコードを実行するホストから，モバイルコードの情報を変更したり盗まれたりすることを保護するという観点と，モバイルコードによるホスト内の情報への不正アクセスから保護するという観点である．

前者の観点からモバイルコードを保護することを可能とするシステムには，Ajanta システムがある．Ajanta システムでは，モバイルコード（エージェントと呼ぶ）に対する保護機能として，読出し専用状態，追加専用ログ機能，状態の選択的な公開を提供している．読出し専用状態は，エージェントの所有者が最初に秘密鍵で署名を付けることで実現する．実行するホストは，署名によって読出し専用状態の部分が改変されていないかを検証できる．追加専用ログは，情報を追加できるが，取り除いたり変更したりすることはできない．追加専用ログによって，安全に情報を収集して回るエージェントを構成できる．選択的な公開の機能は，指定され

たサーバの公開鍵によって暗号化された情報であり，指定されたサーバのみが見ることができる．この領域全体は，所有者の秘密鍵によって署名されており，改変された場合に検出することができる．

後者の観点でモバイルコードからホストを保護するシステムには，サンドボックスがある．サンドボックス (sandbox) とは，外部から受け取ったプログラムを保護された領域で動作させることによってシステムが不正に操作されるのを防ぐセキュリティモデルのことである．モバイルコードは，監視され動作が制限された領域で実行され，ほかのプログラムやデータなどを操作できない状態にされて動作するため，プログラムが暴走したりウイルスを動作させたりしようとしてもシステムに影響が及ばないようになっている．モバイルコードの例としては Java アプレットや Flash，JavaScript などがある．

10.5 セキュリティ管理

分散システムのセキュリティにおいて，鍵をどのように管理するか，またサブジェクトのアクセス権限をどのように管理するかは実際の分散システム運用にとって重要な問題である．この節では，特に公開鍵の真正性を担保するための枠組みとして広く利用されている PKI（公開鍵基盤）と PMI（権限管理基盤）について説明する．

10.5.1 公開鍵基盤

企業間取引などでインターネットを利用する際に付きまとう，なりすましや盗聴，改ざんといったリスクに対して，電子署名と暗号技術を用いて，安全な電子通信を確保するものが公開鍵基盤 (Public Key Infrastructure：PKI) である．

PKI とは，公開鍵暗号方式に基づく公開鍵証明書を生成，管理，保管，配布，失効させるために必要となるハードウェアやソフトウェア，通信手順，証明書の形式などを定めた取り決めのことである．PKI は公開鍵暗号に基づく認証基盤技術であり，認証に用いる鍵とその所有者の結びつきを証明する公開鍵証明書を第三者機関が発行する．公開鍵証明書を発行する機関を認証局 (Certification Authority：CA) と呼ぶ．CA の機能は，公開鍵証明書の発行や失効の役割を担う発行局 (Issuing Authority：IA) 機能と，発行申請の受付と本人性審査，被発行者（利用者）の情報管理を担う登録局 (Registration Authority：RA) 機能に分けられる．また，IA が発行した証明書とその無効性を示す証明書失効リスト (Certification Revocation List：CRL) を保管し，外部からも利用できるようにする仕組みを証明書リポジトリという．

CA は，信用の起点（トラストアンカー）と呼ばれる最上位の CA（ルート CA とも呼ばれる）を出発点として，階層構成を取ることがある．図 10.12 は，階層的 PKI の構成例を示している．階層の最下層にある EE（エンドエンティティ）とは，秘密鍵および対応する証明書の保持者のことである．公開鍵の証明書を検証する場合，その証明書には上位の CA の証明書がついており，利用者はトラストアンカーとなるルート CA に到達するまで，遡って証明書を検証していくことができる．

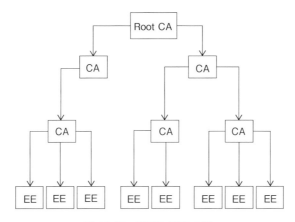

図 10.12 階層的 PKI の例．

証明書のデータ形式は，国際標準化団体である ITU（国際電気通信連合）の規格 X.509 で定められている．データフィールドとしては，バージョン番号，シリアル番号，署名アルゴリズム，発行者，有効期限などがある．この符号化には ASN.1（抽象構文記法 1）と呼ばれる国際標準の符号化方式が採用されている．

10.5.2 権限管理基盤

1996 年に勧告された X.509v3 では，デジタル証明書に拡張フィールドを設けて，デジタル証明書の発行者が独自の情報を追加できるようになった．現在は，この X.509v3 が広く使用されている．2000 年には X.509 の改定が行われ，新たに属性証明書 (Attribute Certification : AC)，属性証明書失効リスト (Attribute Certification Revocation List : ACRL) が定義された．

公開鍵証明書による存在認証の仕組みが公開鍵認証基盤 (PKI) と呼ばれるのに対し，X.509 では，属性証明書による属性認証の仕組みを権限管理基盤 (Privilege Management Infrastructure : PMI) と呼ぶ．属性証明書とは，所有者の役割 (role) や権限 (privilege) などの属性情報を証明する．属性情報は変更の頻度が高いことや，デジタル証明書と属性情報の認可者が異なることが想定されるため，デジタル証明書自体に組み込まれず AC によって管理することになった．

AC は，属性認証局 (Attribute Authority : AA) から発行され，その所有者のもつ属性を定義して，AA の署名が付けられたものである．AC には，公開鍵を含まず公開鍵証明書への関連付け情報を含む．AC に含まれる情報は，グループ名，役職名，セキュリティ区分などである．

PMI は，属性証明書を生成，管理，保管，配布，失効させるために必要となるハードウェア，ソフトウェア，人々，ポリシーおよび手続きのセットである．PMI の構成要素は，AC を発行し失効させる AA，AC の発行者が管理する資源を利用しようとする AC ユーザ，AC の正当性や有効性をチェックしその結果によって利用を認める AC 検証者，権限の付与などのアクションを要求するクライアント，証明書と証明書失効リストを保管し利用できるようにするリポジトリの 5 つからなる．

PKIと同じように，ACは，属性の委任を連鎖することができる．例えば，アリスに対して特定のサービスを使用することを認めたACが発行されたとする．アリスは，ACをボブの公開鍵証明書に発行することで，この権利をアシスタントのボブに委任することができる．ボブがサービスを利用したいときは，彼は自分の公開鍵証明書とACのチェーンを提示する．そのチェーンはアリスによって発行された彼自身のACから始まり，そのサービスが信頼する発行者によって発行されたアリスのACにつながる．このように，サービスはアリスがボブに彼女の権限を委任したこと，そしてそのサービスを制御する発行者がアリスに対してサービスを利用することを許可していることを確認することができる．しかし，RFC3281は，チェーンの管理と処理の複雑さのため，ACチェーンの利用を推奨しておらず，インターネットではACはほとんど使用されていない．

ACを利用することによって，サービスや資源を提供するホストがアクセス制御リストを管理する必要がない．アクセス制御リストは一般に大規模になりやすく，中央のサーバに常にネットワーク接続が行われる必要がある．ACを利用するアクセス制御は，10.4節で述べたケーパビリティと同様の考え方である．ACを利用することで，ケーパビリティを使った場合と同様に，サービスや資源を利用する許可や権限はサービスや資源自体に格納するのではなく，ユーザに対して改変できない方法で与えられることになる．

演習問題

設問1 ISO/IEC 27001, 27002 に規定されている情報セキュリティの特性と，その保証のために用いられるセキュリティ技術について述べよ．

設問2 本文において述べた転置式暗号を使って，以下の暗号文を解読せよ．ただし，折り返し文字幅は8，切り出し列の順序は45723816である．
RTNHEMCEDEAOLOHSENWOSIOBHIIKINTG
INOSRDEIEAONSLLCTETRWAEOIRLPEBNA

設問3 RSA アルゴリズムにおいて，$p=3$, $q=11$ を選び，$n=33$, $z=20$, $d=7$, $e=3$ として，次の数値列を暗号化し復号化せよ．
　8 5 12 12 15
　(H E L L O)

設問4 Kerberos のチケットの中には，送信時刻（タイムスタンプ）が記録されていて，チケットを受け取ったサーバが，チケットのタイムスタンプとそのサーバの設定時刻とのズレが大きいと認証に失敗するようになっている．その理由を考察せよ．

設問5 ファイアウォールにおいて，外向きのパケットを検査する目的を述べよ．

設問6 PKI（公開鍵基盤）に対応したアプリケーションに，どのようなものがあるかを述べよ．

参考文献

[1] ISO/IEC 27001:2013, Information technology — Security techniques — Information security management systems — Requirements (2013).

[2] ISO/IEC 27002:2013, Information technology — Security techniques — Code of practice for information security controls (2013).

[3] A. S. Tanenbaum, D. J. Wetherall: Computer Networks 5th edition, Prentice Hall PTR (2010.9).（水野他訳：コンピュータネットワーク第 5 版，日経 BP 社（2013.9））.

[4] 岡本龍明，山本博資：現代暗号，産業図書（1997）.

[5] D. Harkins D. Carrel: The Internet Key Exchange (IKE), RFC2409, IETF (1998.11).

[6] J. Daemen and V. Rijmen: AES Proposal: Rijndael, AES Algorithm Submission (1999.9). http://www.nist.gov/CryptoToolkit.

[7] ANSI X9.31-1, "American National Standard, Public-Key Cryptography Using Reversible Algorithms for the Financial Services Industry", (1993)

[8] T. Elgamal, "A public key cryptosystem and a signature scheme based on discrete logarithms." IEEE Transactions on Information Theory, vol. IT-31, no. 4, pp. 469–472 (1985.7)

[9] 青木隆一，稲田龍：PKI と電子社会のセキュリティ，共立出版（2001.10）.

[10] FIPS: Secure Hash Standard, FIPS PUB 180 (1993)

[11] FIPS: Secure Hash Standard, FIPS PUB 180–4 (2001).

[12] 山崎重一郎：「ブロックチェイン技術の仕組みと可能性（第 4 章）」，インターネット白書 2016，インプレス R&D（2016）.

[13] Jason Garman: Kerberos: The Definitive Guide, O'REILLY, (2003).（桑村潤，我妻佳子訳：Kerberos，オライリージャパン（2004））

[14] S. Kent, R. Atkinson: Security Architecture for the Internet Protocol RFC2401, IETF (1998).

[15] T. Dierks, C. Allen: The TLS Protocol Version 1.0, RFC2246, IETF (1999.1)

第 11 章
分散ファイルとオブジェクト

□ 学習のポイント

　分散ファイルシステムとは，ネットワークで接続された複数の計算機上に分散配置されたファイルを，あたかも 1 台の計算機にあるファイルのようにアクセス可能とするシステムを指す．これにより，どのファイルがどのサーバにあるかをユーザが意識する必要なく，複数のユーザが複数の計算機のファイルを共有することが可能となる．複数のファイル，または単一のファイルを複製して複数のハードウェアに分散配置することで，単一ハードウェアの障害による影響を最小限に抑える耐故障性を実現できる．また，アクセスの増加に対するファイル容量追加やシステムのスケーラビリティ向上にも役立つ．分散されたデータを並列に読み出すことでアクセス性能を向上させることも可能である．その一方で，複数ユーザが同一ファイルにアクセスすることに対する一貫性の保証が求められる．分散オブジェクトシステムとは，遠隔サーバにあるオブジェクトへのアクセスを，あたかもローカルの計算機にあるもののようにアクセス可能とするシステムである．オブジェクトとは，データとそれを操作するためのメソッドをまとめたものである．クライアントにオブジェクトへの透過なアクセスを提供するという点では分散ファイルシステムと同様の機能を提供するものの，状態をもつオブジェクトを遠隔でどのように保持および操作するかを考慮しなければならない．これらをふまえ，本章では分散ファイルシステムと分散オブジェクトシステムについて，以下を理解することを目標とする．

- 集中型のファイルシステムと比較した分散ファイルシステムのメリットおよびデメリットを理解する．
- 分散ファイルシステムとして，分散されたファイルシステムを集約し透過アクセスを提供する **NFS** のような方式，ファイルをブロック分割して分散管理する **Google File System** のような方式，ファイルやそれらのメタ情報を分散管理する **DHT** に基づく方式があることを理解する．
- 分散ファイルシステムの各方式に適したアプリケーションや設計思想を理解する．
- 分散オブジェクトシステムの基本概念を理解する．

□ キーワード

　NFS，遠隔手続き呼び出し (**RPC**)，**Google File System (GFS)**，**Hadoop Distributed File System (HDFS)**，分散ハッシュテーブル (**DHT**)，遠隔オブジェクト，遠隔メソッド呼び出し (**RMI**)，**Java RMI**

11.1 分散ファイルシステムアーキテクチャ

　分散ファイルシステムの多くは，これまでに分散システムの基本性質として学んできた透過性 (transparency) をファイルアクセス（参照および書き出し）について満足し，耐故障性 (fault tolerance) や規模拡張性 (scalability)，高速アクセス (high performance) といった，よりよい性質を満足する．分散ファイルシステムにおける透過性とは，分散ファイルシステムのアーキテクチャや操作そのものがユーザから隠ぺいされ，ユーザはあたかも単一の計算機上で処理するように，単一の名前空間でファイルにアクセスできることを指し，データの整合性や一貫性が保証されることを指す．耐故障性とは，ネットワークあるいはストレージの一時的または部分的な故障に対しても，ファイルアクセスサービスが停止しないことを表し，規模拡張性は，動的に追加される多数のサーバを活用し，ユーザの増加やアクセスの増大に対しても性能を大きく低下させることなくサービスを提供できることを指す．

　複数のストレージを一括して扱うシステムとしては，ストレージエリアネットワーク (Storage Area Network : SAN) が知られている．これは，複数のファイルストレージを専用の高速ネットワーク（ファイバーチャネルなど）で接続し，ファイル単位ではなくストレージ上の固定長ブロックごとの転送と共有を実現するため，共有ディスクファイルシステム (Shared Disk File System) とも呼ばれている．SAN は，複数のストレージサーバを，複数のサーバからアクセスするための専用高速ネットワークとストレージからなるシステムの総称である（図 11.1（左））．これに対し，分散ファイルシステムは，ストレージを既存のイーサネットなどに接続し，IP ネットワークなどの上で，ネットワークファイルシステム (Network File System : NFS) や samba などの通信プロトコルを介して，ファイル単位あるいはチャンクと呼ばれる単位での転送と共有を実現する（図 11.1（右））．本章ではこの分散ファイルシステムについて扱うこととする．

　分散ファイルシステムのアーキテクチャを完全に分類することは簡単ではないが，ファイルの保持ならびにアクセス管理方式で整理するのが最もわかりやすいだろう．要約すれば，

(1) それぞれのサーバが有するローカルファイルシステムを集約し，クライアントにそれらへの透過アクセスを提供する方式
(2) 各ファイルがブロックに分割されて複数のサーバに分散管理され，マスターサーバがファイルとブロックとの関連を管理することで，クライアントに透過アクセスを提供する方式
(3) 各ファイルはブロックまたはファイルとして分散管理され，クライアントへの透過アクセスもサーバ群で協調して提供する方式

に大別できる．

　(1) の方式は，ローカルファイルシステムを管理するファイルサーバ群が，クライアントに対して一意な名前空間と透過性を提供することで，それらがシームレスに利用できる．クライアントは，アクセスしたいファイルを有するファイルサーバ上でファイル操作を実行する．例えば NFS では，ストレージを有する NFS サーバに対し，NFS クライアントは RPC (Remote

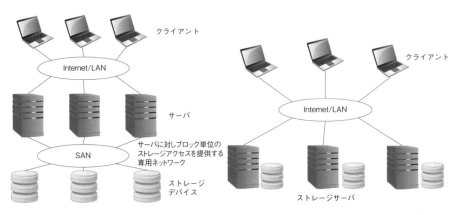

図 11.1 共有ディスクファイルシステム (SAN)（左）と分散ファイルシステム (DFS)（右）．

Procedure Call) でサーバ上のファイル操作を実施する．

(2) の方式は，ファイルをチャンク (chunk) またはブロックと呼ばれる細かいデータ片に分割し，分散配置する方式である．この形式では一般に，ブロックを管理するブロックサーバ群と，ブロックサーバ群を管理するマスターサーバから構成されることが多い．マスターサーバはファイルを構成するブロックがどのブロックサーバにあるかを管理し，クライアントから要求されたファイルを構成するブロックを有するブロックサーバをクライアントに通知する．(1) のレガシーな方式とは異なり，ブロックを（場合によっては複製し）複数のブロックサーバに保持するため，クライアントはそれらのサーバからの並列読み出しが可能であり，高速なアクセスが期待できる．この方式は，多数のクライアントがファイル検索などを行う場合に有効であるが，データの一貫性保証や書き込み時のオーバヘッドをいかに軽減するかが課題である．Google File System, Hadoop Distributed File System は，この方式で実現されている．

(3) の方式はファイルの保持場所，ならびにそれらへの参照を，マスターサーバではなく，分散サーバ群で管理する方式である．一般にはピアと呼ばれる複数の計算機がファイルを分散して管理し，ファイルへのアクセス要求に対し，それを有するピアへの参照提供を，ピア間の協調により提供する．分散ハッシュテーブル (Distributed Hash Table：DHT) と呼ばれる分散型のファイル管理テーブルを用いて管理する方法が著名であり，Chord や BitTorrent などの P2P ファイル共有システムや，GlusterFS などの分散ファイルシステムで利用されている．

なお上記は対象とするアプリケーションシステムの観点からも分類できる．

(a) 比較的少数のクライアントが同じ組織やサブネット内の複数のファイルサーバにアクセスするような，グループファイル共有に主眼をおいた分散ファイルシステム（例：NFS）

(b) Hadoop のように大量のデータ処理の局所化と並列化による高速化に主眼をおいた分散ファイルシステム（例：Hadoop Distributed File System）

(c) 多数のマシンがサーバやクライアントとなってシステムに参加するため，多数のサーバが有するファイルの分散管理や分散配信のスケーラビリティに主眼をおいた分散ファイ

ルシステム（例：Chord や BitTorrent）

(d) 多数のクライアントからインターネットを介してデータをアップロードおよびダウンロードされるクラウドサーバを想定した分散ファイルシステム（例：Amazon S3 や Openstack Swift）

前述の (1) の技術は (a) に，(2) の技術は (b) や (d) に対応しているといえる．(3) の技術は (b) および (c) のいくつかのシステムで利用されている．以下ではこれらの具体的な事例や技術を通じて，分散ファイルシステムを支える技術についてみていこう．

11.2 分散ファイルシステム

11.2.1 NFS

Sun Microsystems 社の NFS は，UNIX ベースのシステムで最も広く普及している分散ファイルシステムであり，クライアントサーバ方式の分散ファイルシステムの最も標準的な例である．NFS は，NFS クライアントに対して NFS サーバが管理するファイルシステムへの透過的なアクセスを提供することがその目的である．言い換えると，NFS クライアントはファイルの実際の位置を意識することはなく，ローカルのファイルシステムへのインタフェースと同様のインタフェースでリモートのファイルシステムにアクセスできる．

図 11.2 に NFS の標準的な構成を示す．前述のように，NFS クライアントマシンでは，ローカルな UNIX ファイルシステムインタフェースが，仮想ファイルシステム（Virtual File System）へ置き換えられている．仮想ファイルシステムインタフェース上のオペレーションは，ローカルファイルシステムに渡されるか，または NFS クライアントコンポーネントに渡される．この

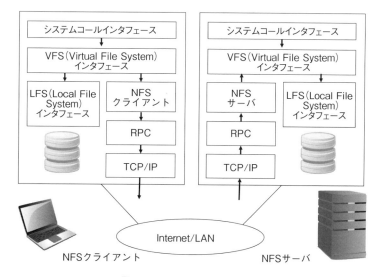

図 11.2　NFS アーキテクチャ．

NFS クライアントはサーバに格納されたファイルへのアクセスを可能とする．NFS では，すべてのクライアントサーバ通信が遠隔手続き呼び出し (Remote Procedure Call, RPC) を通して行われる．NFS クライアントはサーバへの RPC として NFS ファイルシステムオペレーションを実現している．NFS サーバも同様のシステム構成で実現されており，クライアント要求を処理してサーバ上でのファイル操作を実行する．

ここで，RPC を用いてどのようにファイル操作が実現されているかをみておこう．仮想ファイルシステムは，ファイルリクエストをカーネル内の NFS のインスタンスに渡し，NFS はそのリクエストを open, create, read, close といった NFS の手続きに変換する．それらの手続きは RPC で実行される．RPC は NFS リクエストとその引数をまとめてサーバ側の RPC に渡し，その応答をクライアントに返す．例えばファイル読み出し時には，最初に lookup オペレーションが RPC により実行され，UNIX ファイルハンドルが探索され，その後 read オペレーションが RPC により実行される．なお，このような連続した RPC は，NFS の最新バージョン (NFSv4) では 1 つの RPC としてまとめる複合手続き (compound procedure) をサポートしている．

NFS とは関係しないが，可用性を高めるために，HTTP でファイル編集などのコマンドを発行できるようにした WebDAV も同種のアーキテクチャといってよい．WebDAV は Web-based Distributed Authoring and Versioning (Distributed Authoring and Versioning は一般的に用いられる用語である) の略語であり，Web サーバ上のファイルを遠隔で編集および管理が可能なように HTTP を拡張したものである．

11.2.2 Google File System

Google File System (GFS) は大量のデータ処理を高速に実行するため，2003 年に登場した分散ファイルシステムである．ソフトウェアは公開されていないものの，論文 [1] から仕様が読み取れる．規模適応性に優れた分散ファイルシステムであり，汎用ハードウェア上での高い耐故障性を提供し，多数のクライアントからのファイル要求に対しても高スループットで提供できる．安価で低信頼な計算機を大量に用いた冗長ストレージ構成で信頼性を保証するとともに，大量のファイルを格納し，大量のリクエストを処理可能なアーキテクチャであることを最大の特長としている．

GFS はクラスターベースのアーキテクチャを採用しており，1 台のマスタ (master) と複数台のチャンクサーバ (chunk server) からなる．チャンクサーバは Linux 上で動作するユーザレベルプロセスである．ファイルは固定長（例えば 64 MB）のチャンクに分割され，各チャンクは 64 ビット長の一意なチャンクハンドル (chunk handle) により管理される．チャンクサーバはチャンクをローカルストレージに Linux のファイルとして格納し，チャンクハンドルとバイト範囲 (byte range) により読み書きされる．信頼性向上のため，1 つのチャンクは複数のチャンクサーバに複製されて保持される．マスターノードはファイルの名前空間に加え，「ファイルを構成するチャンク」および「チャンク位置」の情報をメタデータとして管理し，チャンクサーバの状態を Heartbeat メッセージにより取得する．管理の簡単化のためチャンクはキャッ

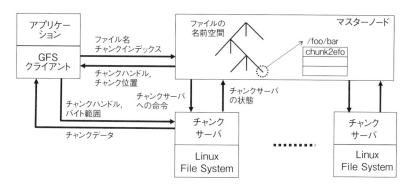

図 11.3 GFS アーキテクチャ（参考文献 [1] より）．

シュしないが，チャンクサーバではよく読み出されるチャンクが結果として Linux 上のメモリにキャッシュされる．

クライアントは，ファイル名とバイトオフセットからファイル内のチャンクインデックスを計算し，マスターノードに渡す．マスターノードは，対応するチャンクハンドルとチャンク位置を返信し，クライアントは，対応するチャンクサーバに直接接続することでチャンクを取得する．マスターノードとのやりとりは RPC または TCP により実行される．なお，適切なチャンクサイズは様々なトレードオフ要因を考慮し，慎重に決定する必要がある．例えば，大きなチャンクは総チャンク数を減らすため，チャンクサーバへのアクセス数などのネットワークオーバヘッドを減少させる効果があるが，多くのファイルが1チャンクのみで表現されることが多くなるため，そういったファイルへのアクセスが頻繁に生じると，その唯一のチャンクを有するチャンクサーバが高負荷となる恐れもある．

マスターノードはチャンクサーバから最新のチャンクハンドルと位置を定期的に取得することでメタ情報を最新に維持する．マスターノードとチャンクサーバは完全な同期をとらず，マスターノード上の情報は実際のチャンクサーバと整合していない可能性もある．その一方で，チャンクサーバがアクセスできなくなればマスターノードは単にそのサーバを切り離すだけであり，極めて単純な方法で耐故障性を実現できる．チャンクを複製することで，耐故障性やクライアントからのスループットを高めることが容易にできる利点もある．

GFS はチャンクの複製を緩やかに管理している．これは前述のように読み出しには極めて有利であるが，書き込みはどのように行われるのだろうか．GFS はチャンクの複製を有するチャンクサーバの1つをプライマリ，残りのサーバをセカンダリと呼び，それらをチャンク鎖 (chunk lease) として管理している．マスターノードはクライアントの要求に対しては，プライマリがどのサーバであるか，および，すべてのチャンク位置を応答する．クライアントは書き込むデータをそれらのチャンクサーバに送信し，すべてのチャンクサーバがそれを受け取ったことを確認した後に，クライアントは，プライマリサーバへ書き込み命令を送信する．プライマリサーバはそれをセカンダリサーバへ転送することで書き込みを実現する．

11.2.3 Hadoop Distributed File System と Hadoop

HDFS (Hadoop Distributed File System) は Hadoop で利用される分散ファイルシステムである．Hadoop とは HDFS および MapReduce Framework と呼ばれるコンポーネントからなる並列分散処理システムであるが，HDFS はその中核を担うシステムだといえる．HDFS は GFS のクローン実装であり，したがって基本的なアーキテクチャはほぼ同じといえる．Google は分散処理フレームワーク MapReduce を開発したが，MapReduce Framework は HDFS とあわせて Apache Hadoop としてオープンソース公開された．ビッグデータの需要増大と相まって現在では広く普及している．

HDFS は集中管理型（マスタースレーブ型）のアーキテクチャを採用し，マスターサーバはネームノード (NameNode)，スレーブサーバはデータノード (DataNode) と呼ばれる．ネームノードは GFS のマスターノード，データノードは GFS のチャンクサーバに対応する．GFS でのチャンクに相当するのがブロック（サイズは 64 MB や 128 MB など）であり，そのサイズ以上のファイルは複数のブロックに分割されて格納される．各ブロックはチャンクのように複製されて格納され，通常は 3 程度の複製を生成する．

このような分散ファイルシステムはどのような使われ方で有用だろうか．複数のデータを並行に読み出すことができることはメリットであるが，データ処理の観点からはどうだろう．Hadoop が HDFS を利用する理由は何だろうか．以下では Hadoop のもう 1 つのコンポーネントである MapReduce Framework の仕組みを学ぶことで，HDFS の主な使われ方を学んでおこう．

MapReduce は，HDFS 上のデータを並列処理するための仕組みである．開発者は実行したい「ジョブ」を，Map 関数，および Reduce 関数の 2 つで定義し，ジョブが実行されると複数の Map タスクと Reduce タスクに分割されて実行される．ここで，Map タスクは，HDFS 上のブロックを読み込み，"Key" と "Value" を生成する動作を表す．例えばテキスト形式で記述された文章の中から，特定の単語とその出現回数を数えるような作業を考えよう．Map タスクはブロックの中の文章にアクセスし，例えば

> And I can listen to thee yet
> Can lie upon the plain
> And listen, till I do beget
> That golden time again.

というブロックに対し，

$\langle$"and", 1$\rangle$, $\langle$"I", 1$\rangle$, $\langle$"can", 1$\rangle$, $\langle$"listen", 1$\rangle$, $\cdots$

というような $\langle$Key, Value$\rangle$ を生成する．重要なことは，Map タスクは単純な処理であるため，ブロックに対する Map タスクはそのブロックを保持するデータノード上の局所処理として実現される点である（ただし，ブロック境界にまたがるデータの処理が発生すれば，もちろんデータノード間の通信が発生する）．それが各ブロックで終了すると，次に Shuffle フェーズ

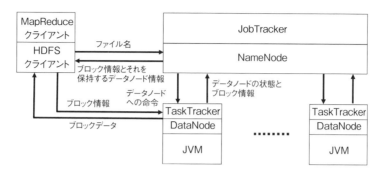

図 11.4 Hadoop 概略図.

と呼ばれる段階に入る．ここでは，生成された〈Key, Value〉を各ブロックから集約することで，各 Key ごとに Value がリスト化される．先の例では，

〈"and", [1,1]〉，〈"I", [1,1]〉，〈"can", [1,1]〉，〈"listen", [1,1]〉，〈"to", [1]〉, …

となり，例えば 2 つの〈"and", 1〉が集約されていることがわかるだろう．最後に，集約された〈Key, Value〉のリストに対し，Reduce タスクが新しい〈Key, Value〉を生成し，その結果は HDFS 上のファイルとして出力される．先の例で，出現頻度をまとめる Reduce タスクが定義されているとすれば，

〈"and", 2〉，〈"I", 2〉，〈"can", 2〉，〈"listen", 2〉，〈"to", 1〉, …

という〈Key, Value〉が新たに HDFS のファイルとして生成される．複雑なタスクはこういった MapReduce 処理を繰り返すように定義することで実現できる．

MapReduce Framework では，JobTracker と呼ばれるマスターサーバと，TaskTracker というスレーブサーバがジョブとタスクをそれぞれ管理する（図 11.4）．TaskTracker はタスクを実行するサーバ上で実行され，JobTracker は TaskTracker を統括してジョブ管理を実現する．各 TaskTracker は一度に実行される Map タスク数や Reduce タスク数を制限できる．これにより，タスク集中による特定サーバの負荷上昇を抑制することもできる．また，投機的実行と呼ばれる方法もある．JobTracker は TaskTracker でのタスク実行状況を把握し，タスク中断に対しては別のサーバにタスクを振り替えることを行うこともできるが，投機的実行は同じタスクを複数のサーバで実行することで，最も早く処理が終わったサーバの結果を利用することもできる．

11.2.4 Chord

Chord そのものは，分散ハッシュテーブル (Distributed Hash Table : DHT) の概念に基づき，分散ファイルシステムを実現した事例である（文献 [2]）が，BitTorrent, GlusterFS, Ceph といった，分散ハッシュテーブルを利用してメタデータ管理を行う技術の基本となるため，本稿では Chord を用いて分散ハッシュテーブルを解説する．

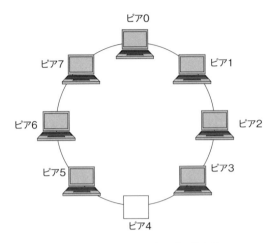

図 11.5 Chord におけるピア構成例.

Chord では，ピアと呼ばれるファイルサーバを複数台連携させて，複数のファイルを分散保持する．この際，どのファイルをどのピアに配置するかを一定の規則に従って決定し，その規則に基づいてファイルの配置ピアを探索する仕組みを実現することで，分散的なメタ情報管理を可能としている．これにより，マスターサーバが全ファイルのメタ情報を管理することによる負荷集中を回避し，メタ情報取得の高速化とボトルネック解消を狙ったものである．

Chord では，ピアは $0 \sim 2^M - 1$ の計 2^M の論理 ID 空間で管理される．例えば $M = 3$ であれば $0 \sim 7$ の論理アドレス空間が利用でき，各ピアにはこの中から一意な論理 ID がランダムに割り当てられる（実際には後述するハッシュ関数 H を用いて IP アドレスから生成する）．$0 \sim 2^M - 1$ の論理 ID 空間を図 11.5 のようにリングで表現し，あるピア k に対し，$(k+1) \bmod 2^M$, $(k+2) \bmod 2^M$, $\cdots$ の順で（つまり時計回りで）ID をたどったときに i 番目に見つかるピアを i 番目の successor と呼び，$succ(i)$ で表す．また，$(k-1) \bmod 2^M$, $(k-2) \bmod 2^M$, $\cdots$ の順で ID をたどったときに i 番目に見つかるピアを i 番目の predecessor と呼び，$pred(i)$ で表す．例えば図 11.5 ではピア 3 について $succ(1) = 5$, $succ(2) = 6$, $pred(1) = 2$, $pred(2) = 1$ である．この例でわかるように，各論理 ID にはピアが不在の場合もあるため（この例では ID が 4 に対応するピアは存在しない），$succ(1)$ および $pred(1)$ が隣の ID のピアであるとは限らない．各ピア k は通常，$succ(1)$, $succ(2)$ のピアの IP アドレスを把握しておき，ピアの離脱に備えたり，複製を配置したりする．

各ピア k は，$next(i) = (k + 2^{i-1}) \bmod 2^M (i = 1, 2, \ldots, M)$ で定義される ID のピアの IP アドレスも保持する．例えば図 11.5 のピア 0 に対しては，

$$next(1) = (0 + 1) \bmod 8 = 1$$
$$next(2) = (0 + 2) \bmod 8 = 2$$
$$next(3) = (0 + 4) \bmod 8 = 4$$

となる．これはフィンガーテーブルと呼ばれる．ただし，$next(i)$ のピアが存在しない場合もあるため，その場合は $next(i)$ の $succ(1)$ ピアを発見し（これは検索を繰り返せば見つけること

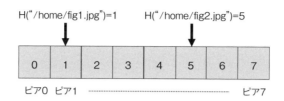

図 11.6 Chord におけるハッシュ関数.

ができる），これを用いる．例えば図 11.5 のピア 0 の例では $next(3)$ に対応するピア 4 が存在しないため，その $succ(1)$ であるピア 5 を用いる．各ピアは，ファイル名に対して $0\sim 2^M-1$ の論理アドレスを返す共通のハッシュ関数 H を保持しているものとし，ファイル f に対し，ピア $H(f)$ がファイル f の実体またはファイル f への参照（ハンドル）を有する（図 11.6）．以下ではファイルハンドルとして話を進めるが，ファイル実体かハンドルかは Chord のアルゴリズムには影響しない．また，$H(f)$ の $succ(1)$ や $succ(2)$ に f の複製を配置しておくことで，$H(f)$ の離脱に備えることもでき，かつ $H(f)$ が存在しない場合にも対応できる．

このもとで，この仕組みによりどのような利点があるか，およびこの仕組みを分散環境でどのように実現するかを考えよう．最大の利点は冒頭で述べたように，単一サーバでメタデータを管理する方式と比較してその負荷を分散でき，また単一サーバ障害に対する耐障害性を高められることにある．クライアントがあるファイル f に対するハンドルを得たい場合，いずれか 1 つのピア k_0 の IP アドレスを何らかの方法で入手し，f の問い合わせ (lookup) を依頼する．ピア k_0 は，ピア $H(f)$ がそのハンドルを保持していることはハッシュ関数 H からわかるものの，ピア $H(f)$ の IP アドレスはどうすればわかるだろうか．単純には，各ピアが他のすべてのピアの IP アドレスや存在の有無を把握しておけばよいが，ピア数が大きい場合に極めて効率が悪いため現実的でない．例えば各ピアが他の全ピアの状態を把握するための "HeartBeat" メッセージを送信することを考えよう．すると，HeartBeat メッセージの 1 周期あたり $2N(N-1)$ のメッセージ（N はピア数）がネットワークを流れることになり，加えてピアは $N-1$ のネットワークアドレスを管理する必要がある．大規模なピアツーピアシステムで数万オーダーのピアが参入する場合を考えると，この実装は適切でないことがわかるだろう．

その代わりに，k_0 はフィンガーテーブルの情報を使い，$H(f)$ が $next(i)\sim (next(i+1)-1) \mod 2^M$ に含まれるようなピア $next(i)$ をピア k_1 とし，その問い合わせを k_1 に転送する．ここで，$next(i)$ の設計方針を思い出してみよう．各ピアが保持する $next(i)$ の総数は $M=\log_2 2^M$ 個であり，さらに，「遠くの」ピアの情報ほど指数的に疎になるように，M 個の ID を 2^M 個の中から選ぶように設計されている．一般に，あるピア k_j が問い合わせ $H(f)$ を k_{j-1} から転送されたとすると，少なくとも k_j は k_{j-1} よりも $H(f)$ に「近い」ことがわかり，k_{j-1} が選んだ $k_j=next(i_{j-1})$ と，k_j が選ぶ $next(i_j)$ では，必ず

$$i_j < i_j$$

の関係が成り立っている．つまり，転送されるごとに少なくとも i の値が 1 減ることになる．

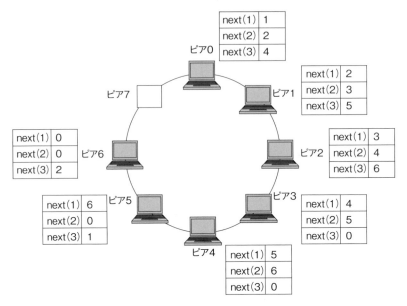

図 11.7　ピア 1 のフィンガーテーブルによるピア群のグルーピング．

したがって，問い合わせは最大で $M-1$ 回の転送回数でピア $H(f)$ にたどり着き，ピア数 M に対し，$O(\log M)$ のメッセージ数で発見できることがわかる．

　図 11.7 に例をあげる．これはピア 7 のみが不在であるときの各ピアのフィンガーテーブルを表している．ここでピア 1 に着目すると，ピア 1 のフィンガーテーブルは，ピアを $\{2\}$, $\{3,4\}$, $\{5,6,7,0\}$ の 3 グループに分割し，各グループの先頭のピアのネットワークアドレスを保持していることと同じであることがわかるだろう．グループサイズは当該ピアから（時計回りに）離れるにつれて指数的に増大していることがわかる（この場合のサイズは 2^0, 2^1, 2^2）．すなわち，近くのピアについてはより密に，遠くのピアほど疎にアドレス情報を管理する．また図 11.8 にファイル検索の例をあげる．ピア 1 に対してあるクライアントからファイル名 "$fig1.jpg$" の問い合わせがあったとする．ハッシュ関数 H の値 $H($"$fig1.jpg$"$)$ が仮に 7 であるとすると，ピア 1 のフィンガーテーブルを参照し，7 を含むグループの先頭ピア（ピア 5）に対してその問い合わせが転送される．つまり，ピア 1 は自身が知るピアの中でピア 7 に最も近いピアがピア 5 であり，かつピア 5 の IP アドレスを知っているため，ピア 5 に対してピア 7 の発見を依頼する．ピア 5 のフィンガーテーブルでは，ピア 7 は 2 番目のグループ $\{7,0\}$ に含まれる．ピア 7 はその先頭であるものの，この例ではピア 7 は存在しないため，$succ(7)$ であるピア 0 がそのグループの先頭となり，前述の規則より，ピア 7 が本来保持すべきファイルハンドルを保持しているため，ピア 0 がクライアント "$fig1.jpg$" のファイルハンドルを応答する．なお，各ピアは隣接ピアの離脱に備えておかなければならない．これに対しては，$succ(1)$ に加えて $succ(2)$ をもっておくことで，$succ(1)$ の離脱に対し，$succ(2)$ と接続関係を保つことができる．また，ピアの参入 (join) は自身の ID を検索することで実現され，またフィンガーテーブルの整合性も stabilize という ID 検索をベースとしたオペレーションによって保たれる．す

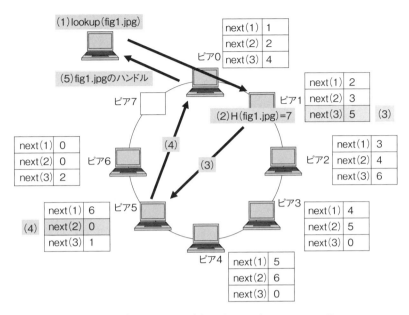

図 11.8　ピア 1 への問い合わせ (lookup) のルーティング．

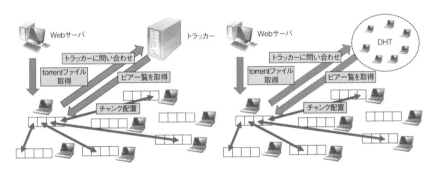

図 11.9　BitTorrent におけるピア管理（トラッカー（左）と DHT（右））．

なわち，DHT 構造やピアの管理もすべて DHT をベースとしたオペレーションで完結した優れたシステムであるといえる．

　Chord に代表される DHT の概念は，いくつかのピアツーピアシステムまたは分散ファイルシステムの重要な機能として実現されている．例えば BitTorrent は著名なピアツーピアシステムであり，ファイルをチャンクに分割してクライアントからクライアントへと転送することで大規模配信を実現するシステムであるが，BitTorrent のメタ情報管理には，トラッカーと呼ばれる単一サーバを利用する形式の他に DHT による分散管理も可能になっている（図 11.9）．

11.2.5　GlusterFS

　GlusterFS は当初その名前の通り Gluster によって開発された分散ファイルシステムであったが，2011 年に RedHat に買収されて以降は RedHat が開発をサポートしている（商用版は

RedHat Storage Server）．CentOS や OpenSolaris，FreeBSD など多様な OS に対応していることも特長の 1 つである．GlusterFS は，複数のサーバにブリック (brick) と呼ばれる領域を定義し，各サーバのブリック領域を，ネットワークを介して単一領域としてクライアントに提供する．したがってクライアントとしては GlusterFS のクライアントの他に NFS も利用でき，いわゆるネットワークファイルシステムとしてクライアントにはみえるが，ブリックの構成として，Distributed Volume（ファイルごとにブリックに配置），Replicated Volume（ファイルを異なるブリックに複製配置），Striped Volume（ファイルを分割して異なるブリックに配置）およびその組み合わせを利用することができ，目的に応じた信頼性や冗長性を提供できる．

最大の特徴はブリックの実現方法にある．GlusterFS は分散ハッシュテーブルを用いて，ファイルを配置すべきブリックを管理する．Chord で述べたように，GlusterFS もファイル名にハッシュ関数を適用してハッシュ値を計算し，そのファイルを配置すべきブリックを決定する．ファイル管理はディレクトリごとになされ，1 つのディレクトリに対して 1 つの DHT が生成される．GlusterFS はオープンソースソフトウェアであり，様々な Linux ディストリビューションで利用可能である [3]．分散ハッシュテーブルのコンセプトを実現したファイルシステムとして，非常に興味深く，実用性も高いため，興味のある読者は利用してみるとよい．同様のコンセプトで実現されているものとして Ceph が知られている．

11.2.6　OpenStack Swift

OpenStack はオープンソースでクラウドを構築するためのフレームワークであり，仮想サーバやストレージ管理などの機能構成をまとめたものである．多くのクラウドサービス企業が採用していることもあり注目を集めている．その OpenStack のストレージコンポーネントとして OpenStack Swift がある．これは REST (Representational State Transfer) に基づき，HTTP によってストレージアクセスを実現している．なお，REST とは Web サーバのリソースにアクセスするための Web サービスフレームワークであり，URI でオブジェクトを表現するとともに，リソース取得や生成，削除に HTTP メソッド（GET, POST, PUT, DELETE, HEAD）を用いる．

Swift は，プロキシノード，複数のストレージノード，および認証ノードからなり，クライアントはプロキシノードにリクエストを送信し，そのプロキシノードがストレージノードへのアクセス（ファイル読み書き）を行う．ファイル（Swift ではオブジェクト）は冗長性のための複製をサポートしており，各ストレージノードではメタデータの高速アクセス性に優れた XFS が利用されている．Swift は既存の技術を組み合わせたシンプルなストレージシステムであり，REST で利用できるところが最大の利点である．また，Amazon S3（Amazon のクラウドストレージサービス）の互換 API を提供している．

11.3　分散オブジェクト技術

オブジェクト (object) とは，ファイルのようなデータだけではなく，データとそれを操作す

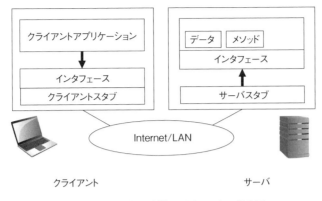

図 11.10　一般的な分散オブジェクトの概念図．

るためのメソッド (method) をまとめたものであり，オブジェクトへのアクセスはインタフェースを介して実行される．オブジェクトは複数のインタフェースを実装できる．ここで，インタフェースとオブジェクト自身は通常 1 つのマシンにおかれるが，別のマシンにおくことも可能であり，その場合には分散オブジェクトと呼ばれる．その場合，クライアント側ではオブジェクトへのインタフェースを提供し，そのインタフェースを介した操作を実現するために，クライアントスタブがメソッドの呼び出しをサーバスタブに送付して，オブジェクトに送り届け，その応答を受け取ってクライアントスタブに返す（図 11.10）．

透過なオブジェクトアクセスをクライアントに提供するという意味では分散ファイルシステムと同様であり，実システムとしては OMG が策定した CORBA, Microsoft が Windows 向けに開発した DCOM, Java の Java RMI などが知られている．それらは相互接続性などの課題があり，大規模な普及には至らなかったが，その一方で Web 上に分散するオブジェクトを利用する必要性は依然としてあったため，HTTP と XML を基軸としたプロトコル SOAP が使われるようになった．さらに最近ではクラウドサービスの隆盛に伴い，REST によるシンプルな HTTP アクセスとこれまで述べたような分散ストレージによる Web サービス／クラウドサービスの実現が主流となっている．しかし，分散オブジェクトシステムはそれらに共通する基本概念であるため，それを理解しておくことは重要である．ここでは Java RMI を題材にして簡単に解説する．

Java RMI では，リモートプロセスからオブジェクトインタフェースを利用できる仕組みであり，図 11.10 の概念図に沿っているが，Java SDK ではそれらをあまり意識することなく記述できる仕組みが整っている．ここでは単純な例（文献 [5] の例）を用いて説明しよう．なお，紙面の都合上，ここでは記述方法や全体のアーキテクチャだけを述べるため，詳細な実行手順などは文献 [5] を参照されたい．

まず，RMI を利用したい場合，リモートインタフェース（クライアント側インタフェースの仕様に相当するもの）が必要であり，java.rmi.Remote インタフェースを拡張して実装する．ここではメソッドの「宣言」などが行われる．例えば

```
package example.hello;
import java.rmi.Remote;
import java.rmi.RemoteException;

public interface Hello extends Remote {
    String sayHello() throws RemoteException;
}
```

のように記述する（例外 RemoteException は通信エラーなどに備えるためのものである）．次に，このインタフェースを実現するオブジェクトの実装が必要であり，それが遠隔オブジェクトに相当する．これは（この場合）通常の Java と同じように実装すればよい．import しているクラスと「処理 A」を除き，単純に上記のインタフェース Hello を実装しているだけであることがわかるだろう．

```
package example.hello;
import java.rmi.registry.Registry;
import java.rmi.registry.LocateRegistry;
import java.rmi.RemoteException;
import java.rmi.server.UnicastRemoteObject;

public class Server implements Hello {
    public Server() {
    }
    public String sayHello() {
        return "Hello, world!";
    }
    public static void main(String args[]) {
        処理 A
    }
}
```

最後に，「処理 A」には以下を記述する．なお簡単のため，例外処理は省いてある．

```
Server obj = new Server();
Hello stub = (Hello) UnicastRemoteObject.exportObject(obj, 0);
Registry registry = LocateRegistry.getRegistry();
registry.bind("Hello", stub);
```

1 行目はリモートオブジェクトを生成し，2 行目はそのオブジェクトを「エクスポート」する．これにより，サーバスタブ（リモートオブジェクトへの参照）が生成される．このスタブをクライアント側から検索して利用できるようにするため，「Java RMI レジストリ」が用意されている．レジストリは名前解決サービスであり，クライアントはこのレジストリを通じてサーバスタブを取得し，それを利用できるようになる．3 行目はレジストリオブジェクトのスタブを取得する行であり，引数がない場合，このサーバが実行されているローカルホストの TCP ポート 1099 に対し，スタブを要求することを意味する．最後に 4 行目で bind メソッドを使って先ほどのサーバスタブに "Hello" という名前をつけてレジストリに登録する．これでサーバのリ

モートオブジェクトを利用する準備ができた．これに対しクライアントでは以下のコードを実行する．説明の簡単のため main メソッドのみを掲載し，例外処理は省略してある．

```
public static void main(String[] args) {
    String host = (args.length < 1) ? null : args[0];
    Registry registry = LocateRegistry.getRegistry(host);
    Hello stub = (Hello) registry.lookup("Hello");
    String response = stub.sayHello();
    System.out.println("response: " + response);
}
```

main メソッド 1 行目はコマンドラインで指定されたホスト名（レジストリのサーバ）を取得する．2 行目でそのホストへのレジストリスタブを取得し，3 行目ではそれを用いて "Hello" に対応するリモートオブジェクトのスタブを取得する．4 行目で stub のメソッド "sayHello" を利用し，5 行目でその応答をクライアントの標準出力に出力する．このように，名前解決サービス（レジストリ）を介してスタブをそれぞれ生成し，それを通じてメソッドを遠隔で実行できることがわかるだろう．

演習問題

設問 1　単一サーバによる集中型のファイルシステムと比較し，分散ファイルシステムにはどのようなメリットおよびデメリットがあるか．可能な限り述べよ．

設問 2　NFS，GFS，Chord はそれぞれ対象とするアプリケーションが異なるが，それぞれどのようなアプリケーション（または利用環境）に適しているか．

設問 3　GFS が規模拡張性を備える理由を述べよ．同時に潜在的なボトルネック要因をもつがそれは何かを述べ，それを回避する方策をあげよ．

設問 4　図 11.7 においてピア 2 が，"$fig2.jpg$"，"$fig3.jpg$" の検索依頼を受け取った．これに対しそれぞれどのような検索がなされるかを示せ．ただし，$H(\text{"}fig2.jpg\text{"})=5$，$H(\text{"}fig3.jpg\text{"})=1$ とする．

設問 5　Hadoop で MapReduce 処理を行うのに適した例をあげ，なぜそれが MapReduce 処理に適しているかも述べよ．また，Map 関数と Reduce 関数をそれぞれ設計してみよ．

設問 6　ローカルおよびリモートの計算機で個別に保持する整数配列から，最小値を発見して表示する Java プログラムを，Java RMI を用いて記述せよ．ただし簡単のため，レジストリサーバ，ローカルおよびリモートの計算機のプログラムはすべて localhost で動作させても構わない．また，配列はプログラム中であらかじめ与えておいても構わない．

参考文献

[1] Sanjay Ghemawat, Howard Gobioff and Shun-Tak Leung. The Google file system. In Proceedings of the nineteenth ACM symposium on Operating systems principles (SOSP'03), pp. 29–43, 2003.

[2] I. Stoica, R. Morris, D. Liben-Nowell, D. R. Karger, M. F. Kaashoek, F. Dabek and H. Balakrishnan. Chord: a scalable peer-to-peer lookup protocol for Internet applications, IEEE/ACM Transactions on Networking, Vol. 11, No. 1, pp. 17–32, Feb 2003.

[3] Gluster, http://www.gluster.org/.

[4] Swift Documentation http://docs.openstack.org/developer/swift/.

[5] Oracle, Java RMI (JDK8 ドキュメント日本語版).
http://docs.oracle.com/javase/jp/8/docs/technotes/guides/rmi/index.html.

第12章
分散Webシステム

□ 学習のポイント

　我々が一般に分散Webシステムと呼び，日常的に利用している**WWW (World Wide Web)** は，分散処理技術を駆使した代表的なアプリケーションである．この章では，代表的な分散処理技術の応用事例として，分散Webシステムを解説する．はじめに分散Webシステムの概要と歴史について述べ，ネットワークを介して情報を参照するための機能配置，および，これらの機能が連携する基本的な仕組みを紹介する．また，分散Webシステムが広域，大量の情報を取り扱うために発生する，負荷を軽減する実用化のための工夫を述べる．最後に新たなコラボレーションへの発展にも言及する．

- 分散Webシステムの誕生から，現在のように生活基盤の一部として広く利用することになった経緯を学ぶ．
- 分散Webシステムが，ネットワークを介して分散する機能連携により実現されていることを学ぶ．
- 分散Webシステムが多様化する中で，簡潔な設計である**HTML, CGI, HTTP**が，現在でも共通基盤技術として活用されていることを学ぶ．
- 分散Webシステムの利用が拡大する中で，**XML, SOAP, REST**が必要とされた背景を学ぶ．
- 将来の分散Webシステムの発展を考え，このために必要となる技術を学ぶ．

□ キーワード

Web，HTML，XML，HTTP，CGI，SOAP，REST

12.1　歴史

　Webとはクモの巣や網目状のものを意味する言葉であり，文字通り，世界中に存在する様々な情報が，ネットワークを介して相互に交換される様を意味している．現在の社会が取り扱う情報は多種多様，かつ膨大であり，常に変化し続ける特徴がある．このため，世界のすべての人が満足する分散Webシステムを，特定の誰かが唯一のサービスとして提供することは不可能である．また，分散Webシステムが提供する情報には，文章や図表だけに留まらず，動画など様々なメディアがある．これらを1つのドキュメントとして取り扱う表示デザインも無限にある．

分散 Web システムが利用する情報は，ネットワークを介して世界中に分散する膨大な数のサーバ上に蓄積されており，これらを参照，加工する Web ブラウザを介して，ユーザは統合したドキュメントとして参照することができる．この Web ブラウザから見ると，情報は目的に応じてデザインされた 1 つのドキュメントであり，ユーザは実際に情報がどこに存在するのかなどの詳細な仕組みを意識することはない．

このように Web ブラウザと Web サーバから構成される分散 Web システムは，それぞれの情報を，分散処理が提供する様々な透過性を実現する技術を駆使することにより，独立，かつ操作の自由度が高い環境上で管理している．この環境を用いることにより，我々は，互いに面識もなく，存在すら意識することがない人々との間で，それぞれの目的に応じて世界中に分散して存在する情報を，検索，参照，加工することができる．分散 Web システムは，言うまでもなく，インターネットとして利用されている，世界最大の分散システムなのである．

分散 Web システムは，欧州原子核研究機構 (CERN : European Organization for Nuclear Research) が発祥と言われている．CERN は世界中で活動する研究者が保持する膨大な情報を，迅速にアクセスして相互に参照できる，使い勝手のよい一種の巨大な分散データベースを構築した．ここで，1989 年に Tim Berners-Lee が提案したハイパーテキストシステムが発端である．

この提案は，後に WWW へ発展することになる，URL (Uniform Resource Locator)，HTTP (HyperText Transfer Protocol)，HTML (HyperText Markup Language) など，情報にアクセスする基盤技術を生み出す実験的システム開発のきっかけになった．URL は，インターネット上の情報を特定するためのアドレス，HTTP は，Web ブラウザと Web サーバ間でコンテンツを送受する通信プロトコル，HTML は，Web 上の文章を記述するためのマークアップ言語である．これら分散 Web システムを実現する 3 つの要素技術を駆使することにより，我々はテキスト，図，静止画，動画などの情報メディアを操作して，ドキュメントとして利用することができる．

その後の分散 Web システムの爆発的な普及には，インターネットという世界規模ネットワーク基盤の整備が欠かせない．インターネットの起源は，1969 年にアメリカ合衆国国防総省によるコンピュータネットワーク ARPANET である．ARPANET はカリフォルニア大学ロサンゼルス校，スタンフォード研究所，カルフォルニア大学サンタバーバラ校，ユタ大学の 4 研究機関が参加して構築した実験的なコンピュータネットワークである．この実験では，1983 年に TCP/IP (Transmission Control Protocol/Internet Protocol) が標準プロトコルとして採用されるなど，現在のインターネットの原型が生み出された．次第に分散 Web システムが非軍事目的でも広い活用の場があることが理解され，日本でも 1984 年に東京大学，東京工業大学，慶應義塾大学の 3 拠点を結ぶ JUNET (Japan University NETwork) が構築され，全国の大学間で電子メールや電子ニュースなどのサービスが開始された．

分散 Web システムは，CERN の高エネルギー物理学の研究者が利用するシステムを発端に，他のサイトを吸収しながら世界規模へ発展したが，一般に利用されるようになったのは，高度なグラフィカルユーザインタフェースを介する，使い勝手が飛躍的に向上した環境が提供された

ときである.特に 1993 年にイリノイ大学スーパーコンピュータ研究所が開発した Mosaic は,優れたドキュメント構築能力と開発環境を提供し,分散 Web システムの普及に大きく貢献した.Mosaic は,世界中に分散して存在するテキスト,静止画,動画などの情報を,それぞれの存在位置を意識することなく,ユーザがマウスをクリックするだけで参照できるという,現在,我々が当たり前に利用しているインターネット環境を実現したのである.

分散 Web システムにかかわるプロトコル標準や相互運用にかかわる仕様は,1994 年から CERN と MIT (Massachusetts Institute of Technology) が組織する W3C (World Wide Web Consortium) が,開発,管理,保守運用を担当している.しかし,すでに分散 Web システムは単純なドキュメントベースのシステムではなく,複雑な操作を伴うアプリケーションとしても急速に発展している.このため,様々な組織が関連技術の拡張を活発に進めており,W3C が各種技術の互換性を維持することも非常に難しくなっている.

以降では分散処理の応用として,分散 Web システムの古典的な形態から最新の技術開発の状況を述べる.一見すると見境なく新しい技術を吸収しながら,変化と拡大を繰り返すように見える分散 Web システムであるが,その基本を支えている技術は,やはり様々な透過性を実現する分散処理であることがわかるはずである.

12.2 システム形態

様々な情報を提供する Web サーバは,情報を格納するファイル(データベース)をもっており,ネットワーク内に分散する複数の Web サーバが,1 つのシステムとして情報を統合することもある.しかし,Web ブラウザからは,個々の Web サーバが実際に世界のどこに存在するのか,どのような種類のコンピュータ上で動作しているのかなど,詳細情報は隠ぺいされている.このためユーザからは,あたかも Web ブラウザの背後に 1 つの巨大な情報空間が存在しているかのように見える.このような Web ブラウザから,情報を検索する複雑な機構をユーザから隠ぺいする仕組みは非常に重要である.ユーザはもちろん,Web ブラウザが,個々の情報の詳細を探りながら世界の裏まで追いかけて,やっと実体を見つけるのでは,機能が複雑になるとともに,負荷やコストも大きくなる.また,Windows, Linux, macOS, Android など,様々なプラットフォーム上で Web ブラウザが動作しているため,ユーザは PC,タブレット,iPhone など,利用しているデバイスに関係なく,同一のマンマシンインタフェースが利用できることも,分散 Web システムが普及した大きな要因である.ここで分散処理技術は,利便性の高い分散 Web システムをユーザに提供するために,情報が存在する位置透過性や,Web ブラウザが動作する環境透過性を実現する重要な役割を果たしている.

Web ブラウザを実現する中核機能は,図 12.1(a) に示す描画エンジン (rendering engine) とブラウザエンジン (browser engine) である.描画エンジンは,ドキュメントを解析する機能であり,ユーザが情報を利用しやすいマンマシンインタフェースを提供する.この解析や利用方法を実現するために,HTML や XML (Extensible Markup Language) など,分散 Web システム上でドキュメントの記述方法を定義する言語や,動的に描画を行うスクリプト,インター

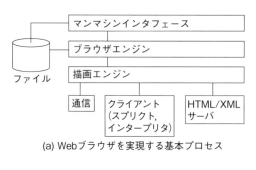

(a) Webブラウザを実現する基本プロセス

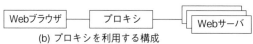

(b) プロキシを利用する構成

図 12.1 分散 Web システムを実現する基本的なプロセス構成.

プリタ機能が用いられる．これらの機能については，ドキュメントの表現や定義方法をさらに高度化した仕様が次々に登場しており，常に新たな技術革新が行われている．ブラウザエンジンは，ファイルに存在する情報，マンマシンインタフェース，描画エンジン，通信などを統括して，分散 Web システムとして提供する機能である．この構成により，Web サーバからネットワークを介して通知される様々な情報を，HTML，XML，スクリプト，インタープリタなどを駆使することにより，Web 上の 1 つのドキュメントとしてユーザに提供できる．

図 12.1(b) は，Web ブラウザと Web サーバの間にプロキシを置いた構成を示している．プロキシは，分散 Web システムを多彩な運用環境に対応させるために用意する重要な機能である．プロキシは文字通り「代理」として動作し，ユーザが直接，操作する Web ブラウザから，Web サーバの詳細環境を隠ぺいする役割をもつ．例えば Web サーバが FTP (File Transfer Protocol) サーバである場合，プロキシは代理として Web サーバに対しては FTP プロトコルで通信を行い，Web ブラウザには HTTP プロトコルに置き換えて通信する．ここではプロキシが HTTP プロトコルと FTP プロトコルの違いを吸収しているため，Web ブラウザからは，あたかも HTTP プロトコルだけが動作しているように見える．この他にも，プロキシは単なるプロトコルの変換だけでなく，以下に示す分散 Web システムに重要な機能が組み込まれている．このようにプロキシは，分散 Web システムが快適に動作するための仕組みを，Web ブラウザと Web サーバによるクライアントサーバ形態に影響を与えずに実現する，影の代理人として動作している．

- メッセージのフィルタリング
- ロギング機能や圧縮機能の挿入
- キャッシュ

分散 Web システムが，膨大な情報へアクセスできる機能をもつだけでは，現在のように世界中の人々共通の生活基盤となる地位は得られない．高度な機能をもつと同時に，ユーザが情

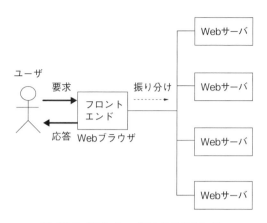

図 **12.2** Web サーバのクラスタリング.

報検索を行うと即座に結果を返してくれる応答性能も必要である．このように使い勝手のよい分散 Web システムを実現するために，考えておかなければならない重要な問題は，Web サーバへの負荷集中により発生する性能劣化を回避することである．この有効な解決策の 1 つが，図 12.2 に示す Web サーバのクラスタリングである．クラスタリングはユーザからの要求を受け付け，応答を返すフロントエンドと呼ばれる機能が，負荷に応じて複数の Web サーバに処理を分散させる機構である．クラスタリングのメカニズムでは，フロントエンドが重要な役割を果たす．フロントエンドは，各 Web サーバの負荷を効率良く分散させなければならないと同時に，自身がボトルネックになってはならない．フロントエンドは，どのようにして各 Web サーバの負荷を知るのか，Web サーバの負荷から，どのように処理を振り分けるのかが重要である．例えば要求の到着順に Web サーバに対して処理を機械的に振り分ける単純な方法も，フロントエンドの処理負荷が低いという点では有効かもしれない．また，TCP コネクションの割り当て方で処理を分散させる，トランスポート層によるクラスタリング方法も活用されている．クラスタリングはわかりやすい機構であり，多くの実用化された技術があるが，実際に適用すべきアルゴリズムが何かは，利用条件により異なる．

12.3 動作の仕組み

分散システムとして分散 Web システムを見た場合，実現形態には，図 12.3 に示す 3 種類がある．当初の分散 Web システムは，ドキュメントベースの情報を不特定多数のユーザへ発信することを目的としていた．このために図 12.3(a) に示す最も基本的な分散処理形態であるクライアントサーバ型分散 Web システムモデルが用いられ，ユーザが利用しやすい情報の提供方法を工夫していた．その後，Web ブラウザと Web サーバ間の手続きが多様化，複雑化したため，Web サーバが直接，情報にアクセスするのではなく，高度な検索機能をもつデータベースをサーバとして活用することが考えられ，図 12.3(b) に示す 3 階層型分散 Web システムモデルが考案された．さらに Web サーバの高機能化が進むに従い，それぞれが対等に分散連携

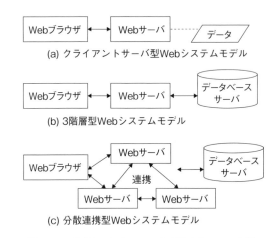

図 12.3 分散 Web システムを実現する3つの形態.

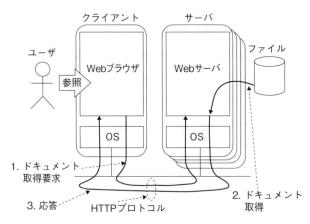

図 12.4 分散 Web システムを実現する基本構成.
（クライアントサーバ型分散 Web システムモデルの例）

する環境が拡大して，図 12.3(b) に示す分散連携型分散 Web システムモデルが登場した．分散 Web システムが取り扱う情報量が膨大になり，多様化するに従い，このように Web サーバが高機能，柔軟な分散処理形態に変化することは，自然な発展といえるだろう．

図 12.4 に示すクライアントサーバ型分散 Web システムモデルを用いて，分散 Web システムの動きを見てみる．ユーザが参照する Web ブラウザはクライアントとして，ファイルから「2. ドキュメント取得」を行い，Web サーバはサーバとして動作する．このとき，ブラウザは「1. ドキュメント取得要求」の要求を Web サーバに対して行い，この結果，「3. 応答」によりユーザが期待する情報を取得する．ここで Web ブラウザと Web サーバの間だけなく，複数の Web サーバもネットワークを介して世界中に分散している．つまり世界中に存在する膨大な数の Web サーバが連携して情報を提供しているため，ユーザは 1 つの Web ブラウザを介して世界中の情報を参照していることになる．

ユーザが Web サーバの存在する国や場所を意識することなく情報を取り扱うために，いく

つかの重要な技術が用いられている．Mosaic からスタートした高機能のブラウザは，その後，Netscape Communication 社の Netscape Navigator，Microsoft 社の Internet Explorer，Apple 社の Safari，Google 社の Chrome などへ発展する．Web ブラウザは，情報をドキュメントとして取り扱うが，対象はテキストだけではない．動画やオーディオなど，動的に変化する情報も取り扱わなければならない．これら情報メディアをドキュメント上で操作するために開発されたのが，ハイパーテキストマークアップ言語 HTML である．HTML は様々な情報メディアを，ネットワーク上に存在する位置に関係なく，1つのドキュメントに取り込むことができる．このドキュメント上に表示されている情報が，他のコンピュータに存在する場合，HTML は情報のリンクをたどることで参照する．ここでは Web ブラウザがネットワークを介して情報を特定する仕組みとして，URL が用いられる．Web ブラウザが URL で指定する Web サーバ上の情報を参照するために，この間ではハイパーテキスト転送プロトコル HTTP が動作している．

　分散 Web システムの実用化に大きく貢献した HTML であるが，さらに可読性の改善や記述能力を向上させた XML が登場した．最初の XML は，1998 年に W3C から勧告され，現在は様々な改善が加えられたバージョンや，類似の言語が登場して広く普及している．もともと XML は，HTML に不足する部分を補う目的で SGML (Standard Generalized Markup Language) をベースに開発された記述能力と拡張性に優れた言語であり，構造化されたデータを定義して Web 上で利用する．定義自体の検証や管理，認証を行う仕組みも備えており，HTML との互換性を重視して，ほぼ同様の使い方が可能でありながら，さらに高度な記述能力が利用できる．特に XML は複数の技術が連携する能力に優れており，他の技術を用いて定義したデータの保存，変換，表示が柔軟に行えるように設計されている．図 12.5 は XML 定義の例と，この定義を Web ブラウザを用いて表示する手順である．ここで，どのような Web ブラウザを用いたとしても，その表現が異なっていたとしても，XML 定義は1つである．この例では，情報として社内文書を定義している．XML 定義はパーサを用いて HTML に変換されるが，この表現方法はスタイル定義により決定される．つまり特定の Web ブラウザ対応にパーサとスタイル定義を用意すれば，同じ XML 定義として用意した社内文書の情報は，様々な表

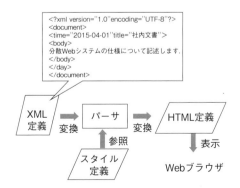

図 **12.5** XML 定義を Web ブラウザで見るための手順．

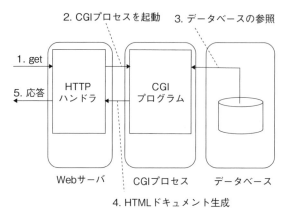

図 12.6　Web サーバにおける CGI の利用.

現が可能ということである．このように XML は情報定義と表現表法を分離しているため，動きのある表現に Java や JavaScript を用いることも容易である．

　ネットワーク上に分散する情報を取り扱う，もう 1 つの重要な技術が，共通ゲートウェイ・インタフェース CGI (Common Gateway Interface) である．例えば図 12.6 に示す 3 階層型分散 Web システムモデルでは，CGI が Web サーバとデータベースの間で動作している．Web ブラウザは「1. get」により Web サーバに対して情報取得を要求し，「5. 応答」により期待する情報を取得する．ここで期待する情報が，利用している Web サーバではなく，他のコンピュータ上のデータベース上に存在することもありうる．このような場合，Web サーバは他のコンピュータ上のプログラム，例えばデータベースを呼び出して検索する必要がある．このために，他のプログラムを呼び出して，この結果を Web ブラウザに送信する仕組みが CGI である．Web サーバ上では HTTP ハンドラが動作しており，他のコンピュータの「2. CGI プロセスを起動」を行い，「3. データベースの参照」を実行する．この結果を受けて CGI プログラムは，HTML ドキュメントを生成して HTTP ハンドラに返送する．この手順により Web ブラウザのユーザは，情報が存在するコンピュータを意識することなく，つまり透過に所望の情報を参照することができる．

12.4　HTTP

　分散 Web システムを実現する通信プロトコルは，様々な情報メディアを取り扱う多様性があること，Web ブラウザを搭載する様々なデバイスが利用できる可搬性があることなど，様々な条件を満足しなければならない．初期の分散 Web システムを実現する段階において，Web ブラウザと Web サーバの間でメッセージ交換を行う HTTP が開発された．この HTTP は，クライアントサーバ型の単純な通信プロトコルであり，TCP/IP を介して Web ブラウザからの要求を Web サーバに伝え，この結果となる情報を Web サーバから Web ブラウザに返す単純な手順を定義している．

表 12.1 HTTP の基本メソッド.

メソッド	説明
head	オブジェクトの情報をブラウザに返す単純なことを要求する．この情報とは日付や情報のサイズなどである．
get	オブジェクトを Web ブラウザに返すことを要求する．
put	Web サーバにオブジェクトを送信し，サーバ上に保存することを要求する．
post	Web サーバにオブジェクトを送信する．これは CGI などで情報を送信する場合に使用する．
delete	Web サーバ上のオブジェクトの削除を要求する．

表 12.1 は，Web ブラウザと Web サーバ間で交換する，メソッドと呼ばれる基本的な命令の一覧である．ここでは情報単位をオブジェクトと表現しており，オブジェクトを Web ブラウザと Web サーバ間で交換する単純な操作を定義している．

図 12.7 は，HTTP メッセージフォーマットである．図 12.7(a) は，Web ブラウザから Web サーバへ要求を行う HTTP リクエストメッセージであり，図 12.7(b) は，Web サーバから Web ブラウザへ応答を返す HTTP レスポンスメッセージである．HTTP リクエストメッセージは，リクエスト行，リクエストメッセージヘッダ，メッセージ本体，HTTP レスポンスメッセージは，レスポンス行，レスポンスメッセージヘッダ，メッセージ本体の，いずれも 3 種類の情報から構成されている．

HTTP リクエストフォーマットのリクエスト行は，メソッド，オブジェクトの URL，HTTP バージョンが必須情報として定義されており，この要求の属性を意味している．HTTP レスポンスフォーマットのレスポンス行は，HTTP バージョン，ステータスコード，ステータスコード説明が定義される，やはり必須情報であり，HTTP リクエストメッセージに対する応答の属性を意味する．表 12.2 は，HTTP レスポンスメッセージのステータスコードの例である．この中でステータスコード 404 (Not Found) は，インターネットのユーザなら一度は見たことがあるだろう．Web ブラウザが HTTP レスポンスメッセージを受信して，このコードを表示す

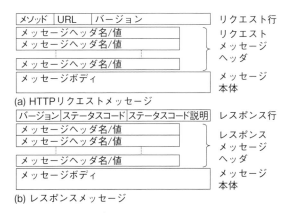

図 12.7 HTTP メッセージフォーマット例.

表 12.2　HTTP レスポンスメッセージのステータスコード例.

ステータスコード	意味	ステータスコード例
100 番台	続きの情報があることを意味する.	100(Continue)
200 番台	Web サーバが要求を処理できたことを意味する.	200(OK)
300 番台	別の URL へ要求を出しなおすように要求する.	301(Moved Pemanently)
400 番台	Web ブラウザの要求に問題があるため，処理できなかったことを意味する.	404(Not Found)
500 番台	Web サーバに問題があり，処理できなかったことを意味する.	503(Service Unavailable)

(a) 非永続的コネクションを利用したWebサービス

(b) 永続的コネクションを利用したWebサービス

図 12.8　非永続的コネクションと永続的コネクション.

る動作が想像できると思う．

　Web ブラウザと Web サーバ間の通信の接続関係には，非永続的コネクションと永続的コネクションがある．利用する 1 つの分散 Web システム内に存在する，相互に独立した情報へアクセスする場合，この間のコネクションの利用形態は，応答性能とコネクションを実現する通信資源のトレードオフになる．図 12.8(a) に示す非永続的コネクションを利用した分散 Web システムは，Web ブラウザが各情報に対して個別に HTTP コネクションを設定し，1 つの情報を操作する作業が終了した後に解放する，非永続的な利用である．この方法は，繰り返される HTTP コネクション確立の負荷が大きくなるため，分散 Web システムの性能劣化を招くおそれがある．これに対して，図 12.8(b) に示す永続的コネクションを利用した分散 Web システムは，Web ブラウザが各情報を単一の HTTP コネクションを用いて利用する．HTTP コネクションは複数の情報利用にかかわるため，分散 Web システム自体が終了するまで切断されることがない．この方法は，コネクションのために通信資源を多く消費するため，やはり分散 Web システムの性能劣化を招くおそれがある．このように Web ブラウザと Web サーバの間のコネクションの利用方法は，利用条件に応じて工夫する必要がある．

　HTTP はインターネットを実現する古典的ではあるが，標準的なプロトコルといえる．し

かし，さらに高まるコンピュータ間連携の要求に応えるため，SOAP (Simple Object Access Protocol) などの技術が登場している．SOAP は 1999 年に Microsoft 社などが提案したプロトコルであり，2005 年に W3C において標準仕様として規定された．SOAP は分散 Web システムを実現するために，広く一般に用いられる技術を採用する現実的な選択をしており，データ記述に XML を，通信には HTTP を採用している．最大の特徴は，XML がもつドキュメント文法を定義する能力を利用して，異なるコンピュータがあらかじめ共通の知識をもたなくても，ドキュメント情報を解析して連携する機能を備えていることである．SOAP は HTTP によるクライアントから Web サーバへの情報検索に加えて，このような異なるコンピュータが連携する分散処理機能を強化している．しかし，XML のメッセージの汎用的な解析が冗長であるため，この性能がボトルネックとなる問題も次第に明らかになってきた．このため近年は，SOAP の欠点を克服した軽量化設計である，REST (REpresentational State Transfer) が用いられる傾向にある．

REST は URL に HTTP を用いてアクセスすると，XML で記述された情報が返される仕組みを提供している．分散 Web システムは，これまで説明したようにハイパーメディアと呼ばれるドキュメントを取り扱うシステムとして発展してきた．しかし，近年は例えば辞書検索や地図検索などの情報検索エンジン，オンラインショッピングやオンラインオークションなどの電子商取引，航空機座席予約やテレビ予約などの予約サービスなど，多くの Web サーバが協調連携しながら，クライアントに情報を提供する大規模な分散処理システム構成が一般的である．また，クライアントも Web ブラウザのような単純なドキュメントビュアーだけではなく，ロジックをもったプログラムとして動作することも必要になる．こうなると単純なクライアントサーバ型の分散 Web システムだけでなく，Web ブラウザと Web サーバが高度な機能で連携する新しい枠組みが求められる．REST は分散 Web システムを実現するために HTTP と XML を用いる点では SOAP と同じ位置付けの技術に見えるが，単に分散 Web システムを実現する道具を提供するだけではなく，ソフトウェアアーキテクチャのスタイルを提供している．これはアーキテクチャそのものではなく，アーキテクチャの考え方を示すものであり，基本的に HTTP を用いて実現する分散型の連携スタイルを意味している．例えば SOAP は HTTP，FTP，SNMP (Simple Network Management Protocol) などの下位層プロトコルに依存しない，便利ではあるが複雑化したアーキテクチャである．これに対して REST は，参照する情報すべてをリソースとして扱い，URI (Uniform Resource Identifier) を用いて識別する．1 つのリソースはテキストであることもあれば，グラフや XML ドキュメントの場合もある．これらのリソースを操作する手段を，HTTP メソッドとして提供する単純化された軽量な設計になっている．ここで分散 Web システムの設計者は，統一された軽量な操作手段を用いて，以下のような情報の取り扱いを，分散 Web システムを実現するアーキテクチャと定義する．

- リソースとして定義すべき情報の選択
- リソースを指定する URI の設計
- リソース間の関係定義

- Web ブラウザによる操作
- エラーが発生したときの対処

12.5 実用化のための工夫

　初期の分散 Web システムでは，Web ブラウザは 1 つの Web サーバとのみ通信を行い，情報も参照するのみであった．このため，Web サーバに情報を書き込む場合でも競合は発生しなかった．しかし，近年は複数の Web サーバが協力して情報の収集，加工を行う連携が一般的であるため，高い性能を実現するために並行動作が多用される傾向にある．このため，ロックメカニズムを伴う遠隔 Web サーバでの情報の生成，削除，コピーが不可欠になっている．このような機能を提供する分散ファイルシステムとして，WebDAV (Web-based Distributed Authoring and Versioning) がある．WebDEV は，Web サーバに対してファイルのコピーや削除，また，情報の属性である所有者や更新日時の設定などを行う機能を，HTTP1.1 を拡張したプロトコルを用いて実現している．ここでは FTP など特別なプロトコルを用いることなく，HTTP だけですべての情報を管理する環境を提供する．

　快適な性能による分散 Web システムを実現する重要なメカニズムの 1 つは，キャッシュと呼ばれる情報の複製管理であろう．Web ブラウザは情報を読み込むと，キャッシュと呼ばれる複製の格納庫に情報を置き，次に情報が呼ばれるときは，このキャッシュの情報が利用される．当然，ネットワークを介して Web サーバから情報を得るのではなく，自身のメモリに格納されている情報を利用するため高い性能が実現できる．一般にキャッシュは，Web プロキシが搭載する．プロキシはクライアントからのリクエストを受け取り，結果となる情報をレスポンスとしてクライアントに返すメカニズムであるが，このプロキシが情報をキャッシュしていれば，情報を複数のクライアントに返すことも容易にできる．

　キャッシュの実現では，確実に情報の一貫性を保障することが重要であり，保持している情報を更新するタイミングが性能と信頼性の双方に大きく影響する．図 12.9 は，Web ブラウザの要求をキャッシュするエッジ Web サーバと，オリジナルの情報を保持するオリジナル Web サーバが連携する手順を示している．Web ブラウザからオリジナル Web サーバに対してリクエストが送信され，オリジナル Web サーバのデータベースから情報をレスポンスで取得すると，この情報をエッジ Web サーバに格納する．以降，Web ブラウザは，あたかもオリジナル Web サーバまで情報を問い合わせているように見えるが，実際は身近にあるエッジ Web サーバ上の情報を活用しており，通信の手間を削減でき，高い性能を実現できる．当然ながら，オリジナル Web サーバの情報は更新されるため，如何に一貫性を阻害することなく，常にエッジ Web サーバが保持する情報を，遅延なくオリジナル Web サーバの情報と同期するかが重要である．この同期をネットワークを介したエッジ Web サーバと，オリジナル Web サーバ間で実現するために，分散キャッシュ機構が動作している．

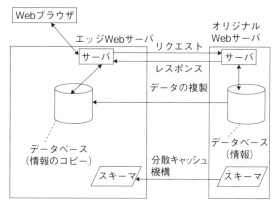

図 12.9　Web サーバのキャッシング.

12.6　コラボレーションへの発展

　世界中の研究者が個々に保持する研究文書を統合して，世界中のどこからでもわかりやすく，統合されたドキュメントとして参照することを目的に登場した分散 Web システムは，近年では情報検索，電子商取引，予約サービスなどに利用の幅を広げている．当初，研究者が必要とした分散 Web システムは，分散型の情報共有世界の実現に成功し，この巨大な情報空間では，特に強力な情報検索能力が重要視された．さらに検索した情報を用いて，例えば航空機の予約を行う手続き，あるいは決済や商取引を行う手続きなど，アプリケーションを含めて，利便性の高いサービスを提供するシステムへと発展している．

　この結果，分散 Web システムが，我々の社会生活自体までを支える重要な生活基盤としての地位を確立したことは，言うまでもない事実である．さらに近年の分散 Web システムは，情報空間の共有に留まらず，人の意図を連携させて 1 つの仕事を実行する，分散コラボレーションシステムへと進化している．例えば図 12.10 に示すように，顧客と営業の間は分散 Web システムを用いて商談を行い，さらに営業は会社の分散 Web システムを介して予算管理者や業務管理者と連携して顧客にサービスを提供する．これは単に情報を共有しているだけではなく，個々の人の意図や知恵を連携させる，コラボレーション空間の構築を意味する．

　このように分散 Web システムは，情報共有から知の協調を世界規模で実現する段階に入っている．多くの人がネットワークを介して協調連携するシステムは，当初，グループウェアと呼ばれた．グループウェアは電子メールを始め，スケジュール管理，電子掲示板，電子会議などとして次々に実現され，今日のオフィス業務でも欠かすことができないサービスとして定着している．

　さらに容易，かつ低コストでさまざまな業種のサービスを，世界規模で展開する新たな環境の実現により，我々のビジネス形態は大きく変化した．例えば従来，アプリケーション，業務ロジック，データベースから構成される 3 階層型アプリケーションが基幹システムを構成していた．しかし近年，例えば Web ブラウザを用いたマンマシンインタフェースを用いて，業務ロ

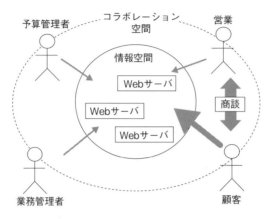

図 12.10　分散コラボレーションシステム.

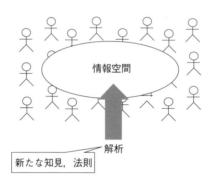

図 12.11　コラボレーションの発展.

ジックや各種情報を管理するデータベースシステムを Web サーバとして独立させて保持する形態に置き換わっている．これにより迅速な流通の提供，停滞する在庫量の削減など，業務プロセスの流れを効率化させ，ビジネスにおいて大きな利益を生み出すことに成功している．この効果により企業–企業間ビジネス (Business to Business : B to B)，消費者–企業間ビジネス (Business to Costomer : B to C)，企業内ビジネス (in Business : in B) など，すべてのビジネス形態は大きく変化してしまった．

　近年，分散 Web システムが実現する新たなコラボレーションは，新たな段階に入っている．この代表的な動きが，ソーシャルネットワークに代表される，新たな人と人とのつながりを，分散処理ベースの技術が仲介するシステムの登場である．例えば代表的なソーシャルネットワークである Facebook は，2004 年にマーク・ザッカーバーグが中心となり開発した，ハーバード大学の学生間のコミュニティシステムが基盤である．もともと学生が特に利用目的を明確にせずに発信した，日常の何気ない情報が新たな人と人との関係を構築し，また，小さな情報が集積されて大きな情報に発展する，およそ事前に開発者も予想していないコラボレーションを実現する情報世界が現れたのである．ここでは図 12.11 に示すように，互いに存在さえ知らない無数の人間が提供する意図のない情報が大きな情報空間を構成し，新たな意図や法則を生み出

している.この情報空間は,一種のビックデータともいえる.この情報空間は,たとえ人種や存在する場所が異なっても,利用しているWebブラウザや動作環境のOSが違っても,利用しているデバイスがパソコン,タブレット,ウェアラブルデバイスであっても,これらの違いに関係なく情報を発信し,世界のどこかで情報が集約,解析されて活用される新たなコラボレーション世界である.しかし,このような環境を実現する基盤は,やはり分散Webシステムを発展させてきた分散処理による様々な透過性を実現する技術がベースである.

演習問題

設問1　Webブラウザが情報をドキュメントとして参照するために用いる3つの基本機能を示し,それぞれの役割を説明せよ.

設問2　URLとは何か,また分散Webシステムにおいて活用する利点を説明せよ.

設問3　WebブラウザがWebサーバ上の複数の情報を参照するコネクションの形態を2つ示し,それぞれの利点と欠点を説明せよ.

設問4　分散Webシステムを快適な性能で利用するための工夫を1つ説明せよ.

設問5　近年の分散Webシステムが実現する新たなコラボレーションの期待を解説せよ.

参考文献

[1] 小泉修著,図解でわかるWeb技術のすべて―HTTPからサーバサイド構成まで―,日本実業出版社 (2001).

[2] 松下温監修,市村哲,宇田隆哉,伊藤雅仁著,基礎Web技術,オーム社 (2003).

[3] 山本陽平著,Webを支える技術,技術評論社 (2010).

[4] 増永良文著,ソーシャルコンピューティング入門―新しいコンピューティングパラダイムの道標―,サイエンス社 (2013).

[5] Peter Gasston, The Modern Web-Multi-Device Web Development with HTML5, CSS3 and Java Script (2013). (牧野聡訳:モダンWeb―新しいWebプラットホーム基盤技術,オライリー・ジャパン (2014)).

第13章
パーベイシブシステムと分散組み込みシステム

□ 学習のポイント

　本書において分散パーベイシブシステムとして議論されているシステムの要素の1つ1つも実は分散組み込みシステムである．本章では組み込みシステムの特徴に関して述べた後，分散組み込みの実例を紹介する．近年，マイクロプロセッサは性能の向上のため，マルチコア，マルチスレッド化が進んでいる．そのため従来のシングルコアプロセッサでは必要がなかった分散システムにおける排他制御技術など，分散システム技術はますます重要になってきている．

　分散組み込みシステムにおいては，共有メモリ型の密結合型マルチプロセッサ構成とすることが多いが，そのとき，問題になるのが排他制御の実現方法である．共有メモリ型密結合型マルチプロセッサ構成システムの排他制御に，シングルコアプロセッサで通常使用されるセマフォが利用できない理由を説明する．

　共有メモリ型密結合型マルチプロセッサ構成のシステムにおける排他制御の実現方法に関しては，次章で議論する．

- 組み込みシステムについて理解する．
- パーベイシブシステムと組み込みシステムの関係について理解する．
- 分散組み込みシステムについて理解する．特に **ASMP** 型の組み込みシステムについて理解する．
- 割り込みの基礎に関して理解する．
- 通常のセマフォの実現方式とそれをマルチプロセッサシステムで使用するのが難しい理由を理解する．

□ キーワード

　組み込みシステム，プロセッサ，**CPU**，割り込み，共有メモリ，シングルコア，マルチコア，**SMP** システム，**ASMP** システム，セマフォ

13.1 組み込みシステム（パーベイシブシステム）とは

図 13.1 に車を例とした，分散システムとしてのパーベイシブシステムと組み込みシステムの構成を示す．

車は 100〜200 個の ECU (Electronic Control Unit) と呼ばれるマイクロプロセッサと各種デバイスを金属の箱に入れたコンピュータシステムから構成されている．金属の箱に入れられているのは，エンジンのスパークプラグの放電などエンジンルーム内のノイズを防止するためである．

個々の ECU もセンサやアクチュエータと接続された組み込みシステムであり，ECU 内では1 個から数個のプロセッサやメモリ，各種デバイス（コントローラ）などがバスで接続されている．

それらの ECU が CAN や FlexRay などのリアルタイムネットワークで接続され，車という組み込みシステムが構成される．

一方，別の見方をすると，多数の車や信号機などの情報が集められて，大規模交通管制システムや ITS などのシステムが作り上げられつつある．

このように車というシステムに注目すると，組み込みシステムでもありパーベイシブシステムともいうことができる．

本章では車というものを分散組み込みシステムとしてとらえた場合の解説を行う．

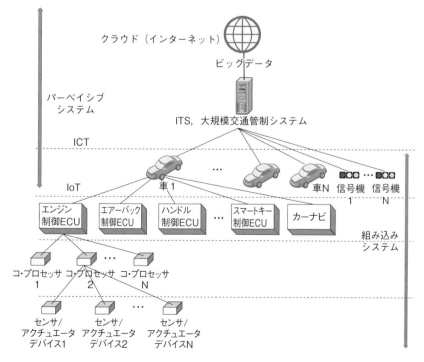

図 13.1 車を例とした分散システム．

分散組み込みシステムにおいては共有メモリ型密結合型マルチプロセッサ構成とすることが多いが，そのとき問題になるのが，排他制御の実現方法である．共有メモリ型密結合型マルチプロセッサ構成時の排他制御に関しては次章で議論する．

組み込みシステムもコンピュータシステムの一種であるが，コンピュータシステムは次のように分類できる．

- メインフレームコンピュータ，スーパーコンピュータ
- サーバ，ワークステーション
- パソコン
- Pad，携帯電話（スマホ）
- 組み込みシステム

メインフレームコンピュータ，スーパーコンピュータは，例えば気象や地震などのシミュレータに使用される．

サーバ，ワークステーションは，例えばWebサーバやデータベースサーバとして使用される．

パソコンは個人用として，人間にとっての使いやすさを目的に使用される．そのためヒューマンマシンインタフェースが充実している．

Padや携帯電話（スマホ）も目的はパソコンと同様であるが，さらに使いやすさが重視される．ハードディスクをもたないことが大きな特徴であり，仮想記憶機能が不要なだけOSとしては小容量で軽く作ることが可能である．

組み込みシステムとは専用（単一目的）の電源を入れるだけで実行が開始されるターンキーシステムであり，衛星機器や車，インダストリアル製品から非接触型ICカードまで規模の幅が大きい．予測できない現実の変化をセンサでとらえて，制限時間以内に演算結果とともに，アクチュエータを通じて現実世界に影響をあたえる何らかの実際の動作まで，完了することが要求されることが多い．

上記のうち，組み込みシステム以外は汎用システムと呼ばれることが多く，多くの場合，汎用システムの最大の目的が大量のデータをできる限り短時間で処理できる処理能力の高さであるのに対して，組み込みシステムの最大の目的は，あらかじめ求められている制限時間以内に演算処理を終え，結果を反映するというリアルタイム性の実現である．

図13.2に組み込みシステムにおけるソフトウェア，ハードウェア，メカニズムの構成を示す．メカニズムとは，組み込みシステムにおける機構のことであるが，DVDやブルーレイディスクレコーダーのトレイ機構，少し前の時代の携帯電話の中折れ機構の機構設計のみならず，効率的に放熱するための熱設計なども必要である．

組み込みシステムとは，その名の通り，マイクロプロセッサが組み込まれた機器の総称であり，ソフトウェア，ハードウェアそしてメカニズムが密に結合・統合され，外部環境の変化に対応して動作するパッケージ化されたシステムである．3つの分野が協調し合い，1つの目的（組み込みシステム製品の開発）が達成されるシステムであり，どれか1つでも欠けてしまうと組み込みシステム製品は生まれてこない．

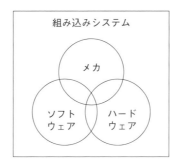

図 13.2 組み込みシステムにおけるソフトウェア，ハードウェア，メカニズムの構成．

さらに，リソース制限（製品価格から来る使用可能，プロセッサ，メモリサイズなどの制限，そして数十年はざらである製品寿命，さらには 24 時間 365 日無停止連続運転など）まで求められる場合もあり，信頼性などが非常に高いレベルで要求される場合も多い．

組み込みシステムの範囲は，携帯電話や地上デジタル放送機器などの各種 AV 機器，電子ジャーや炊飯器，電子レンジなどの家電製品，自動車に数十個以上使用されている ECU，エレベータ，エスカレータなどのビル関連製品，工業用ロボット，レーザー加工機などのインダストリアル製品，自動販売機，自動改札，パチンコ，ゲーム機などの娯楽機器，果てはレーダーや宇宙機器などに広く及び，世の中は組み込みシステムで満ち溢れている．

組み込みシステムの形態，規模は多岐にわたるため，具体的な要求事項はそれぞれの製品によって大きく異なるが，共通する特徴としては，資源制約，リアルタイム処理，高信頼性，低消費電力などがあげられる．その他，業務系ソフトウェアと比較して組み込みソフトウェアは，実装されるハードウェアの多様性のため，ソフトウェアとハードウェアのインタフェースを司るソフトウェアであるデバイスドライバの種類が多く，重要度が高いという特徴もある．

13.2 組み込みシステムにおける分散処理

組み込みシステムは現実世界の変化に対応して処理を行い，演算結果を現実世界に反映するシステムであるが，現実世界の物理的，アナログデータの変化をとらえるには，温度センサ，匂いセンサ，加速度センサ，湿度センサ，太陽センサなど多くの種類のセンサを使用する．一方で演算結果を現実世界に反映するには，サーボモーター，点火プラグ，LED，液晶，リアクションホイール，スラスターロケットなどの多くの種類のアクチュエータを使用する．

図 13.3 に組み込みシステムと現実世界の関係を示す．

実は組み込みシステムにおいて，多くのセンサやアクチュエータは，最初にプロセッサから指示があれば，以後はプロセッサとは独立して実行可能であり，一種の密結合型マルチプロセッサ，ASMP (Asymmetric Multiprocessing) システムであり，分散システムである．（最近の国産リアルタイム OS 業界では各プロセッサの役割が違うことから FDMP (Function Distributed Multiprocessing：機能分散型マルチプロセッサシステム) と呼ぶ場合もある．）この構成の組

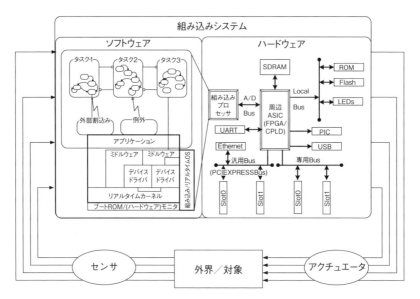

図 13.3 組み込みシステムと現実世界の関係.

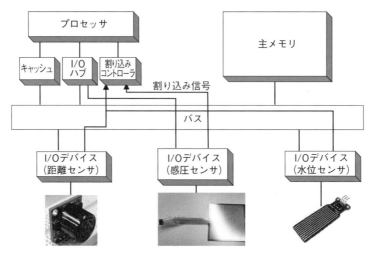

図 13.4 組み込みシステムにおける分散システム.

み込みシステムは，通常は共有メモリ型の分散システム構成となっている．

図 13.4 に組み込みシステムにおける分散システムの例を示す．共有メモリはプロセッサとセンサ，アクチュエータ間のデータの受け渡しなどの通信領域として使用される．

組み込みシステムになじみがない読者は汎用システムの例の方がわかりやすいかもしれない．

図 13.5 に汎用システムにおける，共有メモリ型分散システムを示す．汎用システムにおいては，センサやアクチュエータにあたるものはチャンネルと呼ばれる場合が多い．図 13.4 も図 13.5 もコンピュータシステムの構成としては同じである．

センサ，アクチュエータあるいはチャンネルは，プロセッサとは独立して動作するため，何

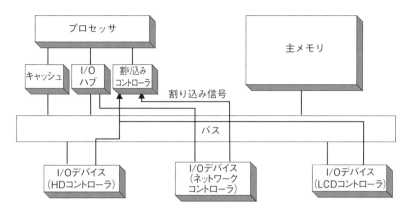

図 13.5 汎用システムにおける分散システム.

らかのタイミングでプロセッサと同期を取らなくてはならない．そのときに用いるのが，センサ，アクチュエータあるいはチャンネルから，割り込み信号線を通じてプロセッサに通知される，割り込みである．割り込みが入力されるとプロセッサは実行中のソフトウェアを一時停止して，別のソフトウェアの実行を開始する．これが並行処理実現の仕組みである．

> **コラム**
>
> 複数の処理が同時に実行する場合，並行処理と並列処理という言い方がある．並行処理とは英語では "Concurrent Processing" であり，処理を高速に切り替えることにより，見かけ上同時に実行されているように見せる技術であり，プロセスやタスク，あるいは割り込みレベルで同時多重処理を実現するための技術である．
>
> 一方，並列処理とは英語では "Parallel Processing" であり，プロセッサの命令レベルで実際に複数の処理が同時に実行されている状態で，マルチコアやマルチプロセッサなどがこれに相当する．

この構成の特徴は，割り込み信号を受け取るのはプロセッサだけであることである．言い換えると，並行処理を行うものはプロセッサだけであり，センサ，アクチュエータあるいはチャンネルは，各々とは並列処理は行うが，並行処理は行わないことである．割り込みを使用してプロセッサとのタイミングを合わせれば，通信領域を両者が同時に使用することはないため，プロセッサとセンサ，アクチュエータあるいはチャンネルとの間で排他制御を行う必要はない．割り込みによってプロセッサの処理が切り替わることによる，並行処理間の排他制御のみ実現すればよく，通常はプロセッサが備える割り込み禁止／許可を使用する．割り込み禁止／許可といっても割り込みの発生を禁止／許可するのではなく，割り込み禁止とは割り込みが発生しても，割り込みが許可されるまでは，実行中の処理から割り込み処理に制御が移ることが遅らされる．これを利用して排他制御を実現する．

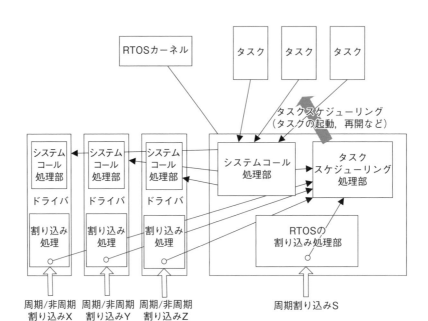

図 13.6　OS と割り込みの関係.

13.3　OS と割り込みの関係

その他 OS には，時間に関連するシステムコール実現のために，言い換えると OS 自身のために周期的な一定間隔の割り込みが必要であり，これはシステムチックあるいはシステムクロックと呼ばれる場合もある．特に現実世界の変化をセンサからの割り込みで知ることが多い組み込みシステムや，その組み込みシステムに利用されるリアルタイム OS においては，割り込みの種類が多く，割り込みに対して一定時間以内に処理を返すリアルタイム性が重要となる．

図 13.6 にリアルタイム OS と割り込みの関係を示す．図において周期割り込み S という周期割り込みがシステムチックを，それ以外の割り込みがセンサやアクチュエータからの割り込みを示す．

13.4　ASMP 型の組み込みシステム

13.2 節で述べた構成の組み込みシステムは広い意味での ASMP であるが，組み込みシステムも機能，性能の向上のために，真の意味での ASMP システムも広く使われている．図 13.7 に真の意味での ASMP 型分散組み込みシステムの例を示す．

これは 3 次元金型加工を行う NC (Numerical Controller) の構成を示している．携帯電話のプラスチックケースなどは 3 次元の曲面で構成されているが，これは 3 次元の曲面で構成された金型にプラスチックを流し込んで成型する．その金型は，金属を NC 付きの工作機械で加工する（彫る）ことによって作られる．NC は NC に与えられる加工プログラムに従って動作

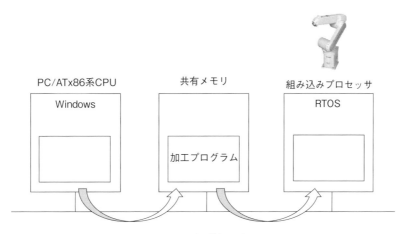

図 **13.7** ASMP 型分散組み込みシステム．

するが，工作機械への実際の指令は各々の長さが 0.1 マイクロメートル以下の直線や円弧の無数のブロックから構成されている．もちろん人間がそのようなブロックから構成される長大なプログラムを作成することは現実的ではない．通常は，CAD (Computer Aided Design) で生成した 3 次元の図面から CAM (Computer Aided Manufacturing) を使用して，NC の加工プログラムを自動的に生成する．

ただ，NC もファイルシステムは備えているが，前述のように 3 次元加工プログラムは長大であり，容量的に NC の備えるファイルシステムにはすべて格納することはできない．そこで CAM から CAD によって NC のプログラムの生成を行いながら実加工を行う構成としなければならない．

しかしながら，NC による制御はリアルタイム性が重要なため，NC はリアルタイム OS を用いた専用の組み込みシステムである．一方，CAD や CAM は Windows や Linux など汎用 OS 用のものしか存在しない．新たにリアルタイム OS 用の CAD や CAM を開発するのは現実的ではない．そこで異なるアーキテクチャのプロセッサを使用した ASMP 型の分散組み込みシステムが必要となる．通信するデータが多量のため，共有メモリ型密結合マルチプロセッサシステムとする場合も多い．

このとき，汎用 OS 側が生成途中の加工プログラムを RTOS 側が読み込んだり，逆に RTOS 側が読み込んでいる途中の加工プログラムを汎用 OS 側が上書きするのを防止するために，排他制御や同期が必要となる．

実際には，加工プログラムの受け渡しにはダブルバッファやリングバッファを用いるため，全加工プログラムを書き込んだり，読み込んだりする間ずっと排他制御をする必要はなく，リードポインタやライトポインタの書き変えている間のみの排他制御でよいが，それにしても排他制御は必ず必要である．

13.5 密結合組み込みシステムにおける細粒度排他制御

並行並列処理間では，共有データの一貫性 (coherency) が保たれなければならない．そのためには排他制御機能が必須となる．

特に共有メモリを用いてデータを交換する組み込みシステムのような分散システムにおいては，ビットデータの排他制御のような細かい粒度の排他制御が必要になる場合がある．

図 13.8 にビットの共有データの排他制御不足により不具合が発生したプログラムを示す．図における共有データは初期値の flag である．この場合，割り込み A と割り込み B が両方とも発生した場合の flag の値は 0x03 (0x01 OR 0x02) とならなければならないにもかかわらず，0x01 または 0x02 になる場合があった．実際の例では，flag の ON となっているビットによって，動作を決定する他の並行処理が必要な動作を行わないという問題が発生した．

組み込みシステムでは性能や価格面から CISC (Complex Instruction Set Computer) 系の CPU から RISC (Riduced Instruction Set Computer) 系の CPU に変更する場合が多いが，そのときに各社，様々な製品において同様の問題が発生している．原因は，CISC 系の CPU においてはメモリ上のデータである flag に対する OR 演算は 1 命令であるのに対して，C や C++ 言語においては，OR 演算は 1 実行命令であるにもかかわらず，ロード／ストアアーキテクチャの RISC 系の CPU が実行する命令（機械語）は複数命令になっていることである．そして，その複数の命令実行中に処理の切り替えが発生すると flag の不整合が発生する．

図 13.9 に RISC 系 CPU (MIPS) における OR 命令の C (C++) 言語における記述と機械語における記述を示す．CISC 系の CPU であれば，メモリ上の変数である flag に対して，直接 OR 演算を実行できるが，RISC ではまず flag の値をレジスタにもってきて，そのレジスタに対して OR 演算を行い，最後にそのレジスタの値をメモリ上の flag 変数にコピーするという 3 命令になる．割り込み処理 A と割り込み処理 B におけるそれぞれの OR 命令が機械語レベ

```
volatile unsigned long flag = 0x00;    // 共有メモリ上のデータ

並行並列処理 A
{
    :
    flag |= 0x01;    // ビット 0 を ON
    :
}

並行並列処理 B
{
    :
    flag |= 0x02;    // ビット 1 を ON
    :
}
```

図 **13.8** 排他制御ミスを起こしたプログラム例．

```
// CやC++言語のOR命令
    flag |= 0x01;      // ビット0をON

// RISC (MIPS) における上記命令の機械語（アセンブラニーモニック）

    ld reg1, flag
    or reg1, 0x01
    st reg1, flag


// CやC++言語のOR命令
    flag |= 0x02;      // ビット1をON

// RISC (MIPS) における上記命令の機械語（アセンブラニーモニック）

    ld reg1, flag
    or reg1, 0x02
    st reg1, flag
```

図 13.9 C言語と機械語.

ルでは，それぞれ3命令となる．

割り込み処理のこの3命令の実行中に，処理の切り替えが発生して他の割り込み処理のこの3命令が実行されるとflagの不整合が発生する．

この場合はflagが排他制御をしなければならないデータであり，両方の割り込み処理から操作される共有データである．C言語では1命令，機械語では3命令のOR命令が，それぞれクリティカルセクションであり，排他制御が必要な命令列となる．

このように共有メモリを用いる場合，1ビットのデータの排他制御のような，細かい粒度の排他制御が実現できないと問題が生じる可能性がある．

13.6 ASMP型分散組み込みシステムにおける排他制御の課題

シングルコアのシステムにおける並行処理の単位であるプロセスやタスクでは，排他制御に用いる最も基本的な仕組みはセマフォである．セマフォは0以上の整数の値をもち，必要な数だけ作成することができる．プロセスやタスクはセマフォに対してP操作とV操作（実際のシステムコール名はOSによって異なる）を実行して排他制御を行う．

図13.10にセマフォに対するP操作とV操作の動作を示す疑似プログラムを示す．P操作とはセマフォをロックするためのシステムコールである．もしセマフォの値が1以上の場合は，ロックが成功したということであり，その値を1減らして実行を続ける．一方，セマフォの値が0の場合は，すでにそのセマフォがロックされているということであり，P操作を行ったタスクは，そのセマフォが解放されるのを待つ待ち行列に加えられ，OSのスケジューラに制御

```
P(S) {
    if （セマフォ S の値 >= 1 ） {
        S = S - 1;          // P() を実行したタスクはそのまま実行を続ける
    }
    else {
        実行中のタスク（P() を実行したタスク）はそのセマフォ S
        が解放されるまで待つ待ち行列につながれる；
        // 再スケジューリングされ CPU の使用権を他のタスクに移される
    }
}
V(S) {
    if （セマフォ S の待ち行列が空でない ） {
        待ち行列の先頭タスクを取り出して実行可能状態に変更する；
        // ディスパッチャ経由で V() を実行したタスクも含めて
        // 再スケジューリングされる
    }
    else {
        S = S + 1;          // V() を実行したタスクはそのまま実行を続ける
    }
}
```

図 13.10 セマフォに対する P 操作と V 操作.

が移る．そのタスクは待ち状態となり OS のスケジューリング対象ではなくなり，プロセッサを効率的に使用できる．

V 操作とはロック済みのセマフォを（同期をとるためにセマフォを使用する場合は，ロック済みとは限らないが）解放するためのシステムコールであり，セマフォが解放されるのを待っているタスクが存在する場合は，待ち行列の先頭のタスクを実行可能状態の待ち行列につなぎかえてスケジューラに制御が移る．待っているタスクが存在しない場合は，セマフォの値を 1 増やして実行を続ける．OS の提供するセマフォを利用した排他制御の場合は，待ち状態のタスクにはプロセッサを使用させないため，プロセッサを効率的に使用できる．

ところで，シングルコアのシステムにおいて，セマフォの P 操作や V 操作を実現するためには，実行可能状態の待ち行列を変更する場合があるため，OS と割り込み処理（各種ドライバ）との間で排他制御が必要となる．このとき，シングルコアの場合は割り込み禁止が用いられる．言い換えると，排他制御を実現するセマフォ自体の実装にも排他制御が必要であり，このとき，シングルコアプロセッサの場合は割り込み禁止を使用する．

しかし，図 13.7 に示したようなマルチプロセッサ，あるいはマルチコアの場合，あるプロセッサやコアで割り込みを禁止しても，別のプロセッサやコアには影響しないため割り込みを禁止できず，排他制御を実現できない．そのため排他制御のために別の手段が必要になる．

つまり，排他制御を実現するセマフォ自体も排他制御を使用しなければならず，セマフォが利用する排他制御には当然セマフォは使用できないため，他の手段によって排他制御を実現しなければならない．

シングルプロセッサの場合，割り込み禁止／許可を使用すればよいが，マルチプロセッサやマルチコアの場合は割り込み禁止／許可を実行しても意味がないため，他の排他制御の手段が必要ということである．

マルチプロセッサやマルチコアでの具体的な排他制御方法に関しては，次章で議論する．

演習問題

設問1　組み込みシステムの特徴を述べよ．

設問2　組み込みシステムにおいて，重要なリアルタイム性について述べよ．

設問3　割り込みとは何かを述べよ．

設問4　OS自身が必要な一定周期の割り込みは何に使用されているかを述べよ．

設問5　セマフォの基本的な使用方法は排他制御と同期であるが，排他制御のためのセマフォの使い方をP()システムコールとV()システムコールを用いて述べよ．

参考文献

[1] Andrew S. Tanenbaum and Maartem Van Steen : DISTRIBUTED SYSTEMS—Principles and Paradigms Second Edition, Pearson Prentice Hall (2007).
（水野他訳：『分散システム—原理とパラダイム 第2版』，ピアソン・エデュケーション (2009)）．

[2] 中森章：マイクロプロセッサ・アーキテクチャ入門，CQ出版，Interface増刊 (2004)．

[3] L. D. Molesky, K. Ramamritham, C. Shen, J. A. Stankovic and G. Zlokapa: A Implementing a Predictable Real-Time Multiprocessor Kernel, Proc. Real-Time Operating Systems and Software (1990).

[4] Alan Burns, and Andy Wellings : Real-Time Systems and Programming Language, ADDISON-WESLEY (2001).

[5] Abraham Silberschatz, Petrer Baer Galvin and Greg Gagne : Operating System Concepts 7th Edition, John Wiley & Sons, Inc. (2005).

[6] C. L. Liu and James W. Layland : Scheduling Algorithms for Multiprogramming in a Hard Real-Time Environment, JACM, Vol. 20, No. 1 pp.46–61 (1973).

[7] Jane W. S. Liu : REAL-TIME SYSTEMS, Prentice Hall (2000).

[8] Ceorge Coulouris, Jean Dollimore, and Tim Kindberg : Distributed Systems Concepts and Design Second Edition, Addison-Wesly (1994).

[9] 前川守，所真理雄，清水健多郎編：分散オペレーティングシステム UNIXの次にくるもの，共立出版株式会社 (1991)．

第14章
密結合型分散システムにおける排他制御

□ 学習のポイント

　第13章では分散組み込みシステムに関して説明した．近年の組み込みシステムにおいては共有メモリを備えた密結合 **ASMP** 型の分散システム構成の組み込みシステムにより性能，機能を高めている場合も多い．しかしその場合は，排他制御に関して従来のシングルコア用のセマフォを使用できない問題があった．この章ではその場合の解決策に関して説明する．

　組み込みシステム全体の高性能化のために共有メモリ型 **ASMP** 構成の分散組み込みシステム構成とする場合が多い．しかしそれとは別にプロセッサ自体の性能向上のためのマルチコアプロセッサ化は，組み込みシステムにおいても避けては通れない流れであり，最近の高性能組み込みシステムにおいてはマルチコアプロセッサが採用される場合も多い．マルチコアプロセッサは通常共有メモリを備えた密結合 **SMP** 型の構成となる．この場合でもコア間での排他制御が必要となり，通常あるコアで割り込みを禁止しても，他のコアの割り込みは禁止できないため，共有メモリ型 **ASMP** 構成の分散組み込みシステムと同様に従来のシングルコア用のセマフォは使用できない．しかし同じアーキテクチャのプロセッサによるマルチプロセッサ構成とする場合はプロセッサが用意しているマルチプロセッサ対応の命令を使用することによって，**ASMP** 構成時と比較して容易に排他制御が実現できる．この章では実際のプロセッサが用意している命令を用いて排他制御を行う方法を説明する．

- 共有メモリ型密結合 **ASMP** 分散組み込みシステムおける排他制御の方法であるソフトウェアによる排他制御に関して理解する．
- スピンロックに関して理解する．
- 分散組み込みシステムについて理解する，特に **ASMP** 型の組み込みシステムについて理解する．
- **CPU** が備える排他制御のための命令とその使用方法を理解する．
- 通常のセマフォの実現方式とそれをマルチプロセッサシステムで使用するのが難しい理由を理解する．

□ キーワード

　排他制御，共有メモリ，マルチプロセッサ，マルチコア，アトミック命令，ソフトウェアによる排他制御，**TAS**，**CAS**，**LL/SC**

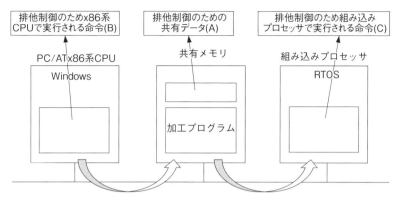

図 14.1 分散組み込みシステムにおいてソフトウェアによる排他制御を行う場合の構成.

14.1 ソフトウェアによる排他制御

図 14.1 に第 13 章でもあげた共有メモリ型密結合 ASMP 分散組み込みシステムにおいて，ソフトウェアによる排他制御を行う場合の構成例を示す．

図におけるソフトウェアによる排他制御は，図の (A)，(B)，(C) のデータ，あるいは命令を用いて排他制御を行うものであり，(A)，(B)，(C) は以下のものを表す．

- (A) は両方のプロセッサからアクセスできる共有メモリ上に置かれた排他制御に用いるデータである．両方の排他制御ソフトウェアからアクセスされる．
- (B) は共有メモリまたは x86 系 CPU のローカルメモリ上に置かれた排他制御のためのソフトウェア（命令）である．x86 の機械語であり，x86 でしか実行できない．
- (C) は共有メモリまたは組み込みプロセッサのローカルメモリ上に置かれた排他制御のためのソフトウェア（命令）である．組み込みプロセッサの機械語であり，組み込みプロセッサでしか実行できない．

次に (A)，(B)，(C) の具体的な内容を，C 言語のプログラムを用いて説明する．説明を簡略化するために，2 つの並列処理（並行処理でも同じである）間の排他制御に関して説明していく．

14.2 ソフトウェアによる不正な排他制御

前節 (A) にどちらかの処理が共有データにアクセス（読み込みまたは書き込み）中であるかどうかを示すフラグを設けておき，共有データにアクセスする必要が生じた場合，あらかじめそのフラグをチェックしてアクセス中である場合は待つことによって排他制御の実現を目指す方式である．

具体例を次に示す．

(A)

```
volatile int flag = 0;      /* 共有データにアクセス中かどうかを示すフラグ */
                            /* 0 以外がアクセス中であることを示す */
```

(B)

```
cpu86()  /* x86 系の CPU 側で実行される命令 */
{
    for(;;) {                     /* 繰り返し */
        outside_csx86();          /* 共有データアクセスと関係のない処理の実行 */
        while (flag != 0)         /* 他の処理が共有データにアクセス中 */
            ;                     /* アクセスが終了するまでここで待つ */
        flag = 1;                 /* 自分が共有データにアクセス中であることを示す */
        inside_csx86();           /* 共有データにアクセスを行う */
        flag = 0;                 /* 共通データへのアクセス終了 */
        outside_csx86();          /* 共有データアクセスと関係のない処理の実行 */
    }
}
```

(C)

```
cpuEmbedded()  /* 組み込みプロセッサ側で実行される命令 */
{
    for(;;) {                       /* 繰り返し */
        outside_csEmbedded();       /* 共有データアクセスと関係のない処理の実行 */
        while (flag != 0)           /* 他の処理が共有データにアクセス中 */
            ;                       /* アクセスが終了するまでここで待つ */
        flag = 1;                   /* 自分が共有データにアクセス中であることを示す */
        inside_csEmbedded();        /* 共有データにアクセスを行う */
        flag = 0;                   /* 共通データへのアクセス終了 */
        outside_csEmbedded();       /* 共有データアクセスと関係のない処理の実行 */
    }
}
```

(A) における変数 flag が共有データにアクセス中かそうでないかを示す.

(B) における outside_csx86() とは共有データアクセスを行わない処理（命令列）を示し, inside_csx86() とは共有データアクセスの処理を示す.

(C) における outside_csEmbedded() とは共有データアクセスを行わない処理（命令列）を示し, inside_csEmbedded() とは共有データアクセスの処理を示す.

このプログラムの意図は, (B), (C) における while (flag != 0); 命令によって flag が 0 でない間, つまり他の処理が共有データにアクセスしている間は, 自分は自主的に処理を進めずに, 他の処理の共有データアクセスが終了して flag が 0 になるまで待つ処理であり, スピンロックあるいはビジーウェイトと呼ばれる処理である.

コラム

　何らかの理由ある処理が別の処理の状態を知らねばならない場合は一種の通信が必要になる．その方法としては割り込み，ポーリング，スピンロックが存在する．
　最初に日常生活での類似の例で説明する．例えば仕事中にある時刻に客先に電話しなければならないように，ある時刻になると現在実行している仕事と別の仕事を実行しなければならない場合，その時刻を知るためにアラームをセットしておき，その時刻のアラームをきっかけに別のことを開始するのが"割り込み"，現在実行していることを時々中断しては時刻をチェックして，その時刻になったら（その時刻が過ぎたら）別の行動を開始するのが"ポーリング"，他のことは何も実行せずひたすら時刻だけをチェックし続けて，その時刻になったら別の行動を開始するのが"スピンロック"といえる．
　同様に何らかの変化があった場合に信号を変化させることによって，外部からプロセッサに伝える仕組みが割り込みである．プロセッサは割り込み信号を検出すると必要最小限の現状のプロセッサ情報を保存したのち，実行中の命令とは別の，あらかじめ実行開始アドレスが与えられている命令の実行を開始する．そのとき実行される命令列を割り込み処理と呼ぶ．つまりハードウェアによって強制的に実行するソフトウェアが切り替えられるのが割り込みである．逆にいうと変化するタイミングを逃すことはない．ただし重要な処理を行っている場合にその処理の実行が遅れたり，割り込み処理からの復帰時に処理を再開するための情報の保存に時間がかかったりするなど問題がある．
　一方，ポーリングとは実行中のソフトウェアが，何らかのタイミングで変化の有無を検出する処理を実行するものである．検出処理の呼び出しのタイミングは実行中のソフトウェアが決定する．もし何らかの変化を検出した場合は，それに対応する処理を呼び出す．実行中のソフトウェアにとっては都合の良いタイミングで変化に対応したソフトウェアを実行できるが，変化がないのに検出処理を呼び出す場合や，変化を長時間検出できない場合もある．
　スピンロックとは，変化の有無を検出する処理のみを実行し続けるものである．変化の検出時にただちに変化に対応した処理を実行する．この方式は変化のタイミングを逃すこともなく，処理の呼び出しも高速であるが，他の処理を実行できないという問題がある．
　以上のように3つの方式はそれぞれ長所，短所があり，どのような条件でも問題が少ない方式はない．そこで条件に応じて，最も適した方式を使用することが求められる．

この方式の問題点は，両方の処理で実行される

```
while (flag != 0) ;
flag = 1;
```

の部分である．機械語になるとさらに命令が分解される可能性もあるが，C 言語レベルでさえ複数命令になっている．この場合あるプロセッサが，変数 flag が 0 の状態を検出して変数 flag の 1 を書き込もうとするが，書き込みを実行する前に，他のプロセッサが変数 flag を読み出すとそのプロセッサにとっても変数 flag は 0 であり，複数のプロセッサが変数 flag を 0 と判定する可能性があり，排他制御の実現ができない場合がある．

14.3 ソフトウェアによる正しい排他制御

14.3.1　2 個の並行並列処理間の排他制御

ソフトウェアによる排他制御に関しては Dijkstra が論文で扱って以来議論され，最初に正しい解を発表したのは Dekker といわれている．それ以外にも Dijkstra, Knuth, Eisenberg, Lamport, Peterson などによる，いくつかの解が発表されている．Dekker の解は for ループが 2 つあり，少し複雑なので，ここではソフトウェアによる排他制御の解の 1 つとして Peterson のものを記載する．最初に 2 個の並行並列処理間の排他制御のソフトウェアによる解を載せる．

解が少し長いので，共有データにアクセスする前の処理，アクセス終了を知らせる処理を各々 enter_cs(), leave_cs() という関数にしている．両関数とも引数はプロセッサ番号 0（例えば，x86 系 CPU から呼び出す場合）か 1（例えば，組み込みプロセッサから呼び出す場合）である．

(A)

```
#define  FALSE         0
#define  TRUE          1
volatile int turn   =  0;
volatile int interested[2] = { FALSE, FALSE };
```

(B)

```
cpu86() /* x86 系の CPU 側で実行される命令 */
{
    for( ; ; ) {                /* 繰り返し */
        outside_csx86();        /* 共有データアクセスと関係のない処理の実行 */
        enter_cs(0);            /* 共有データへのアクセスが許可されるまで待つ */
        inside_csx86();         /* 共有データにアクセスを行う */
        leave_cs(0);            /* 共通データへのアクセス終了 */
        outside_csx86();        /* 共有データアクセスと関係のない処理の実行 */
    }
}
```

(C)

```
cpuEmbedded()  /* 組み込みプロセッサ側で実行される命令 */
{
    for( ; ; ) {                    /* 繰り返し */
        outside_csEmbedded();       /* 共有データアクセスと関係のない処理の実行 */
        enter_cs(1);                /* 共有データへのアクセスが許可されるまで待つ */
        inside_csEmbedded();        /* 共有データにアクセスを行う */
        leave_cs(1);                /* 共通データへのアクセス終了 */
        outside_csEmbedded();       /* 共有データアクセスと関係のない処理の実行 */
    }
}
```

次に enter_cs(), leave_cs() を示す.

```
/* 共有データアクセス前に呼び出す */
enter_cs(int taskID) {              /* taskID : A/B = 0/1 */
    int other;
    other = 1 - taskID;
    interested[taskID] = TRUE;
    turn = taskID;
    while (turn == taskID && interested[other] == TRUE)
        ;                           /* スピンロックで待つ */
}
/* 共有データアクセス終了時に呼び出す */
leave_cs(int taskID) {
    interested[taskID] = FALSE;
}
```

　重要なのは 14.2 節で示した誤った解の変数 flag が共有資源にアクセス中であることを示す共通のフラグであったのに対して，正しい解は共有資源へのアクセスを要求するという意味にしたことである．

　そのため変数名もそれらしいものにして，並行並列処理の数だけ設けている．

　例えば，共有データアクセスがない状態で，x86 側が先に enter_cs(0) の中の while 文を実行して turn == taskID が成立したことを確認したタイミングで，次にバスの使用権を獲得したのが組み込みプロセッサ側だとすると，組み込みプロセッサ側では while (turn == taskID && interested[other] == TRUE) が成立するためスピンロックに入る．

　その後，再びバスの使用権を獲得した x86 側が while 文の残りの interested[other] == TRUE を実行するとこれも成立するので，デッドロックになるように思えるかもしれないが，while 文なので，x86 側で再度 while (turn == taskID && interested[other] == TRUE) を実行したときには，turn == taskID の条件が成り立たなくなっているため，while 文から抜け，enter_cs() 関数を終了する．それによって x86 側が先に共有データアクセスを実行できる．

　その間，組み込みプロセッサ側は while 文の条件が変わらないため，ずっとスピンロックで

待ち続ける．

そして，x86 側が共有データアクセスを終了して `leave_cs()` が実行されて while 文の `interested[other] == TRUE` 条件が偽となって，while 文から抜け，`enter_cs()` 関数が終了し共有データにアクセスすることができる．

以上が排他制御を実現するソフトウェアの 1 つの例であり，RISC も含めて多くの場合に成り立つ．

ただし，現在のマイクロプロセッサは，高速処理のための最適化として，アウトオブオーダー実行を導入するものが多い．このとき，命令は並び替えられて処理されるが，この命令にはメモリの読み出し，書き込み命令も含まれる．この命令の入れ替えは，単一の処理内では正しく動作するが，並行並列処理間では問題が生じる場合もある．対策としてはメモリバリアが必要でそのための命令も用意されているので，必要に応じて使用する．

最新のプロセッサにおいては単一の CPU であっても分散システムと同様の対応が必要な場合も多く，分散システム技術はますます重要になっている．

14.3.2　n 個の並行並列処理間の排他制御

14.3.1 項に示したのは並行並列処理が 2 個の場合のソフトウェアによる排他制御であったが，これを n 個に拡張した例を次に示す．

原理は 14.3.1 項に示したものと同じである．

```
volatile int interested[n];    /* idle, want_in, in_cs, initially idle */
volatile int turn;      /* initially any between 0 and n-1 */

enter_cs(int taskID) {
    int j;
    do {
        interested[taskID] = want_in;
        j = turn;
        while(j != taskID)
            j = (interested[j] != idle)? turn : (j+1)%n;

        interested[taskID] = in_cs;
        for(j=0;(j < n) && ((j == taskID) || (interested[j]!=in_cs));)
            j++;
    } while((j==n) && ((turn==taskID)||(interested[turn]==idle)))
        turn = j;
}

leave_cs(int taskID) {
    int j;
    for(j = (turn +1)%n; interested[j]==idle;)
        j = (j+1)%n;
    turn = j;
    interested[taskID] = idle;
}
```

14.4 マルチ CPU 対応命令を利用した排他制御

14.3 節で説明したソフトウェアによる排他制御は複雑であり，プロセッサの数によってプログラムの変更が必要であるなどの問題もある．一方，マルチプロセッサ対応のプロセッサによる SMP (Symmetric Multiprocessing) 方式の分散システムであれば，排他制御実現にプロセッサの専用命令を使用することができる．

マルチプロセッサシステムを可能にする初期のプロセッサにおいてこれらの命令は RMW (Read Modify Write) サイクルを実現するアトミック命令であった．前述のフラグ方式の場合，フラグの読み込みを行う Read サイクルと書き込みを行う Write サイクルの間でプロセッサがバスの使用権を手放すため，他のプロセッサの Read サイクルが実行され同じフラグデータを読み出すタイミングが存在した．そのため排他制御が失敗する場合があった．そこで一連の読み込みと書き込みの間バスの使用権を手放さないようにすれば，この問題は発生しない．それが RMW サイクルの命令である．

しかし，近年はプロセッサの高速化のためのキャッシュの使用など，メモリの階層化により，バスの使用権を保持するという単純な方法だけではうまく対処できない場合が増えてきた．もちろんプロセッサのハードウェアが複雑になりすぎるという問題もある．そこで MIPS 以降のプロセッサはマルチプロセッサ対応機能として LL/SC (Load Link / Store Conditional) 型の命令を備える場合が増えてきた．これらの一連の命令を説明する．またその使用例ついても説明する．

14.5 RMW サイクル命令の利用

14.5.1 TAS 命令

モトローラの 68K 系のプロセッサなどが備えていた RMW サイクル命令として TAS (Test and Set) 命令がある．

14.2 節のソフトウェアによる排他制御が正しく動作しない場合で説明したプログラムの中に

```
while (flag != 0)         /* 他の処理が共有データにアクセス中 */
    ;                     /* アクセスが終了するまでここで待つ */
```

という処理があった．これが正しく動作しないのは動作がアトミックに実行できないためである．TAS 命令を使用して，上記を等価変形させた以下のプログラムを簡単に実装できる．

```
    while (TRUE) {
        if (flag == 0)  break;
    }
```

TAS 命令の動作は，論理的には次の処理を 1 命令でバスの使用権を手放さずにアトミックに実行できることである．

```
    int condition_code;
    void TAS(address, bit_position)
    {
        condition_code = memory[address].bit_position;
        memory[address].bit_position = 1;
    }
```

68K プロセッサの備える TAS 命令は，具体的にはビット位置はビット 0 に固定であるため不要であり，condition_code はプロセッサの直近の演算結果の状態を保持するためのレジスタであるプロセッサステータスワードレジスタに保存する．そのため TAS 命令は，フラグのアドレスのみ指定する．例えば，TAS 命令を用いて enter_cs() と leave_cs() は次のようになる．

```
enter_cs:
    lea     flag, a0    //  flag のアドレスを a0 レジスタにセット
check:
    tas     a0          // flag の状態を PSW に保存した後，flag に 1 をセット
    jnz     check       // 1 をセットする前の flag がもともと 1 だった場合は再度チェック
    rts                 // flag に 1 をセットする前は 0 だったのでこの関数から抜ける


leave_cs
    lea     flag, a0    // flag のアドレスを a0 レジスタにセット
    clear   [a0]        // flag をクリア
    rts                 // 関数から抜ける
```

この命令はプロセッサの数が何個でも使用可能であり，14.3.2 項で説明したソフトウェアだけで実行する場合に比べると構造も単純である．

TAS 命令はプロセッサがレジスタの内容とメモリの内容をアトミックに入れ替える swap 命令や xchg 命令を備えている場合は，それを使用しても簡単に実現できる．

14.5.2　CAS 命令，CAS2 (DCAS) 命令

CAS とは Compare and Swap の意味で，あるメモリ位置の内容と指定された値を比較し，等しければそのメモリ位置に別の指定された値を格納する命令である．この操作の結果，置換が行われたかどうかを示す必要があり，単純な真理値を返すか，そのメモリ位置から読み込んだ内容（書き込んだ内容ではない）を返す．CAS 命令はマルチプロセッサシステムでセマフォなどを実装するのに使われる．

また，マルチプロセッサシステムで Lock-free と Wait-free アルゴリズムを実装するのにも使われる．

具体的には，メモリアドレス，古い値，新しい値の 3 つを使い，もし，メモリアドレスに保存したある値が，指定された古い値ならば，それを新しい値に置き換え，そうでない場合は，何もしない．そして，この処理が成功したかどうかをプログラムに返すという動作でプロセッサはこれをアトミックに実装している．

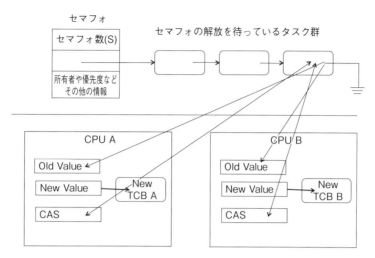

図 14.2 分散環境におけるセマフォの待ち行列にタスクを追加する場合.

　この機能を使用すれば，メモリからデータを読み出し，変更し，書き戻すという処理を，他の並行並列処理がその間に同時に変更を行っていない場合にのみ行う，というアルゴリズムを実現できる．x86 系のプロセッサも cmp8xchg16 命令でこの機能を備えている．

　ただし，あくまでのデータで比較しているため，一度他の値に書き変えた後，再度もとの値に書き変えた場合は書き変えを検出できないという False Positive（偽陽性）（あるいは ABA 問題）という問題は存在する．

　CAS 命令を利用したアルゴリズムは，ある値をセットしたい変数の値を読み取り，その古い値を記録する．その値に基づいて新しい値を計算する．そして CAS 命令でその変数に新しい値のセットを試みるが，そのとき CAS 命令を利用して比較によって古い値が置換時にもそのまま入っていることを確認する．変数の値がすでに書き変えられており，CAS 命令が比較に失敗した場合，最初から処理をやり直す．変数の値を再度読み取って，新しくセットする値を求め，CAS 命令を再実行する．例えば，CAS 命令はマルチコア環境下で共通の単方向リストの書き変えに使用できる．

　図 14.2 に分散環境下で共通の単方向リストの書き変えが必要な，分散環境において複数プロセッサが同時にセマフォの待ち行列にタスクをつなげようとした場合の CAS 命令を使用した排他制御動作を示す．

　CAS と同様の命令に CAS2 あるいは DCAS と呼ばれる命令がある．この命令は 2 か所のメモリ位置が指定された値であるときに両者を書き変える機能をもち，双方向リストのポインタの書き変えなどに利用される．ただし，CAS2 命令は CAS 命令に比較して，実行に時間がかかるという欠点がある．

14.6 LL, SC 系の命令の利用

TAS 命令は使いやすい命令であるが，前述のようにメモリ構造が階層化されるに従ってプロセッサに実装されなくなってきた．最近のプロセッサは指定したアドレスのメモリがアクセスされたかの判定を行う 2 つの命令の組み合わせによって TAS 命令や CAS 命令と同等の動作を行わせて，プロセッサ間の排他制御に利用することが一般的である．

この 2 つの命令の典型的な動作を MIPS の LL (Load-Link)，SC (Store-Conditional) 命令を例として説明する．

LL 命令と SC 命令は組み合わせて使用されるコンピュータの命令であり，これにより，ロックなしのアトミックな RMW 操作と同等な機能が実現可能となる．

- LL 命令は指定されたメモリ位置の現在の内容を返す．
- その後の SC 命令は同じメモリ位置へ新たな値を書き込むが，前回の LL 命令以降にそのメモリ位置の内容が書き変えられていないときだけ書き込みが行われる．
- もし更新がなされていたら，たとえ LL 命令で読み取った値と同じ内容が書かれていたとしても SC 命令は失敗する．

そのため，LL/SC 命令は CAS 命令のような偽陽性の問題は発生しない．
LL/SC 系の命令は次のようなプロセッサに備えられている．

- MIPS：LL（Load Link 命令）/ SC（Store Conditional 命令）
- PPC：LWARX（Load Word and Reserve Indexed 命令）/ STWCX.（Store Word Conditional Indexed 命令）
- ARM：LDREX（排他的レジスタロード命令）/ STREX（排他的レジスタストア命令）

14.6.1 MIPS における LL, SC の使用例

MIPS における LL, SC による TAS 同等処理の実装例は以下のようになる．

```
TAS:
Loop:
    ll t2, (t1)           // t1 の指すアドレスからフラグを
                          // 読み込む (0:未ロック 1:ロック済み)
    ori t3, t2, 1         // フラグに 1 をセットする
    beq t3, t2, Loop      // フラグの内容が書き込む前から 1 の場合は再実行
    nop
    sc t3, (t1)           // フラグに 1 をセットする
    beq t3, zero, Loop    // 前の beq 命令と sc 命令の間で他の CPU からアクセスがあった
                          // 場合は最初からやり直し
    nop                   //
// ロックに成功した場合（自分が共有データにアクセスする権利を得られた場合）はここにある命令
   が実行される
```

なお，上記プログラムにおける（条件付き）ジャンプ命令の後の nop は 1 つの分岐遅延スロッ

トをもつ MIPS の場合に必要である．

フラグのクリアは本来の TAS 同様に単に普通のクリア命令を実行すればよい．

LL/SC 命令による TAS は本来の TAS と異なり，後で実行した並行並列処理が先にロックが成功するという意味では，TAS と完全に等価ではない．

その意味では本来の TAS 命令の方が優れているといえる．

14.6.2 PPC における LL, SC の使用例

(1) lwarx 命令, stwcx 命令を用いた TAS 同等処理の実装例

r3 レジスタに flag のアドレス，r4 レジスタに flag にセットする値 (1)，r5 レジスタは一時使用のためのレジスタとする．

```
test_and_set:
    lwarx r5, 0, r3        // フラグの値を r5 レジスタにロードする
    cmpwi r5, 0            // フラグの値が 0 かどうかチェックする
    bne   test_and_set     // 0 でない場合は再実行
    stwcx. r4, 0, r3       // フラグの値を 1 にセットする
    bne-  test_and_set     // その間に他の並行並列処理からフラグに
                           // アクセスされていた場合は再実行
// ロックに成功した場合（自分が共有データにアクセスする権利を得られた場合）はここにある命令
が実行される
```

(2) lwarx 命令, stwcx 命令を用いたアトミック書き込み同等処理の実装例

r3 レジスタは値をセットしようとしている変数のアドレス，r4 レジスタにはセットする新しい値，r5 レジスタは作業用とする．

処理終了時には，変数の値は書き換えようとした値，書き換える前の変数の値は r4 レジスタにセットされている．

```
loop:
    lwarx  r5, 0, r3       // 変数の値を r5 レジスタに読み取る
    stwcx. r4, 0, r3       // 変数に値をセット
    bne-  loop             // 新しい値のセットに失敗すれば再実行
```

(3) lwarx 命令, stwcx 命令を用いた CAS 同等処理の実装例

r3 レジスタに値をセットしようとしている変数のアドレス，r4 レジスタに r3 レジスタがアドレスをもっているメモリの内容（変数の値）と比較しようとしている値 (old value)，r5 レジスタは CAS 同等動作成功時にセットされる値 (new value)，r6 レジスタは以前に読み取った変数の値とする．終了時は変数には new value がセットされ，r4 レジスタには new value がセットされる前の値（これが新しい old value になる）がセットされる．

以下の処理を呼び出す前にすでに前の変数の値 (r4) に基づいて新しくセットする値 (r5) を計算済みとする．

```
cas:
    lwarx   r6, 0, r3       // 変数の値を r6 レジスタに読み取る
    cmpw    r4, r6          // 以前の変数の値がすでに書き変えられていれば
                            // CAS 同等動作を実行するまでもなく失敗．
                            // いったん終わって抜けて新しい値を再計算
    bne-    exit            // CAS は失敗．抜けるので再度呼び出す
    stwcx.  r5, 0, r3       // 新しい値を変数にセットしようとする
    bne-    cas             // CAS 同等動作が失敗すれば再実行
                            // 失敗したからといって別の並行並列処理が変数の値を
                            // 読み込んだだけの場合は再度の stwcx. 命令で成功する
exit:
    mr      r4, r6          // 新しい old value（自分か他の並行並列処理によって
                            // 書き変えられた変数）の値を r4 レジスタにセット
                            // 変数に書き変えられた値が，自分が書き込もうとした値
                            // と等しければ，そうでなければ失敗なので再度新しい値
                            // を計算する
```

14.6.3　ARM における LDREX, STREX の使用例

ARM における LDREX, STREX による TAS 同等動作の実装例は以下のようになる．

なお ARM のほとんどの命令は条件実行が可能で，STREXEQ 命令はゼロフラグがセットされている場合は実行されるが，そうでなければ何もしない（nop 命令と同等）命令である．

```
        MOV r1, #0x1              // フラグにセットする値 1 を r1 レジスタにセット
try                               // ラベル
        LDREX r0, [LockAddr]      // フラグの値を読み込む
        CMP r0, #0                // フラグの値は 0 か？
        STREXEQ r0, r1, [LockAddr] // フラグの値が 0 であればフラグに 1 をセットする
                                  // 古いフラグの値は r0 へ格納される
        CMPEQ r0, #0              // TAS 同等動作は成功したか
        BNE try                   // 失敗したので再実行
yes                               // TAS 同等動作成功，ここから共有データアクセス開始
```

14.7　スピンロックの課題

近年，組み込みシステムにおいても，性能向上および省エネルギーの観点から，同じコアを複数配置した共有メモリ型の SMP (Symmetric Multi Processors) の採用が増加している．そしてコア間の相互排除方式として，アルゴリズムの大幅な変更が不要，オーバーヘッドが少ないなどの理由により，組み込みシステムにおいてはスピンロックが主流である．しかしながら，スピンロックには各コアのロック獲得機会の公平性やリアルタイム性が保証されないなどの課題がある．

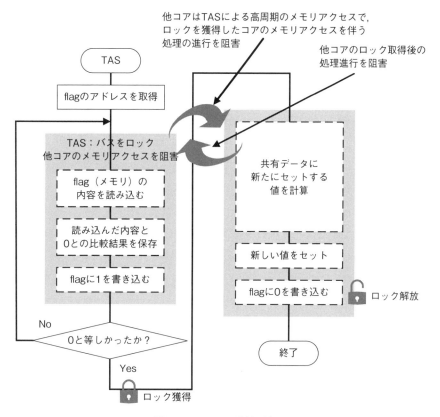

図 14.3　TAS の使用の流れ

14.7.1　TAS と CAS

図 14.3 に一般的な TAS の使用の流れを示す．

図に示す通り TAS を使用する場合は，ロックを獲得できなかったコアは，以後のロックを獲得しようとして，ロックが獲得できるまで，共有メモリに存在するフラグを高周期でアクセスし続ける．これはロックを獲得したコアの共有メモリアクセスを阻害する．一方，ロックを獲得したコアは，それにより他のコアの共有メモリアクセスを招く．つまり，ロックによりお互いが相手の進行を妨げている．

図 14.4 に一般的な CAS の使用の流れを示す．

図に示す通り CAS には TAS のようなロックが存在せず，ロックを獲得できなかったコアの過度なメモリアクセスを招くことはない．そのため一般的に CAS を用いた相互排除は Lock-free と呼ばれる．

14.7.2　スピンロック使用によるロック獲得の不平等性

冒頭に記述したような理由で現在のマルチコアプロセッサにおける排他制御にはスピンロックが使用される場合が多い．しかしながら，スピンロックには次の問題が存在する．

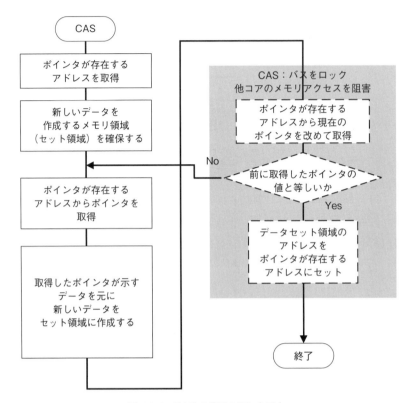

図 14.4　CAS の使用の流れを示す．

- 複数，特に 3 つ以上のコアがスピンロックに入った場合，次にどのコアがロックを獲得できるかは，現在ロックを獲得中のコアのロック解放タイミングのみに依存するため，コアがロックを要求した順番とは無関係に決まるため公平性に欠ける．
- 同様の理由で多数のコアがスピンロック実行中でも，特定のコアのみがロックを獲得し続ける可能性がある．

別の問題として，コア内の排他制御には割り込み禁止を使用する必要があり，コア間の排他制御にはスピンロックを使用する必要があり，ロックを獲得できると同時に割り込み禁止が実現できることが望ましい．しかしながら，マイクロプロセッサはそのような機能を備えていないため，以下の 2 つの動作を別々に実行しなければならない．

- スピンロックの実行を開始する．
- 割り込みを禁止する．

先にスピンロックに入る場合は，その直後に発生した割り込みによってスピンロックの処理時間が延びる可能性がある．逆に，先に割り込みを禁止した場合は，前述のようにロック取得までの時間が未定なため，割り込み禁止の時間が延びる可能性がある．

14.8 おわりに

近年，組み込みシステムにおいて，性能向上および省エネルギーの観点から，マルチコアプロセッサ，特に同じコアを複数配置した共有メモリ型の SMP (Symmetric Multi Processors) の採用が増加している．しかしながら，ある程度マルチコアの利用技術が確立されてきた Linux 系のシステムとは異なり，組み込みシステムにおいては必ずしも利用技術が確立されているとはいえない．例えば，コア間の相互排他について，Linux 系のシステムにおいてはソケット通信（メッセージ通信）が多く標準化されているのに対して，組み込みシステムにおいてはスピンロックが主流である．しかしながら，スピンロックにはリアルタイム性が保証されないなどの課題がある．本章では組み込みシステムにおけるマルチコアプロセッサ使用時の共有メモリを利用した相互排除の概要を説明した．

演習問題

設問1 ある処理が別の処理の状態を知る場合3つの方法として，割り込み，ポーリング，スピンロックを説明したが，その説明の前に日常での類似の例として，ある時刻になると現在実行している仕事とは別の仕事を実行しなければならない場合，その時刻を知るためにアラームをセットしておき，その時刻のアラームをきっかけに別のことを開始するのが割り込み，現在実行していることを時々中断しては時刻をチェックして，その時刻になったら（その時刻が過ぎたら）別の行動を開始するのがポーリング，他のことは何も実行せず，ひたすら時刻だけをチェックし続けて，その時刻になったら別の行動を開始するのがスピンロックと説明した．その3つのやり方の長所と欠点を考察せよ．

設問2 排他制御を行う場合，ダブルバッファやリングバッファを使用すれば排他制御が必要な時間（データを書き込んだり読み出したりする時間）が短縮できると説明したが，その理由を考察せよ．

設問3 以下の疑似プログラムはソフトウェアによる排他制御の例であるが，正しく動作しない場合がある．どのような場合か考察せよ．

```
volatile int turn = 0;  /* どちらのタスクの順番かの指定 グローバル
                           変数 */
cpuA
for( ; ; ) {
        outside_cs1();     /* CS と関係のない処理の実行 */
        while(turn != 0) ; /* CS に入れない場合ここで待つ */
        inside_cs1();      /* CS 内での処理を実行 */
        turn = 1;          /* もう一方のタスクに CS を解放す
                              る */
        outside_cs1();     /* CS と関係のない処理の実行 */
}
cpuB
for( ; ; ) {
        outside_cs2();     /* CS と関係のない処理の実行 */
        while(turn != 1) ; /* CS に入れない場合ここで待
                              つ */
        inside_cs2();      /* CS 内での処理を実行 */
        turn = 0;          /* もう一方のタスクに CS を解放す
                              る */
        outside_cs2();     /* CS と関係のない処理の実行 */
}
```

設問 4 　14.3.2 節に示したプログラムは，並行処理が 2 つの場合の排他制御処理を interested フラグを n 個の配列にすることによって，enter_cs() と leave_cs() を n 個の並行処理の場合に拡張したものであるが，プログラム中の剰余 (%n) の意味を記述せよ．

設問 5 　14.2 節に示した分散環境におけるセマフォの待ち行列にタスクを追加する場合の実装方法（疑似プログラムで可）を記述せよ．

参考文献

[1] Andrew S. Tanenbaum and Maartem Van Steen : DISTRIBUTED SYSTEMS—Principles and Paradigms Second Edition, Pearson Prentice Hall (2007).
（水野ほか訳：『分散システム—原理とパラダイム 第 2 版』，ピアソン・エデュケーション（2009）．）

[2] 中森章：マイクロプロセッサ・アーキテクチャ入門，CQ 出版，Interface 増刊（2004）．

[3] L. D. Molesky, K. Ramamritham, C. Shen, J. A. Stankovic and G. Zlokapa : "A Implementing a Predictable Real-Time Multiprocessor Kernel", Proc. Real-Time Operating Systems and Software (1990).

[4] NEC：VR5000, VR5000A 64/32 ビットマイクロプロセッサユーザーズ・マニュアル

U11761JJ5V0UM00.pdf (1999).
[5] ARM：ARM アーキテクチャリファレンスマニュアル（2005）.
[6] ARM：Coretx-A9 テクニカルリファレンスマニュアル (r2p2)（2010）.

第15章
分散システムアプリケーション事例

□ 学習のポイント

　分散システムが具体的にどのような場で展開されているかを知るため，身近な構築事例をいくつか紹介する．最初に，工場の生産・製造システムに有効なファクトリーオートメーション (**FA : Factory Automation**) について，続いて，車載電子システム（カーエレクトロニクス）について述べる．自動車は，複数の **CPU** と通信路で結んで動作し，それが自動車外と通信を利用した複合的な分散システムとなっている．最後に，従来はコンピュータシステム，分散システムとはあまり関係がなかった電力システムについて，スマートメーターを中心に述べる．

- 分散システムの実現方法を事例から学ぶ．
- **FA** システムの構築法を学ぶ．
- クラウドとエッジコンピュータの仕掛けを学ぶ．
- 車載電子システムの構成を学ぶ．
- 自動運転の仕掛けを学ぶ．
- 電力システムの構成法を学ぶ．

□ キーワード

　FA (Factory Automation)，**IoT (Internet of Things)**，**Industry4.0**，スマート工場，**Society5.0**，クラウド，エッジコンピューティング，**AI (Artificial Intelligence)**，**MTBF**（平均故障間隔），リアルタイム処理，重回帰分析，**ADAS**（先進運転支援システム），つながるクルマ，自動運転，共有とサービス，電動化，電力システム，再生可能エネルギー，スマートグリッド

15.1 FA システム

15.1.1 FA システム概要

　分散システムでは，システムを構成する機器ごとに制御装置があり，各装置でデータ処理や制御処理を行う．これらの制御装置はネットワークで接続され，相互に通信しシステム全体では首尾一貫したシステムとして働く．製造業の FA (Factory Automation) 分散システムは，工場における生産プロセスの自動化を図るシステムであり，加工・組立製造プロセスや化学プロセスなど幅広い分野がある．FA システムでは，製品の製品設計，生産計画を行い，工場の製

造システム（製造ライン）に作業指示を出して製造を実行し，生産実績，品質情報をモニタリングして管理する．また，生産計画からのずれが発生した場合には適切なアクションを取ることができるように管理する．これらのプロセス管理により製造プロセスの柔軟な対応を可能にし，生産性の向上，コスト低減，品質向上を実現する．

　FA の分散システムは図 15.1 に示すように大きく分けて企業経営管理や生産管理を行う上位システムと生産現場システムに分類される [1]．

　生産管理情報システムでは，営業情報システムからの製品仕様や数量，納期などの営業情報を入力として，生産計画，日程計画，作業計画を作成する．設計情報システムでは製品設計，工程設計から作業設計を行い，設備機械やロボットの動作を制御する制御プログラムを作成する．資材計画では営業情報と設計システム情報から部品や素材を発注する．

　生産現場の制御・管理システムでは，作業計画に基づいて製造システムの設備機械やロボットに作業指示を出し，作業に必要な実行プログラムをダウンロードする．製造システムでは素材が投入されると装置へ搬送され，加工ラインでは加工を実行し，完了すると検査を行い次の工程へ搬送される．組立ラインでは組立作業を実行して検査を行い，検査に合格した製品が出荷される．製造システムでは，生産状態（不良品量を含む）をモニタリングし，生産実績情報を制御・管理システムへ出力する．また，設備機械の状態（稼働中，故障中，加工完了）やセンサで検出された加工中の生産状態をモニタリングし，品質情報を制御・管理システムへ出力する．制御・管理システムは製造システムから入力された機械の状態や生産状態から生産実績を管理し，加工結果の分析を行い，修正すべき情報を上位の生産管理情報システムへフィードバックする．

　このように FA システムは，コンピュータや個々の設備機械・機器をネットワークでつなぎ，機能を分散して処理する分散システムで構成される．FA システムでは連続稼働および品質の

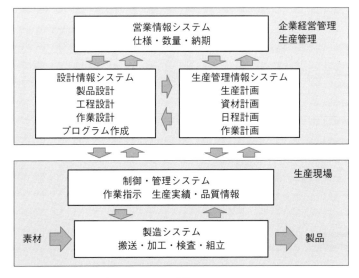

図 **15.1**　FA の分散システムモデル．

維持，作業時間の短縮を行うことで生産プロセスの自動化や省力化が可能となり，生産性の向上が実現できる．

15.1.2 FA システムと IoT

すべてのモノをインターネットにつなぎ，新たな付加価値を創出する IoT (Internet of Things) が浸透し，ビッグデータを使ってものづくりやサービスの生産性を高める第 4 次産業革命が社会に大きく貢献することが期待されている．日本では，Society5.0 [2] として社会全体の産業の競争力強化，多様なニーズへ対応した顧客満足度の向上や災害への対応力強化など経済発展と社会的課題を解決する取組みが推進されている．ドイツが Industry4.0 として製造業のデジタル化に向けた取組みとしてスマート工場を提唱し，製造業では日本を含め各国でスマート工場実現に向けた取組みが大きなトレンドとなっている [3][4]．

図 15.2 に IoT を活用したものづくりの概念を示す．サプライヤーからの部材調達や工場での製造，製品の物流などの製造業の生産活動において，企業や工場のシステムをネットワークでつなぎ収集した膨大な情報を分析し，ものづくりのシステム全体を最適化する取組みがされている．クラウドを活用したサイバー空間では収集した情報を分析して共有し，フィジカル空間では複数の企業または工場が情報を活用することにより，生産工程から物流工程までの企業活動全体を最適化することができる．

図 15.3 に FA システムが進化したスマート工場の分散システムの概念図を示す．上位の企業経営管理システムでは，経営管理，生産管理を行い，生産指示を出すほか，業務改善のためにデータの分析を行う．生産現場システムでは，素材の加工，組立などの作業を実行し，センシングで生産設備のデータを取得し，上位システムへデータを伝えることにより，生産現場で発生している事象をデータで「見える化」することができる．さらにそのデータを診断して改善

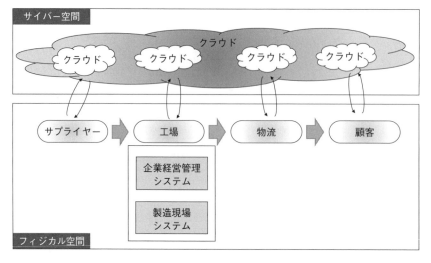

図 15.2　IoT を活用したものづくりの概念図．

図 15.3 スマート工場の分散システム概念図．

を行うことにより，生産性，品質，エネルギー効率，安全性などを高めることができる．すなわち，データ分析やシステムの遠隔監視・管理により，システムの連続稼働，エネルギー管理，予防保全を行う最適運転が可能となる．これは，IoT を活用した分散システムの最適化であり，従来の FA システムが進化した形態といえる．

　生産現場のデータはセンサ情報までを含めると膨大なデータ量となる反面，データの処理と分析およびその対応処置には瞬時の応答（リアルタイム性）が要求される．すべてのデータをクラウドや上位システムへ送信して制御を行うためには，高速で大容量のデータ通信が必要となり，実現が困難な場合がある．エッジコンピューティングはこの課題を解決するものであり，生産現場 FA システムと企業経営管理・生産管理の上位 IT（情報技術）システムとの間で情報連携を担う．エッジコンピューティングは生産現場情報の一次処理を行い，リアルタイムで現場へ処置をフィードバックするとともに，選択された必要な情報を上位 IT システムへ伝える．また，情報セキュリティの面では，外部からの不正なアクセスから生産現場を守るためのセキュリティ対策をエッジコンピューティングの階層で行うことができる．

　生産現場には生産計画に対する製品製造実績，製品の品質検査結果やアラームの発生状況などの品質情報，機械の消費電力のモニタなどのエネルギー情報がある．機械とその周辺機器をフィールドネットワークで接続して，生産実績や稼働状況を上位システムへメッセージ通信することにより，工場全体の「見える化」が可能となる．また，生産現場のセンサ情報から温度や圧力，振動など製造環境の変化を検知し，AI (Artificial Intelligence) 技術を活用したデータ分析により状態変化を「見える化」し，製造プロセスにフィードバックすることにより，柔軟な制御や高度な品質管理，トレーサビリティ機能の向上ができる．生産設備が機器の故障に

よって停止することがないようにシステムを安定して稼働させるためには，事前に発生しうる障害と原因を想定して障害発生を防ぐ予防保全が重要である．従来は MTBF（平均故障間隔）に基づいて予防保全を実施していたが，AI 技術を活用すると障害の要因となる情報をセンシングして解析することにより予兆診断が可能となる．設備機械を例にとると，機械の振動をリアルタイムに解析し，ボールねじやベアリングの劣化や工具の破損などを予知して予防保全をすることが可能になる．

15.1.3　FA における分散処理の事例

生産現場において機器の動きを制御する場合，リアルタイム性が要求される．センサ情報を収集してリアルタイム処理により機器を制御し，生産性向上や製品の品質向上（不良品の流出防止）を実現する分散システムの事例を紹介する [5][6][7]．

(1)　事例 1　摩耗補正によるモータシャフトの加工時間短縮

●モータシャフト加工の課題

製造工程において生産性を向上させるには，加工サイクルの時間を短縮することが重要な手段である．モータの構造を図 15.4 に示す．シャフトの加工は棒材から旋削加工で最終製品の外径に研削加工の取り代を上乗せした大きさに粗加工を行い，最後に研削加工で仕上げる．一般に旋削加工は研削加工に比べて加工速度が速いため，生産性を高めるためにはできる限り旋削加工で加工するのが理想である．しかし，旋削は加工に伴い工具が徐々に摩耗するため，仕上げ寸法の精度を数マイクロメートルの公差内に保つには工具のデータを摩耗の度合いに合わせて補正しなければならず，手間がかかるという課題があった．

●対応策

工具摩耗補正を組み込んだモータシャフト加工の流れを図 15.5 に示す．旋削加工を行う NC 旋盤には，工具の摩耗を補正して加工を行う工具補正機能がある．毎回の加工サイクルの時間内で加工したロータの外径寸法を測定し，そのデータから工具摩耗の補正値を算出して NC 旋

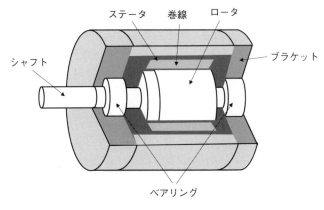

図 15.4　モータの構造図．

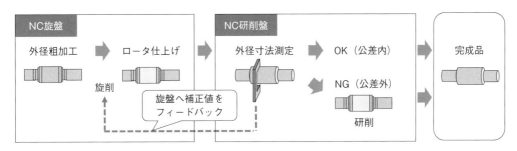

図 15.5　モータシャフト加工の流れ.

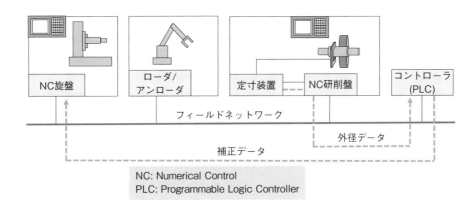

図 15.6　モータシャフト加工の分散システム構成例.

盤にフィードバックすることにより，次の加工に反映することができる．

　工具摩耗補正を実現するシャフト加工の分散システム構成例を図 15.6 に示す．加工システムは NC 旋盤と NC 研削盤のほか，ワーク（シャフト）を搬送するローダ/アンローダ，外径寸法を測る定寸装置，データを収集し自動補正を行うコントローラ (PLC) で構成する．NC 旋盤で旋削による外径の粗加工の後に，研削で行っていたロータの仕上げ加工を旋削で実行する．その後，定寸装置でロータの外径を測定し，公差内であれば加工に時間がかかる研削を省略して完成品とする．外径が公差より大きければ従来通り研削を行う．

●効果

　加工プロセスの時間内でリアルタイムにロータの外径寸法を測定して，NC 旋盤へ補正値をフィードバックすることにより，旋削の加工精度を向上させることができる．旋削加工をした外径寸法が公差内であれば研削を旋削に置き換えることができ，加工時間が短縮できる．また，外径寸法が公差外で研削を行う場合でも従来の加工より研削の加工量を減少させることができ，加工時間が短縮できる．加工時間の短縮により単位時間当たりの生産性を向上させることができる．

(2) 事例2　波形パターンによる金属フィンのカシメ不良の予測検知

●カシメ不良の課題

　製造工程ではリアルタイムに品質状況を把握し，不良を検知して後工程への流出を防ぎ，品質を向上させることが重要である．金属でできたフィンをワークにカシメて接合するカシメ工程において，金型のへたりや材料起因の不具合により接合が弱い場合，フィンが外れる不具合が発生するという課題がある．

●対応策

　プレスの加工サイクルは数秒であり，不良品を作らないためには不具合をいち早く検知する必要がある．そのためカシメ工程のデータから加工サイクルの時間内でリアルタイムに不良品の予測検知を行う．図 15.7 にカシメ不良予測検知の流れ，図 15.8 にカシメ不良検知の分散システムの構成例を示す．システムは，プレス加工機と荷重センサ，状態を監視する PLC，リア

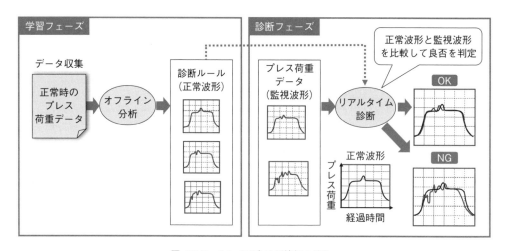

図 **15.7**　カシメ不良予測検知の流れ．

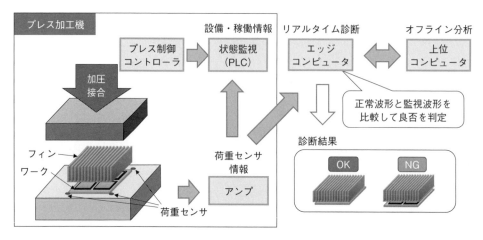

図 **15.8**　カシメ不良検知の分散システム構成例．

ルタイム診断を実行するエッジコンピュータ，オフライン分析を実行する上位コンピュータで構成される．

カシメ工程のプレス荷重と不良発生には相関関係がある．学習フェーズでは，荷重センサを装着してプレス荷重の連続した正常時データ（プレス荷重と経過時間の波形データ）を収集し，上位コンピュータがAI技術を活用してオフライン分析を行い，プレス荷重を監視するための診断ルールを作成する．診断フェーズでは，エッジコンピュータがプレス荷重の連続データを監視し（例：1秒当たり2000点），診断ルールに基づき正常時の波形パターンと監視波形の比較からリアルタイム処理で良否判定を行い，不良発生の予測検知を行う．不良が発生した場合には情報を現場へフィードバックする．また，診断ルールのみでの判定が困難な場合は，良否の判定の他に再検査の判定を付け加えて，グレーゾーンの加工品を再検査する仕組みを構築することができる．

● 効果

カシメ工程のセンサ情報から不良品の発生を予測して不良品をラインアウトすることができ，後工程への不良品の流出を防ぐことができる．また，不良が発生した場合には情報を監視システムへフィードバックすることにより，設備不具合の早期検知や加工条件などの改善ができる．

(3) 事例3　膜質予測による電子部品の成膜不良の抑制

● 電子部品の成膜の課題

真空蒸着装置では，蒸着材料に電子ビームを照射して電子部品への蒸着を行う．真空槽でフィルタに金属を蒸着させて何層もの膜を作る成膜工程では，真空槽の真空度により膜質結果が変化し，不良が発生するという課題があった．

● 対応策

成膜工程において，膜質成膜前の設備状態データから膜質結果を予測し，膜質不良の発生を抑止する．成膜不良の予測検知の流れを図15.9に示す．膜質に影響を与える設備要因は多いが，オフライン分析フェーズではAI技術を活用して成膜前設備状態データと膜質結果データを分析して重回帰分析を行い，成膜前設備状態データから膜質を予測する式を確立する．リアルタイム診断フェーズでは成膜前設備状態データ（ポンプの排気時間，ルツボの汚れetc.）と予測式により成膜前に膜質を予測し，膜質不良品の発生を抑止する．

● 効果

成膜前に膜質を予測することで不良品を発生させる成膜を抑止することが可能となり，不良を削減して不具合による製造ロスコストを削減できる．

15.2 車載電子システム

本節では，まず，車載電子システムの概要について説明する．そして，普及が進んでいる先進運転支援システムについて説明する．次に，車載電子システムの研究開発の動向，および研究開発が進む自動運転システムについて紹介する．

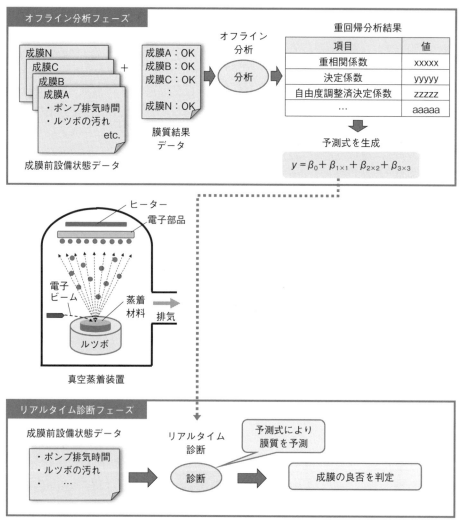

図 15.9 成膜不良の予測検知の流れ.

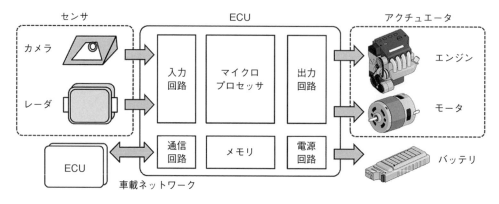

図 15.10 車載電子システムの構成.

15.2.1 車載電子システムの概要

一般的な車載電子システムの構成を図15.10に示す．システムはECU (Electronic Control Unit) と呼ばれるコンピュータ，物理量を電気信号に変換するセンサ，制御データに基づいて物理的な動作を行うアクチュエータからなる [8]．ECUは，エンジンの電子制御のために開発されたため，当初はEngine Control Unitと記述された．しかし，エンジン制御以外への適用が進んだため，現在はElectronic Control Unitと記述される．

ECUは組み込みシステムのコンピュータユニットである．データを取り込むための入力回路，データ処理を行うマイクロプロセッサ，プログラムやデータを保存するメモリ，他のECUとの通信を行う通信回路，制御出力を行う出力回路，電源回路から構成される．自動車が発生するノイズの影響を避けるための金属ケースに収められている．ただし，用途に応じて求められる性能が異なるため，CPUやメモリの構成は大きく変化する．現在，最も処理能力を必要とするのは自動運転やADAS (Advanced Driving Assistant System: 先進運転支援システム) に使われるECUである．このようなECUでは，マルチコアCPUだけでなく，並列処理用の多数のコアをもつGPU，専用のASIC，FPGAなどをハードウェアとして搭載することもある．どのようなハードウェアを使用するかは，性能，消費電力，処理の柔軟性などによって決定される．またモータによって駆動される電動車両では，モータ制御用のパワーデバイスを搭載したPCU (Power Control Unit) と呼ばれるユニットが使用される．これらの電動車両では大容量の2次電池を搭載しており，その充放電の制御も実行する．

現在では一台の車両に複数のECUが搭載されており，一般的な乗用車で数十個，高級乗用車では100個程度のECUが機能ごとに車両内部に分散して搭載される．ECUは相互に車載ネットワークにより接続されており，全体として車両を制御する．一台の車両に搭載されるECUの個数は技術の進歩とともに変化する．半導体技術の進歩によって高性能化が進むと，複数のECUが統合されてECUの個数は減少する．一方，新たな機能の実現のため，新たなECUが追加されることによりECUの個数は増加する．

センサは外界の物理量を計測するために使用され，電気信号に変換された物理量がECUに入力される．最初にエンジン制御のための必要となる空気の流量センサ，酸素センサなどが開発された．次に安全性を向上させるためのセンサとして，エアバッグ用の加速度センサ，横滑りを防止するためのジャイロや加速度センサが開発された．運転支援システムを実現するためのミリ波レーダ，カメラ，レーザーセンサなど走行環境情報を取り込むための高機能センサが，数多く実装されるようになっている．一般的な乗用車でも，走行環境の情報を取り込むために図15.11に示す多くのセンサが用いられている．事故防止や被害低減の効果があるため，商用車や乗用車での搭載が進んでいる．

アクチュエータは車載電子システムが外界に働きかけるために使用される．アクチュエータはECUの制御出力を物理的な動力や電圧や電流に変換する．例えば，エンジン制御を行うためには，燃料の噴射装置，点火回路などを制御する信号が出力される．またHEV (ハイブリッド自動車)，EV (電気自動車)，FCV (燃料電池車) では，駆動用モータや発電機が搭載され

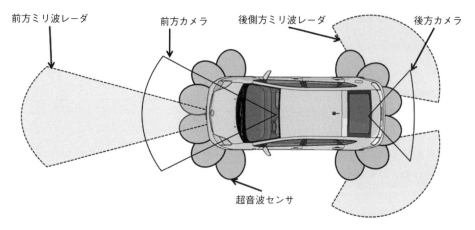

図 15.11　走行環境認識に用いるセンサ.

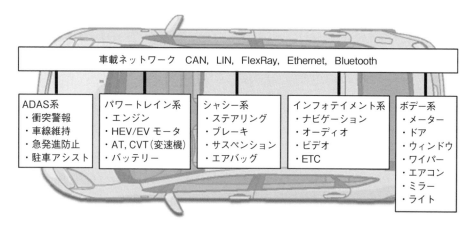

図 15.12　車載ネットワークの概要.

ており，これらのための制御信号が出力される．アクチュエータはこれらの信号を用いて駆動や制動の制御を行う．

車載ネットワークは ECU を相互接続するために使用される．現在，有線ネットワークは通信容量や要求されるリアルタイム性などから，図 15.12 に示すよう系統に分類される．また，車外接続のための無線ネットワーク機能を搭載する車両が増加している．

15.2.2　先進運転支援システム

普及が進んでいる ADAS（先進運転支援システム）について概要を述べる．ADAS はカメラやレーダなどのセンサによる電子の目を利用して自車周辺を監視し，アクセル，ブレーキ，ステアリングなどのアクチュエータ制御を補助することで運転支援を行うシステムである．

ADAS の一例である自動ブレーキについて説明する．自動ブレーキは衝突被害軽減ブレーキが正式名称である [9]．これは図 15.13 に示すように，ステレオカメラ，単眼カメラ，ミリ波

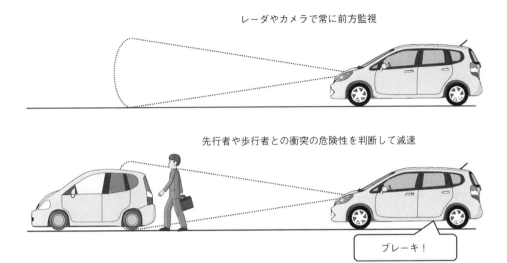

図 15.13　自動ブレーキの仕組み.

　レーダ，レーザーレーダなどを単体または組み合わせて利用して，前方の先行車や歩行者を監視する．先行車や歩行者が検出された場合はその距離を計測して追跡する．追跡対象が走行経路上にあり，衝突する危険性が高いと判断される場合には，ドライバに警告を行うとともにブレーキで減速して，可能ならば衝突を回避する．衝突が不可避の場合でも，速度の低下によって被害を軽減させる．また，衝突時にはエアバッグやシートベルトの制御を行って搭乗者の被害も軽減させる．

　ADAS によって，交通事故を減らしたり被害を軽減したりできる．このため，ADAS の法規制による義務化の検討が進められている．一方で，センサ，ECU，アクチュエータの追加と制御ソフトウェアの開発が必要となるため，それらの標準化や低コスト化が課題である．

15.2.3　車載電子システムの研究開発

　車載電子システムの研究開発の動向として，図 15.14 に示すような Connected, Autonomous, Shared & Service, Electric の 4 つのキーワードが挙げられる．その頭文字をとって CASE と呼ばれる [10]．これらの進歩によって，利便性や効率の向上，CO_2 などの環境負荷の低減，交通事故の低減などの社会的な課題を解決する．4 つのキーワードの目指す方向について解説する．

(1) Connected（つながるクルマ）：自動車を個々に独立した車両として捉えるのではなく，常に交通信号，標識，橋，トンネルなどの道路インフラ，他の車両などと，ネットワークを介してつなげることで，社会システムとして機能させる考え方である．この場合，自動車はネットワークに常時接続された移動する情報処理端末とみなすことができる．

(2) Autonomous（自動運転）：文字通りに「自ら動く車」として自動運転の研究開発が進められている．自己位置の推定，走行環境の認識，走行経路の計画，車両の制御などによっ

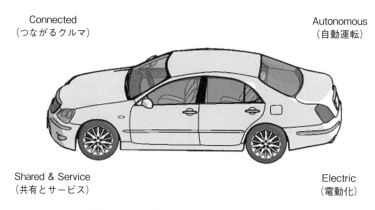

図 15.14 研究開発の 4 つの方向性 CASE.

て実現される．各車両は走行に必要な大量の情報処理をリアルタイムで実行する分散処理システムである．技術的な内容については次節で補足する．

(3) Shared & Service（共有とサービス）：個人が自動車を所有するのではなく，自動車を移動サービスの提供手段として捉えて，社会全体で自動車を共有して利用する考え方である．移動に関する需要と供給のマッチングを IT システムが担うことで，効率的な移動サービスの供給が実現される．これは MaaS (Mobility as a Service) とも呼ばれる．

(4) Electric（電動化）：内燃機関ではなく電気モータによって動く自動車の割合が増加している．HEV，EV，FCV などは，すべて電動モータと電池を走行用の動力源として搭載する電動車両である．これを支えるのは，刻々と変化する走行状態や電池の充電状態をモニタしながら，効率的に駆動や制動の制御を行う分散型のリアルタイム制御システムである．

15.2.4 自動運転システム

CASE のひとつとして研究開発が行われている自動運転システムについて概要を説明する．自動運転は次の 4 つのステップ，自車位置の推定，走行環境の認識，走行経路の計画，車両の運動制御，を実行することで実現できるといわれている [11]．

(1) 自車位置の推定：自動運転に必要な自車位置の精度は数十 cm（10 cm 以下が望ましい）といわれている．自車位置の推定には GNSS (Global Navigation Satellite System/全球測位衛星システム) や 2018 年にサービスを開始した QZSS (Quasi-Zenith Satellite System/準天頂衛星システム) を用いる．これらを利用することで自動運転に必要な自車位置精度が実現できる．ただし，トンネルや建物内では衛星からの電波は利用できない．このため，あらかじめ作成された 3 次元の高精度地図と，LiDAR (Light Detection and Ranging/レーザー光による検出と測距装置) から得られる周辺データとの照合による自車位置の推定も必要である．

(2) 走行環境の認識：自車周辺の信号情報，他の車両，歩行者など，時々刻々と変化する走行

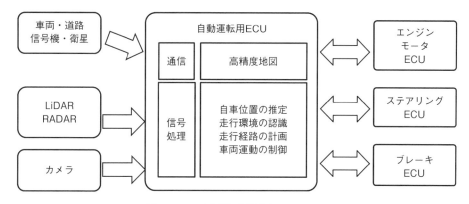

図 15.15　自動運転を構成するシステム．

環境を認識して追跡する．車両や歩行者は移動することが想定されるため，自車両の走行経路上だけでなく，周囲に存在する車両や歩行者はすべて識別して追跡することが必要である．このため自車両の周囲 360 度を常時監視できるセンサが必要になる．センサとしては，対象までの距離の推定が正確な LiDAR や RADAR（Radio Detecting and Ranging/電波による検出と測距装置）と，物体の種類の識別が得意なカメラが併用される．また，視認できない範囲の情報に関しては，道路インフラや周囲の車両との通信による取得も想定されている．

(3) 走行経路の計画：交通規則を守り，他の車両や歩行者との安全な間隔を保持しながら，目的地に向かって走行する自車の走行経路を作成する．スタート地点からゴール地点までの大まかな経路計画はあらかじめ行っておく．自車位置の推定結果と，走行環境の認識結果に基づいて，自車を安全に走行させるための数 100 m 程度の経路を生成する．この経路は自車両の位置と走行環境が動的に変化するため，周期的に繰り返し生成される．

(4) 車両運動の制御：作成された走行経路に沿って車両を走行させるために，必要な加減速や舵角などを計算し，駆動力やステアリングの制御を行う ECU に送信して，リアルタイムで車両運動の制御を行う．

図 15.15 に自動運転を構成するシステムの概要を示す．自動運転用 ECU は，外部との通信データ，車載センサによる走行環境データ，保持する高精度地図データなどを入力として，上記の情報処理を行う．その結果として車両の制御信号を出力し，車載ネットワーク経由で「走る，曲がる，止まる」を制御するエンジン，ステアリング，ブレーキなどを制御する ECU に送信する．これらを決められた制御周期で繰り返し実行することで自動運転を行う．

15.3　電力通信システム

15.3.1　スマートグリッド概要

電力システムは，発電所と変電所，送電網と配電網，および電力検針設備から構成され，電

力を発電所から一般家庭や商工業施設などの需要家へ供給する．電力システムでは，これらの電力設備を統合的に運用管理し，電力の需要と供給のバランスをとるように制御しなければならない．

従来の電力システムでは，発電所から需要家への一方向に電力が流れていたが，近年，太陽電池や風力発電などの再生可能エネルギーを用いた発電設備の導入が増加しており，需要家から送配電網への逆方向の電気の流れ（逆潮流）も考慮しなければならない．また，再生可能エネルギーを用いた発電設備は発電量が天候によって左右されるため，電力の需給バランスの制御が以前よりも複雑化している．

このような課題を解決するため，IT技術を活用したインテリジェントな電力システムとして，スマートグリッドの実用化が進んでいる．スマートグリッドは，電力の供給側からの制御だけでなく，スマートメーターを設置した需要側からも制御することによって，電力の需給バランスを最適化する．言い換えると，スマートグリッドは電力の供給側と需要側を分散して制御する情報通信システムということができる．

本章では，スマートグリッドの概要と，スマートグリッドの構成する電力需給制御システム，配電制御システム，およびスマートメーター・システムにおける情報通信システムを紹介する．

15.3.2　スマートグリッドシステム構成

(1)　概要

スマートグリッドとは，次世代の電力系統である．米国では，グリーン・ニューディール政策の一環としてスマートグリッドを検討しており，次の技術分野で開発を推進している [12]．

- 米国内の数百の電力会社を統合し，情報共有
- 電力の需要と供給をリアルタイムに整合
- 電力を貯蔵
- 電気自動車の普及
- インテリジェントな電力メーター（スマートメーター）
- 送電・配電網の管理
- セキュリティ

また，日本国内では，総務省と経済産業省などが中心となって研究会を設置し，電力系統と情報通信技術の課題を次のように整理している [13]．

- 再生可能エネルギー（太陽光，風力などの不安定電源）の取り込み方法
- 電力系統が単方向から双方向への移行する際の課題整理
- 送電・配電網への影響
- 電力制御用の通信技術（非IP）とインターネット技術の統合方法

国内外のスマートグリッドの定義をもとに，スマートグリッドの概念をまとめると，図15.16のようになる．図において，電力系統は広域に分散した次の設備から構成される．

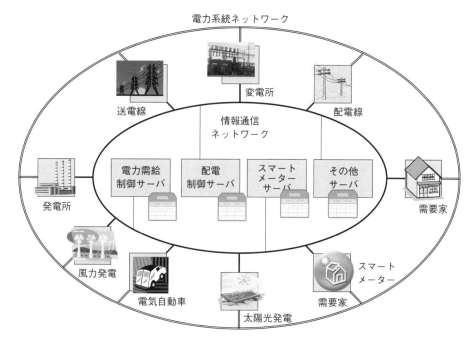

図 15.16 スマートグリッド概念図.

- 発電所：火力，水力，原子力などを利用して発電する．
- 送電線：発電所において発電した電力を変電所に向けて送電する．
- 変電所：送電線で送電された電力を降圧する．
- 配電線：変電所で降圧された電力を需要家に配電する．
- 需要家：電力を消費する一般家庭，商業施設，工業施設．

図中の外側の円は，電力系統ネットワークを示し，内側の円は電力設備を監視・制御する情報通信ネットワークを示す．中央部分の電力需給制御サーバ，配電制御サーバ，スマートメーター・サーバなどのサーバ群が分散してスマートグリッド全体を運用・制御する．

(2) 電力需給制御

電力会社では，電力の需要と供給のバランスを取ることによって周波数を一定に保っているが，太陽光や風力などの再生可能エネルギーによる発電が普及すると，天候によって電力の需給バランスが大きく変動する可能性がある．従来は電力の需給バランスを取るために，出力一定の原子力発電と昼夜間の大きな需要差を埋める揚水発電をベースとして，需給バランスの変動を火力発電で吸収してきたが，太陽光発電や風力発電が増加すると，周波数の変動を規定値に収めることができなくなり，現状の電力品質を維持することが困難になると予想される．

そのため，近年の電力需給制御システムは，再生可能エネルギーによる発電を考慮して発電機と蓄電池を協調運用することによって，電力の需給バランスを制御している（図 15.17）．

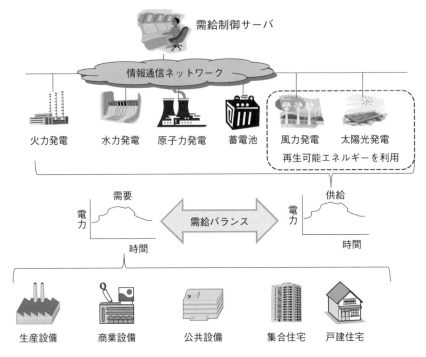

図 15.17　電力需給制御の概要.

(3) 配電制御

　配電制御システムは，適正電圧 (95〜107 V) で安定的に電力を需要家に供給するため，配電系統全体を監視し，事故が発生した場合にも，停電個所を最小限に留めるように制御を行う．

　変電所と需要家を接続する配電系統においては，大口需要家を主体に風力発電が，家庭用を主体に太陽光発電が普及しつつあるが，天候変化の影響を受けやすいため，これらの再生可能エネルギーによる発電が普及していくと，需要家から変電所に向けた逆潮流が発生するなど，配電系統への電力の流れが分刻みで急変し，従来の配電機器だけでは適正電圧 (95〜107 V) の維持は困難となる可能性がある．

　適正な電圧を維持するため，配電制御システムにより，電力の流れを高速に解析して電圧を予測し，適正な電圧で電力を供給している（図 15.18）．

(4) スマートメーター

　電力会社では，需要家に設置された電力メーター検針業務の省力化を進めるため，電力自動検針ネットワークシステムを構築しつつある．電力自動検針システムは，通信機能をもった電力メーターを導入し，通信ネットワークを介して需要家の消費電力を遠隔検針することが可能となる（図 15.19）．

　遠隔検針の実現により，検針のタイミングを従来の月 1 回から，例えば 30 分ごとに細分化することができるため，需要量をリアルタイムに把握することが可能となる．これによって，従来よりもきめ細かく電力需給制御を行うことが可能となると期待されている．日本においては

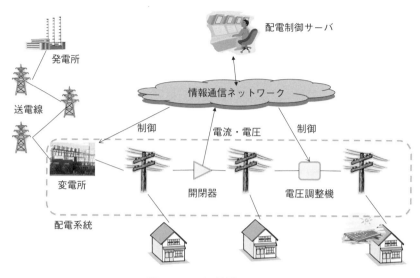

図 15.18　配電制御の概要.

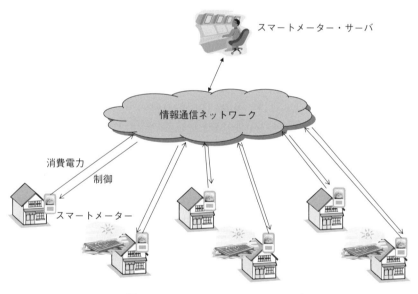

図 15.19　スマートメーターの概要.

一般家庭向けのスマートメーター導入が 2024 年度末までに完了する予定であり，これによって 30 分ごとに家庭の電力使用量を計測することが可能となり，従来よりも高い精度で電力の需給バランスを取ることが期待される．

スマートメーターの応用例として，スマートメーターを需要家内の電気機器と接続することによって，電力使用量を簡単にモニタし，省エネの推進に寄与する効果も期待されている．

15.3.3 スマートグリッド情報通信システム

(1) 情報通信システムの要件

前項で述べたように，スマートグリッドは，主に電力需給制御と配電制御，スマートメーターのサブシステムから構成されるが，これらのサブシステムは，従来は独立に構築されてきたため，サーバなどの情報システムも通信ネットワークも疎結合であった．しかし，スマートグリッドを実現するためには，電力系統技術と情報通信技術を統合し，緊密に連携することが重要である．

スマートグリッドを実現するための情報通信システムの要件として，次の項目が考えられる．

① 既存の電力系統用の情報通信システムをできるだけ流用しながら，高速に相互接続できること．

② サブシステムの故障が全体システムに波及しないよう，セキュアなシステムを構築できること．

③ 将来出現する新しいサービスに備え，オープンなインタフェースを備えること．

(2) スマートグリッドにおける情報通信システムの概要

スマートグリッドを実現するための情報通信システムの概要について紹介する．スマートグリッドは，発電にかかわる電力需給制御システムと，送配電にかかわる配電制御システム，電力計量にかかわるスマートメーター・システムの3つのサブシステムから構成される．図15.20にスマートグリッドを運用管理する情報通信システムの構成例を示す．

電力需給制御サーバは，発電所内の発電設備を監視・制御し，予想される電力需要に応じて発電制御する．電力需給制御サーバと発電所間，および発電所内の情報通信ネットワークは高速・高信頼が要求されるため，従来はサイクリック・シリアル通信が採用されているが，近年IP化されつつある．

配電制御サーバは，送配電系統の電力および電圧を計測する．配電制御サーバと送配電設備間の情報通信ネットワークはマイクロ波無線や光ファイバーなどを用いた高信頼・リアルタイムの独自通信方式を採用する事例が多い．

スマートメーター・サーバは，スマートメーターから電力計量データを収集するとともに，開閉器の制御を行う．スマートメーター・サーバとスマートメーター間の情報通信ネットワークは，無線マルチホップ通信，携帯電話（1:N通信），電力線通信（PLC）が適材適所で採用されている．

(3) 電力需給制御用の情報通信システム

従来の電力需給制御システムは，火力発電と揚水発電だけを制御対象としていたが，スマートグリッドにおいては，再生可能エネルギーによる発電を考慮して，系統用蓄電池の制御特性をモデル化し，火力発電と可変速を含む揚水発電，および系統用蓄電池を協調して運用する．可変速揚水発電は火力発電よりも大きな変化速度に追従でき，系統用蓄電池はさらに大きな変化速度に対応できる．

太陽光発電や系統用蓄電池などの分散型電源は電力系統内に分散して導入されるため，スマートグリッドにおける電力需給制御システムは，機器の変換効率や設備容量などの制御特性に応じて，中央の情報通信システムを頂点として階層的に構成される．

(4) 配電制御用の情報通信システム

　スマートグリッドにおける配電制御システムは，配電系統の電力や電圧を計測するとともに，需要家側の太陽光発電の出力を監視し，太陽光発電の出力変動が配電系統に及ぼす影響をリアルタイムに解析して，電力の潮流を最適化するための制御を行う．配電制御システムは，SVC（静止型無効電力補償装置）などの電圧調整器や，太陽光発電や風力発電の余剰電力を吸収する蓄電池に指令することにより，系統の電圧を適正に保つよう制御する．

(5) スマートメーター用の情報通信システム

　電力メーターは，各電力会社に数百万から三千万個設置されている．これらの電力メーターが計量した電力使用量は，通信ネットワークを介してスマートメーター・サーバが収集し管理する．

　電力メーターとスマートメーター・サーバ間の通信ネットワークは，無線メッシュネットワークや無線 LAN，携帯電話，PLC ネットワークが適材適所で使われている．

　無線メッシュネットワークは，隣接する電力メーターから受信した計量データを，次の隣接

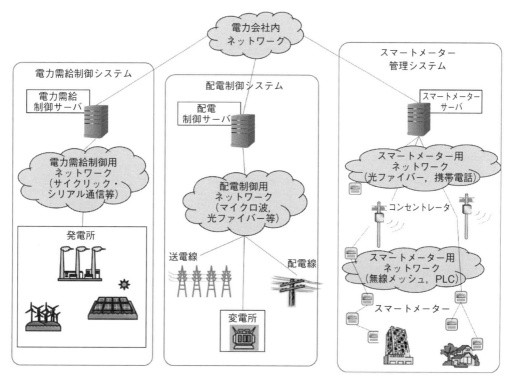

図 **15.20**　システムの構成例．

する電力メーターへ順次中継しながらコンセントレータと呼ばれる電柱上の中継局まで伝送する方式である．一台のコンセントレータは数百台から千台程度の電力メーターを収容することができる．また，各電力メーターが限られた周波数を共有しながら自律的に送信タイミングを判断するため，各電力メーターは，発信する信号の衝突を避けるよう送信タイミングを自律的に制御している．

演習問題

設問1　FAシステムは機能ごとにどのようなシステムで構成されるのかを説明せよ．

設問2　ものづくりにおいてIoTを活用した企業間のコラボレーションについて説明せよ．

設問3　クラウドとエッジコンピューティングを比較して，そのメリットとデメリットを述べよ．

設問4　FAシステム装置の制御におけるリアルタイム処理の事例を説明せよ．

設問5　リアルタイム性を確保したうえで，AI技術を活用したFA分散システムをどのように構築するのか説明せよ．

設問6　ADASの役割と，その普及のための課題について説明せよ．

設問7　自動運転システムの仕組みについて説明せよ．

設問8　電力系統はどのような設備から構成されるかを述べよ．

設問9　スマートグリッドの特徴を述べよ．

設問10　スマートメーターの代表的な通信方式を述べよ．

参考文献

[1] 和田龍児：MAP FA 実現へのかぎ，日本規格協会（1988）．

[2] 内閣府：Society 5.0　新たな価値の事例（ものづくり），https://www8.cao.go.jp/cstp/society5_0/monodukuri.html．

[3] 経済産業省：「IoTを活用した社会インフラ等の高度化推進事業」（製造分野：スマート工場実証事業），https://www.cas.go.jp/jp/seisaku/gyoukaku/H27_review/H29_fall_open_review/siryo7.pdf, pp.1–3, pp8–11．

[4] 経済産業省：平成 28 年度 IoT 推進のための社会システム推進事業（スマート工場実証事業）成果報告，https://www.meti.go.jp/policy/mono_info_service/mono/smart_mono/H28_Itaku1.pdf.
[5] 経済産業省：既存の工場を「スマート工場化」する実証事業, https://www.meti.go.jp/policy/mono_info_service/mono/smart_mono/smart-factory-report/smart-factory-jtekt.pdf.
[6] 経済産業省：社外データ解析サービス活用に向けた 設備データの標準, https://www.meti.go.jp/policy/mono_info_service/mono/smart_mono/smart-factory-report/smart-factory-bridgestone.pdf.
[7] 三菱電機：FA ソリューション・事例，https://www.mitsubishielectric.co.jp/fa/sols/cases/.
[8] デンソー・カーエレクトロニクス研究会：図解カーエレクトロニクス【増補版】［下］要素技術編，pp.12–22, 日経 BP 社（2014）．
[9] "ぶつからないクルマ" いざ普及へ：日経エレクトロニクス，2012/11/26 号，pp.51–58（2012）．
[10] 中西孝樹：CASE 革命—2030 年の自動車産業，日本経済新聞出版社（2018）．
[11] 安積卓也 他：Autoware 自動運転ソフトウェア入門，pp.11–18, リックテレコム（2019）．
[12] NIST: Framework and Roadmap for Smart Grid Interoperability Standards (2010).
[13] 次世代エネルギーシステムに係る国際標準化に関する研究会：次世代エネルギーシステムに係る国際標準化に向けて（2010.1）．

索　引

数字・記号
2 相コミット 134
3 階層型アプリケーション 189
3 階層型分散 Web システムモデル 181

A
ACID 特性 23
ADAS 231, 232
AES 144
AI (Artificial Intelligence) 225
ARPAnet 33
ASMP 192, 195

B
BitTorrent 171

C
CAS 212, 217
CAS2 213
CASE 233
CGI 184
Chord 167
CISC 200
Concurrent Processing 197

D
DCAS 213
DES 143
Diffie-Hellman (DH) 鍵交換方式 152
DNS (Domain Name System) . 43, 52, 59

E
ECU 195, 231

F
FA (Factory Automation) 222
FDMP 195

G
GAFA 35
Google File System (GFS) 164

H
Hadoop 166
Hadoop Distributed File System (HDFS) 166
HTML 178
HTTP 178, 184
HTTP コネクション 186
HTTP ハンドラ 184

I
IaaS 87
IETF 41
IKE (Internet Key Exchange) 143
Industry4.0 224
IoT (Internet of Things) 30, 35, 224

J
Java RMI 173

K
Kerberos 150
(K, N) しきい値法 148

L
LDAP 63
LDREX 214
LL 214
LL/SC 型 211
LWARX 214

M
M2M 30
MapReduce Framework 166
Map 関数 166

N

Mosaic 179
MTBF（平均故障間隔） 226

N

NFS (Network File System) 161

O

OpenStack 172
OSI 36
OSI 参照モデル 38

P

PaaS 87
Parallel Processing 197

R

Reduce 関数 166
REST (Representational State Transfer)
  172, 187
RISC 200
RMW 211
RPC (Remote Procedure Call) .. 98, 162
RSA 暗号 145

S

SaaS 87
SAN (Storage Area Network) 161
SC 214
SGML 183
SMP 211, 216
SOAP 187
Society5.0 224
STREX 214
STWCX 214

T

TAS 211, 217
TCP/IP 178
TCP/IP 参照モデル 41
TELNET 43
TSS（タイムシェアリングシステム） 32

U

URI 187
URL 178, 183

W

W3C 179
WebDAV 164, 188
Web サーバ 178
Web ブラウザ 178
WWW 36, 178

X

X.509 157
XML 179
X ウインドウシステム 94
X サーバ 94
X プロトコル 94

あ行

アクセス制御行列 154
アクセス制御リスト (Access Control
  List：ACL) 154
アクセス透過性 12
アクセスポイント 53
アクチュエータ 194, 195
値パラメータ 100
値呼び出し 102
アトミック命令 211
アドレス 52
アプリケーションゲートウェイ 154
アプリケーション層 41, 43
暗号学的ハッシュ関数 146
安全性 124
位置透過性 12
位置独立 53
一貫性 23
移動性 89
移動透過性 13
イベントドリブンシミュレータ 23
イベントベースアーキテクチャ 68
インターネット層 42
永続的コネクション 186
エッジ Web サーバ 188
エッジコンピューティング 35, 225
遠隔手続き呼び出し (Remote Procedure
  Call, RPC) 98, 164
遠隔バッチ 32
エンタプライズアプリケーション統合 27
エンドポイント 96
オーバーレイネットワーク 74
オブジェクトベースアーキテクチャ 67
オミッション故障 125
オリジナル Web サーバ 188

か行

- 階層化 35
- 階層型アーキテクチャ 66
- 開放型システム間相互接続 36
- 開放性 14
- 仮想化 84
- 可搬性 15
- 可用性 (availability) 11, 124, 140
- 簡易メール転送プロトコル 44
- 換字式暗号 142
- 完全性 (integrity) 140
- 企業–企業間ビジネス 190
- 企業内ビジネス 190
- 疑似並列 8
- 機密性 (confidentiality) 140
- キャッシュ 188
- 強移動性 89
- 共通鍵暗号方式 143
- 共有データの一貫性 (coherency) 200
- 共有とサービス 234
- 共有メモリ型密結合型マルチプロセッサ .. 192
- 局所性 11
- 組み込みシステム 192
- クライアント 69, 91
- クライアントサーバ型分散 Web システムモデル 181
- クライアントサーバモデル 68
- クラウド 224
- クラウドコンピューティング 86
- クラスタコンピューティング 20
- クラスタリング 181
- クラッシュ故障 125
- グリッドコンピューティング 21
- グループウェア 189
- グローバル名 57
- 軽量ディレクトリアクセスプロトコル 63
- ケーパビリティ 154
- 権限管理基盤 (PMI：Privilege Management Infrastructure) 157
- 原子コミット 134
- 原子性 23, 126
- 原子マルチキャスト 132
- 公開鍵暗号方式 145
- 公開鍵基盤 (Public Key Infrastructure：PKI) 156
- 公開鍵証明書 156
- 高信頼グループ間通信 131
- 高信頼マルチキャスト 132
- 後方誤り回復 136
- 故障モデル 125
- コードマイグレーション 88
- コピー/リストア呼び出し 103

さ行

- 再帰名前解決 60
- 再配置透過性 13
- サーバ 68, 95
- サーバント 74
- サービス 37
- 参照呼び出し 102
- 識別子 52
- 時刻合わせ 110
- 自車位置の推定 234
- システムクロック 198
- システムチック 198
- 自動運転 234
- 弱移動性 89
- 車載電子システム 231
- 車両運動の制御 235
- 重回帰分析 229
- 周期割り込み 198
- 集中型アーキテクチャ 68
- 集中システム 3
- 集中処理システム 3
- 出版・購読システム 68
- 受動的多重化 126
- 障害透過性 13
- 消費者-企業間ビジネス 190
- シンクライアント 94
- シングルコアプロセッサ 192
- 真正性 (authenticity) 140
- シンタックス 14
- 信頼性 (reliability) 124, 141
- 垂直分散 72
- 水平分散 72
- スケーラビリティ 11
- ステートフルサーバ 97
- ステートレスサーバ 97
- スナップショット 89
- スーパーサーバ 97
- スピンロック 206, 216
- スマートグリッド 235
- スマート工場 224
- スマートメーター 236
- スレッド 79
- 責任追跡性 (accountability) 140
- セッション層 40
- 絶対パス名 57
- セマフォ 115, 192, 201, 202
- セマンティクス 14
- センサ 194, 195
- 全順序性 126
- 先進運転支援システム 231, 232
- 前方誤り回復 136
- 走行環境の認識 234
- 走行経路の計画 235

相互運用性 15
相対パス名 57
ソケット 44
ソケットインタフェース 44
ソケット通信 44

た行

耐久性 24
タイミング故障 125
ターンキーシステム 194
チェックポインティング 137
逐次処理 5
チャレンジ・レスポンス方式 150
チャンク 164
チャンネル 196
つながるクルマ 233
ディレクトリサービス 62
データ中心型アーキテクチャ 67
データリンク層 40
デッドロック 119
電子署名（デジタル署名） 147
転送ポインタ 54
転置式暗号 142
電動化 234
電力需給制御 237
透過性 12
同期 113, 202
投機的実行 167
透明性 12
独立性 23
トランザクション 23
トランザクション処理システム 23
トランスポート層 40, 42

な行

名前 52
名前・アドレスバインディング 53
名前解決 58
名前管理 58
名前空間 57
認可 (Authorization) 153
認証 149
認証局 (Certificate Authority : CA) ... 156
ネットワークアーキテクチャ 36
ネットワーク層 40
能動的多重化 126

は行

排他制御 192
配電制御 238
ハイパーテキスト転送プロトコル ... 44, 183
ハイパーテキストマークアップ言語 183
ハイパーバイザー 86
パケット通信 35
パケットフィルタリングルータ 154
バージョン管理 106
パーベイシブシステム 28
パラメータマーシャリング 100
パラメータ渡し 100
反復サーバ 95
反復名前解決 60
ピアツーピアシステム 74
非永続的コネクション 186
非再帰名前解決 60
ビザンチン故障 125
ビジーウェイト 206
ビッグエンディアン 101
否認防止 (non-repudiation) 141
秘密分散 148
描画エンジン 179
ファイアウォール 154
ファイル転送プロトコル 43
フィンガーテーブル 168
フォールトトレランス 6
フォールトトレラントシステム 6
複製透過性 13
物理層 39
ブラウザエンジン 179
フリンの分類 7
プレゼンテーション層 40
プロキシ 180
プロセス 76
プロセス間通信 35
プロセスの回復力 125
プロセスの多重化 126
ブロックチェーン 147
プロトコル 14, 37
フロントエンド 181
分散 Web システム 177
分散キャッシュ機構 188
分散コミット 134
分散コラボレーションシステム ... 189
分散ハッシュテーブル (Distributed Hash Table) 55, 162, 167
分散連携型分散 Web システムモデル ... 182
並行サーバ 95
並行処理 197
並行透過性 13
並列処理 5, 197
並列性 5
保守性 124
ホスト対ネットワーク層 42
ポート 96

ホームベースアプローチ............... 54

ま行

　　　マイクロプロセッサ................. 194
　　　マウント......................... 58
　　　マルチスレッド..................... 79
　　　マルチプロセッサ.................. 192
　　　密結合 SMP 型.................... 204
　　　密結合型マルチプロセッサ............. 195
　　　メッセージダイジェスト (MD)........ 146
　　　メッセージ認証コード (Message
　　　　Authentication Code : MAC)....... 151
　　　モバイル IP...................... 55

や行

　　　ユビキタスコンピューティング......... 28

ら行

　　　リアルタイム OS................... 198
　　　リアルタイム処理................... 226
　　　リアルタイム性............... 194, 216
　　　リソース制限..................... 194
　　　リゾルバ......................... 60
　　　リトルエンディアン................. 101
　　　ローカル名....................... 57
　　　ログ............................ 106
　　　ロックメカニズム................... 188
　　　ロード／ストアアーキテクチャ........ 200

わ行

　　　割り込み......................... 197

著者紹介

[執筆者]

石田賢治（いしだ けんじ）（執筆担当章：第4, 9章）

略　歴：1989年3月 広島大学大学院工学研究科博士課程後期修了（工学博士）
　　　　1989年4月 広島県立大学経営学部 講師
　　　　1990年5月 文部省在外研究員（米国テキサス大学オースチン校）
　　　　2003年4月 広島市立大学情報科学部 教授
　　　　2007年4月-現在 広島市立大学大学院情報科学研究科 教授

受賞歴：電子情報通信学会通信ソサイエティ活動功績賞（2009, 2012），電子情報通信学会情報ネットワーク研究賞（1998, 2000, 2012, 2015）ほか

学会等：情報処理学会員，電子情報通信学会員，ACM会員，IEEE会員

小林真也（こばやし しんや）（執筆担当章：第1, 2, 5, 6, 7, 8章）

略　歴：1991年3月 大阪大学大学院工学研究科通信工学専攻博士後期課程修了（工学博士）
　　　　1991年4月 金沢大学工学部電気・情報工学科 助手
　　　　1994年4月 金沢大学工学部電気・情報工学科 講師
　　　　1997年1月 金沢大学工学部電気・情報工学科 助教授
　　　　1997年5月 金沢大学大学院自然科学研究科数理情報科学専攻 助教授
　　　　1999年4月 愛媛大学工学部情報工学科 助教授
　　　　2004年4月 愛媛大学工学部情報工学科 教授
　　　　2006年4月-現在 愛媛大学 大学院 理工学研究科 教授

受賞歴：総務省5G利活用アイデアコンテスト 総務大臣賞 (2019)，令和元年電波の日 四国総合通信局長表彰 (2019)，令和元年情報通信月間 四国情報通信局長表彰 (2019)，総務省 情報通信月間 情報通信月間推進協議会会長表彰 情報通信功労賞 (2017)，情報処理学会 第8回情報システム教育コンテスト奨励賞 (2016) ほか

主　著：『はじめてのUNIX入門』（監修）森北出版 (2007)，『基礎から学ぶUNIXワークステーション』（共著）トッパン (1999)，『計算機設計技法 マルチプロセッサシステム論 第2版』（共訳）トッパン (1998) ほか

学会等：情報処理学会シニア会員，電子情報通信学会員，電気学会員，日本工学教育協会会員，日本感性工学会会員，IEEE会員，ACM会員

佐藤文明（さとう ふみあき）（執筆担当章：第10章）

略　歴：1986年3月 東北大学大学院修士課程修了
　　　　1986年4月 三菱電機株式会社入社
　　　　1992年2月 東北大学 博士（工学）
　　　　1995年1月 静岡大学 助教授
　　　　2005年4月 静岡大学 教授
　　　　2005年10月-現在 東邦大学 教授

主　著：『分散処理』（共著）オーム社 (2005)，『分散システム 原理とパラダイム 第2版』（共訳）ピアソンエデュケーション (2009)，『情報ネットワーク（未来へつなぐ デジタルシリーズ3）』共立出版 (2011)，『シミュレーション（未来へつなぐ デジタルシリーズ18）』共立出版 (2014)，『C言語（未来へつなぐ デジタルシリーズ30）』共立出版 (2014) ほか

学会等：情報処理学会シニア会員，電子情報通信学会員，ACM会員，IEEE会員

中條直也(ちゅうじょう なおや) (執筆担当章:第 15.2 節)
略　歴:1982 年 3 月 名古屋大学大学院工学研究科博士前期課程修了
　　　　1982 年 4 月 株式会社豊田中央研究所 入社
　　　　2004 年 3 月 名古屋大学大学院工学研究科博士後期課程修了・博士(工学)
　　　　2010 年 4 月-現在 愛知工業大学情報科学部 教授
主　著:『組込みシステム(未来へつなぐ デジタルシリーズ 20)』(共著),共立出版 (2013)
受賞歴:Best ASIC Prize (DATE99)
学会等:情報処理学会員,電気学会員,電子情報通信学会員,IEEE 会員,Informatics Society 会員

寺島美昭(てらしま よしあき) (執筆担当章:第 12 章)
略　歴:1984 年 3 月 埼玉大学工学部電子工学科卒業
　　　　1984 年 4 月 三菱電機株式会社入社
　　　　2006 年 3 月 静岡大学 博士(工学)
　　　　2015 年 4 月-現在 創価大学理工学部情報システム工学科 教授
主　著:『プロトコル言語』カットシステム (1994),『コンパイラ(未来へつなぐ デジタルシリーズ 24)』共立出版 (2014) ほか
学会等:情報処理学会員,電子情報通信学会員,IEEE 会員

南角茂樹(なんかく しげき) (執筆担当章:第 13, 14 章)
略　歴:1982 年 3 月 慶應義塾大学工学部数理工学科卒業
　　　　1982 年 4 月 三菱電機株式会社入社
　　　　2006 年 4 月-現在 大阪電気通信大学総合情報学部情報学科 主任教授
　　　　2014 年 3 月 九州大学 博士(工学)
受賞歴:三菱電機名古屋製作所所長賞 平成 8 年度有効特許表彰 特許多登録 (1996),
　　　　電気学会 2018 年 電子・情報・システム部門大会 企画賞:「組込みシステムにおける密結合マルチコアプロセッサの利用技術」.
主　著:『リアルタイム OS と組み込み技術の基礎』(共著) CQ 出版社 (2003)
学会等:電気学会員,電子情報通信学会員,情報処理学会員,システム制御情報学会員,日本ソフトウェア科学会員

宮内直人(みやうち なおと) (執筆担当章:第 15.3 節)
略　歴:1987 年 3 月 中央大学理工学部物理学科卒業
　　　　1987 年 4 月-現在 三菱電機株式会社
　　　　2012 年 9 月 静岡大学大学院自然科学系教育部(後期 3 年博士課程)単位取得退学
　　　　2016 年 3 月 愛知工業大学 博士(経営情報科学)
主　著:『原典 CTRON 大系 6　通信制御インタフェース　CASE/P 層・FTAM・MOTIS 編』(共著),オーム社 (1989)
学会等:情報処理学会シニア会員,電子情報通信学会員

山口弘純(やまぐち ひろずみ) (執筆担当章:第 11 章)
略　歴:1998 年 3 月 大阪大学大学院基礎工学研究科博士後期課程修了 博士(工学)
　　　　1999 年 4 月 大阪大学大学院基礎工学研究科 助手
　　　　2007 年 4 月-現在 大阪大学大学院情報科学研究科 准教授

受賞歴：平成 19 年度情報処理学会長尾真記念特別賞 (2008)，情報処理学会創立 50 周年記念論文賞 (2010)，第 27 回電気通信普及財団テレコムシステム技術賞 (2012)，情報処理学会論文賞 (2015, 2018)，平成 30 年度科学技術分野の文部科学大臣表彰 (2018) ほか
主　著：Advances in Vehicular Ad-Hoc Networks: Developments and Challenges（分担執筆）IGI Global (2010)
学会等：情報処理学会員，電子情報通信学会員，IEEE 会員

山下昭裕 (やました あきひろ)　（執筆担当章：第 15.1 節）

略　歴：1979 年 3 月 京都大学大学院工学研究科精密工学専攻修士課程修了
　　　　1979 年 4 月 三菱電機株式会社 入社
　　　　1986 年 12 月 カーネギーメロン大学機械工学修士課程修了
　　　　2012 年 4 月-2019 年 3 月 三菱電機エンジニアリング株式会社
　　　　2018 年 9 月 静岡大学大学院情報科学専攻博士課程修了
　　　　　　　　博士（情報学）
学会等：情報処理学会員，Informatics Society 会員

水野忠則 (みずの ただのり)　（執筆担当章：第 3 章）

略　歴：1969 年 3 月 名古屋工業大学経営工学科卒業
　　　　1969 年 4 月 三菱電機株式会社 入社
　　　　1987 年 2 月 九州大学 工学博士
　　　　1993 年 4 月 静岡大学 教授
　　　　2011 年 4 月 愛知工業大学 教授，静岡大学 名誉教授
　　　　2016 年 4 月-現在 愛知工業大学 客員教授，静岡大学 名誉教授
受賞歴：情報処理学会功績賞（2009）ほか
主　著：『マイコンローカルネットワーク』産報出版 (1982)，『コンピュータネットワーク（第 5 版）』日経 BP (2013)，『コンピュータ概論（未来へつなぐ デジタルシリーズ 17)』共立出版 (2013)，『組込みシステム（未来へつなぐ デジタルシリーズ 20)』共立出版 (2013)，『コンパイラ（未来へつなぐ デジタルシリーズ 24)』共立出版 (2014)，『オペレーティングシステム（未来へつなぐ デジタルシリーズ 25)』共立出版 (2014)，『コンピュータネットワーク概論（未来へつなぐ デジタルシリーズ 27)』共立出版 (2014)，『分散システム（未来へつなぐ デジタルシリーズ 31)』共立出版 (2015)，『モバイルネットワーク（未来へつなぐ デジタルシリーズ 33)』共立出版 (2016) ほか
学会等：情報処理学会名誉会員，電子情報通信学会員，IEEE ライフメンバー，Informatics Society 会員

未来へつなぐデジタルシリーズ 31
分散システム 第2版

Distributed Systems
2nd edition

2015 年 9 月 25 日	初　版 1 刷発行
2018 年 9 月 5 日	初　版 3 刷発行
2019 年 9 月 15 日	第 2 版 1 刷発行
2023 年 2 月 25 日	第 2 版 4 刷発行

検印廃止
NDC 007.6
ISBN 978–4–320–12449–3

監修者　水野忠則

著　者　石田賢治・小林真也
　　　　佐藤文明・中條直也
　　　　寺島美昭・南角茂樹
　　　　宮内直人・山口弘純
　　　　山下昭裕・水野忠則

ⓒ 2019

発行者　南條光章

発行所　**共立出版株式会社**
　　　　郵便番号 112-0006
　　　　東京都文京区小日向 4-6-19
　　　　電話　03-3947-2511（代表）
　　　　振替口座　00110-2-57035
　　　　www.kyoritsu-pub.co.jp

印　刷　藤原印刷
製　本　ブロケード

一般社団法人
自然科学書協会
会員

Printed in Japan

[JCOPY] ＜出版者著作権管理機構委託出版物＞
本書の無断複製は著作権法上での例外を除き禁じられています．複製される場合は，そのつど事前に，
出版者著作権管理機構（ＴＥＬ：03-5244-5088，ＦＡＸ：03-5244-5089，e-mail：info@jcopy.or.jp）の
許諾を得てください．

編集委員：白鳥則郎(編集委員長)・水野忠則・高橋　修・岡田謙一

未来へつなぐ デジタルシリーズ

21世紀のデジタル社会をより良く生きるための"知恵と知識とテーマ"を結集し，今後ますますデジタル化していく社会を支える人材育成に向けた「新・教科書シリーズ」。

❶ **インターネットビジネス概論 第2版**
　片岡信弘・工藤　司他著‥‥‥‥208頁・定価2970円

❷ **情報セキュリティの基礎**
　佐々木良一監修／手塚　悟編著‥244頁・定価3080円

❸ **情報ネットワーク**
　白鳥則郎監修／宇田隆哉他著‥‥208頁・定価2860円

❹ **品質・信頼性技術**
　松本平八・松本雅俊他著‥‥‥‥216頁・定価3080円

❺ **オートマトン・言語理論入門**
　大川　知・広瀬貞樹他著‥‥‥‥176頁・定価2640円

❻ **プロジェクトマネジメント**
　江崎和博・髙根宏士他著‥‥‥‥256頁・定価3080円

❼ **半導体LSI技術**
　牧野博之・益子洋治他著‥‥‥‥302頁・定価3080円

❽ **ソフトコンピューティングの基礎と応用**
　馬場則夫・田中雅博他著‥‥‥‥192頁・定価2860円

❾ **デジタル技術とマイクロプロセッサ**
　小島正典・深瀬政秋他著‥‥‥‥230頁・定価3080円

❿ **アルゴリズムとデータ構造**
　西尾章治郎監修／原　隆浩他著　160頁・定価2640円

⓫ **データマイニングと集合知** 基礎からWeb，ソーシャルメディアまで
　石川　博・新美礼彦他著‥‥‥‥254頁・定価3080円

⓬ **メディアとICTの知的財産権 第2版**
　菅野政孝・大谷卓史他著‥‥‥‥276頁・定価3190円

⓭ **ソフトウェア工学の基礎**
　神長裕明・郷　健太郎他著‥‥‥202頁・定価2860円

⓮ **グラフ理論の基礎と応用**
　舩曳信生・渡邉敏正他著‥‥‥‥168頁・定価2640円

⓯ **Java言語によるオブジェクト指向プログラミング**
　吉田幸二・増田英孝他著‥‥‥‥232頁・定価3080円

⓰ **ネットワークソフトウェア**
　角田良明編著／水野　修他著‥‥192頁・定価2860円

⓱ **コンピュータ概論**
　白鳥則郎監修／山崎克之他著‥‥276頁・定価2640円

⓲ **シミュレーション**
　白鳥則郎監修／佐藤文明他著‥‥260頁・定価3080円

⓳ **Webシステムの開発技術と活用方法**
　速水治夫編著／服部　哲他著‥‥238頁・定価3080円

⓴ **組込みシステム**
　水野忠則監修／中條直也他著‥‥252頁・定価3080円

㉑ **情報システムの開発法：基礎と実践**
　村田嘉利編著／大場みち子他著‥200頁・定価3080円

㉒ **ソフトウェアシステム工学入門**
　五月女健治・工藤　司他著‥‥‥180頁・定価2860円

㉓ **アイデア発想法と協同作業支援**
　宗森　純・由井薗隆也他著‥‥‥216頁・定価3080円

㉔ **コンパイラ**
　佐渡一広・寺島美昭他著‥‥‥‥174頁・定価2860円

㉕ **オペレーティングシステム**
　菱田隆彰・寺西裕一他著‥‥‥‥208頁・定価2860円

㉖ **データベース ビッグデータ時代の基礎**
　白鳥則郎監修／三石　大他編著‥280頁・定価3080円

㉗ **コンピュータネットワーク概論**
　水野忠則監修／奥田隆史他著‥‥288頁・定価3080円

㉘ **画像処理**
　白鳥則郎監修／大町真一郎他著‥224頁・定価3080円

㉙ **待ち行列理論の基礎と応用**
　川島幸之助監修／塩田茂雄他著‥272頁・定価3300円

㉚ **C言語**
　白鳥則郎監修／今野将編集幹事・著 192頁・定価2860円

㉛ **分散システム 第2版**
　水野忠則監修／石田賢治他著‥‥268頁・定価3190円

㉜ **Web制作の技術 企画から実装，運営まで**
　松本早野香編著／服部　哲他著‥208頁・定価2860円

㉝ **モバイルネットワーク**
　水野忠則・内藤克浩監修‥‥‥‥276頁・定価3300円

㉞ **データベース応用 データモデリングから実装まで**
　片岡信弘・宇田川佳久他著‥‥‥284頁・定価3520円

㉟ **アドバンストリテラシー** ドキュメント作成の考え方から実践まで
　奥田隆史・山崎敦子他著‥‥‥‥248頁・定価2860円

㊱ **ネットワークセキュリティ**
　高橋　修監修／関　良明他著‥‥272頁・定価3080円

㊲ **コンピュータビジョン 広がる要素技術と応用**
　米谷　竜・斎藤英雄編著‥‥‥‥264頁・定価3080円

㊳ **情報マネジメント**
　神沼靖子・大場みち子他著‥‥‥232頁・定価3080円

㊴ **情報とデザイン**
　久野　靖・小池星多他著‥‥‥‥248頁・定価3300円

続刊書名

可視化
コンピュータグラフィックスの基礎と実践
ユビキタス・コンテキストアウェアコンピューティング

（価格，続刊署名は変更される場合がございます）

【各巻】B5判・並製本・税込価格　　　共立出版　　www.kyoritsu-pub.co.jp